對本書的

這是我升上首席工程時希望讀到的一本書。如果你想知道 Staff+ 意味著什麼，以及如何在組織中成功扮演這個角色，譚雅已經為你指明了前進道路，並且提供了許多富有見地的實用建議。這本書將提供一系列工具，幫助你在技術崗位的軌道上持續成長，透過具體行動發揮影響力。

—— 莎拉・威爾斯（*Sarah Wells*），獨立顧問、作家、《金融時報》前首席工程師

這本書感覺就像我整個職業生涯中缺失的指導手冊。看見這個充滿迷霧的職位角色被清楚說明並且印刷成書，還有關於時間管理、建立共識等方面的優秀指導建議，讀起來讓人感到驚喜又安心。我將會經常引用這本書。

—— 提圖斯・溫特斯（*Titus Winters*），*Google* 首席工程師、《*Google* 的軟體工程之道》共同作者

譚雅是撰寫這本出色指南的不二人選，深入淺出地描繪了 Staff+ 工程工作中的模糊角色。她透過第一手經驗串聯起每個章節，內容深刻而直接，令我獲益良多。

—— 威爾・拉森（*Will Larson*），*Calm* 技術長、《*Staff Engineer*》作者

長期以來，身為個人貢獻者（IC）的資深領袖工作一直都是模稜兩可、難以界定的，這本書是我們這個產業迫切需要的指南，關乎如何在產業中一個相對較新的角色取得成功。譚雅出色地為「如何成為一位成功的 Staff 工程師」提供了全方位觀點，讓人們透過大公司的立場，理解公司拓展規模隨之而來的種種挑戰。

—— 西爾維雅・波特羅斯（*Silvia Botros*），首席工程師、《*High Performance MySQL* 第四版》共同作者

奮力爬到個人貢獻者的頂端時，你會得到一份比喻性指南和一個目的地。如何抵達目的地是你自己得搞定的問題。至於你如何帶領大家抵達目的地則是所有人的問題。譚雅提供了一個堅實的框架、一份畫上地圖指引的工作方法，幫助你從「這裡」帶領人們前往「那裡」。這本書為那些剛剛升上更高職級的個人貢獻者提供了穩健的實踐基礎，也為已有經驗的人們提供全新視角。Staff 工程師，好好瞭解你自己吧。

—— 以薩・塔蘭達區（*Izar Tarandach*），首席安全架構師、《*Threat Modeling*》共同作者

譚雅・萊利精準地捕捉了那些當我第一次成為「某人應該做某事」中的「某人」時所親身經歷的窒息感。這本書詳細探討了位於 Staff 工程師這個職級的人應該做些什麼、負責什麼。

—— 尼爾・理查・墨菲（*Niall Richard Murphy*）創辦人、*CEO*、《*Reliable Machine Learning*》與《網站可靠性工程》共同作者

在本書中，譚雅・萊利如及時雨般為沒有直接下屬的資深技術領袖這一模糊不清且經常被誤解的角色證明清白，清楚說明如何扮演好這一角色。每一頁內容都充滿了極具價值的洞見與可行建議，為你的角色、組織提供指引，並且幫助你開闢個人職涯發展道路 —— 書中文字充滿了譚雅的個人特色，以詼諧而不失洞察，毫不矯飾的風格來呈現。這是一本傑作。

—— 凱蒂・史落米勒（*Katie Sylor-Miller*），*Etsy* 資深 *Staff* 前端架構師

如果你是一名資深工程師，好奇你的下一個職級是什麼（無論是 Staff 級工程師或者是管理一批 Staff 工程師的經理），那麼你一定要讀這本書。這本書涵蓋了許多沒有人告訴你的關於這個角色的事情 —— 即使你遇見了優秀的導師，這些事情也需要花上你多年時間自己去體會。本書以一種無與倫比的寫作風格，比起過去任何著作要更加精煉地提供了關於 Staff 工程師角色的觀察、心理模型與第一手經驗。

—— 格致里・歐洛茲（*Gergely Orosz*），《*The Pragmatic Engineer*》作者

Staff 工程師之路
獻給個人貢獻者成長與改變的導航指南

The Staff Engineer's Path
A Guide for Individual Contributors Navigating Growth and Change

Tanya Reilly 著
沈佩誼 譯

O'REILLY

目錄

推薦序

當我在 2016 年寫《經理人之道》時，我有很多目標。我想分享我作為經理人成長過程中的經驗與體會。我想向那些有志成為經理的人展示這份工作的面貌。我還想讓整個行業認識到，我們需要對經理人抱有更高的期望，而我們目前所提拔的經理人往往還不能完美平衡為了做好工作所需的人員、流程、產品和技術能力。簡而言之，我想糾正科技界中我所見到的文化缺失：認真對待管理職這個關鍵角色，並且阻止它淪為那些想要發展自己職涯的雄心勃勃的工程師的預設道路。

應該可以說，我算是部分成功了。每當有人告訴我他們讀了我的書後決定不做經理時，我都會跳一段勝利之舞。從這個角度來看，至少有些人讀了我的書，意識到這條路不適合他們。不幸的是，個人貢獻者的另一條職業發展道路，也就是「Staff+ 工程師」的道路，卻缺乏類似的指導手冊。這樣的匱乏導致許多人選擇走上管理之路，儘管他們知道自己不願意對越來越多的人負責，而這只是因為他們看不到另一條可能的路。這對工程師和管理者來說都是一個巨大挫折：大多數管理者希望在他們的組織中擁有更多強大的 Staff 工程師，但卻不知道如何培養他們，而許多工程師想繼續走這條路，但除了進入管理層外，看不到其他現實的選項。

Staff+ 工程之路的核心挑戰之一，是人們總是不約而同地期望，在缺乏指導的情況下，能夠自行弄清楚攀登方法的人，才夠格走上這條路。如果你注定要成為一名 Staff+ 工程師，傳統觀點認為你要能自己想辦法到達那裡。無須多言，這是一種令人灰心且充滿偏見的職涯發展方法。隨著越來越多的公司意識到自身對 Staff+ 工程師的需求，我們這個行業不能再故步自封，拘泥於 Staff+ 工程職涯發展路徑的神秘主義，這恰恰忽略了成功的技術領袖所應具備的基本技能。

考慮到這一點，你可以想像，當譚雅・萊利提出關於 Staff 工程師職業成長的寫作提案時，我是多麼激動，因為這本書填補了我的書中沒有涉及的另一條職業階梯。我從她關於技術領導力的寫作和演講中認識了譚雅，顯然，她也想糾正科技行業在 Staff+ 工程方面的文化缺陷，就像我想糾正科技行業在管理方面的文化缺陷一樣。也就是說，譚雅想解決過度關注程式碼和技術貢獻的問題，以及喚醒人們重視發展明確技能，使強大的工程師成為創造成功的放大器，而不需要煩心於人的管理。

在這本書中，譚雅已經著手闡明這些對成功的 Staff 工程師來說至關重要的基本技能。她提供了一個框架，展示了如何利用大局觀、執行力和提升他人能力等關鍵要素，創造凌駕個人親身貢獻的影響力。

譚雅的書反映了 Staff+ 工程之路的多面性，她並沒有試圖規定資深工程師以上每個職級所需技能的精確組合。相反，她很明智地將重點放在如何從你現在所處的位置上建立這些支柱。從制定技術戰略到成功領導大型專案，以及從導師到組織催化劑，本書以深入淺出的方式帶你瞭解這些關鍵支柱，並說明如何在寫程式碼之外增加你對公司成功的影響力。

在你的職業生涯中，只有一個人處於主導地位，而這個人就是你。找到屬於你的職業道路，就是你生命中最大的機會和挑戰，當你越早接受這件事取決於你（再加上一大堆運氣），你就越能在職場中如魚得水，找到自己的定位。這本指南向你展示了在 Staff+ 道路上所需要的技能，它是每位工程師書櫃中不可或缺的必讀書籍。

—— 卡米兒・傅立葉（*Camille Fournier*）

《經理人之道》作者、

《*97 Things Every Engineering Manager Should Know*》編輯、

JP Morgan Chase 常務董事、*ACM* 董事

2022 年 *9* 月，紐約

導論

你覺得五年後的自己是什麼樣子？這個經典的面試問題相當於「你長大後想做什麼？」—— 這個問題有一些符合社會期望的答案，而且時間跨度足夠長，讓你不需要全情投入。[1] 但如果你是一名資深軟體工程師，希望在職業生涯中持續成長，那麼這個問題就變得非常現實。[2] 你認為自己會前往何處？

兩條道路

你可能會發現自己站在一個岔路口（圖 **P-1**），你的前方有兩條不同的道路。在某一條路上，你會成為一名經理，需要管理下屬。而在另一條路上，你將成為一位沒有下屬的技術領袖，這個角色通常被稱為 *Staff* 工程師（*staff Engineer*）。如果你真的能看到這兩條路未來五年的發展，你會發現它們有很多共同點：它們通向許多相同的地方，當你走得越遠，你就越需要許多相同的技能。但在一開始，它們看似截然不同。

1 話雖如此，對於這個面試問題，你不應該回答「一位動物園管理員，同時也是一位太空人」。成人的生活是很有局限性的。

2 為了簡潔起見，我在本書中會一直提到「軟體工程師」；但是，如果你是一位系統工程師、資料科學家或任何其他技術從業者，我想你也會認為這本書令人心有戚戚焉。歡迎所有人閱讀！

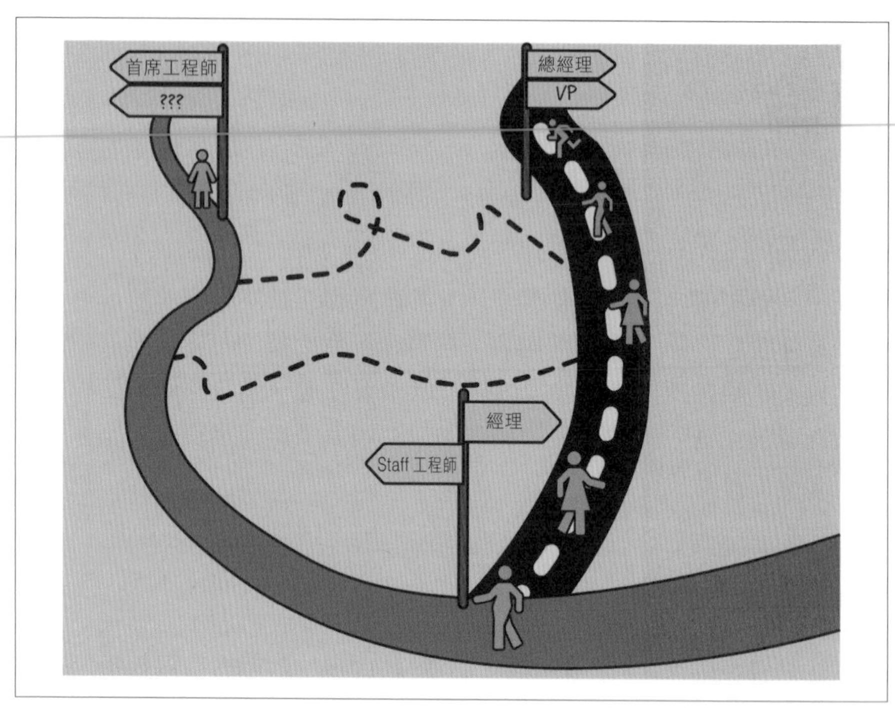

圖 P-1 岔路

經理人之路是一條清晰明確，許多人已經走過的路。對於任何能夠清晰溝通，在危機中保持冷靜，並幫助同事將工作做到更好的人來說，成為經理是一種常見的，也許還是一種預設的職業選擇。你很有可能認識一些選擇這條路的人。你可能曾有過經理或主管，對於他們做得對或做錯的地方，你可能也有自己的看法。管理學是一門被廣泛研究的學科。**升職**和**領導**這兩個詞通常被等同於是「成為某人的老闆」，而機場書店裡充滿了關於如何做好這項工作的建議。所以，如果你選擇踏上管理之路，這不會是一條容易的路，但你至少會對你的工作有大致的概念。

Staff 工程師之路就不那麼明確了。雖然現在許多公司允許工程師在不管理直接下屬的情況下持續提高工作資歷，但這種「技術職涯」仍然很混亂，而且路上缺乏明確的道路標誌。考慮走這條路的工程師可能從來沒有和 Staff 工程師一起共事過，或者在這個角色中看到的皆是非常狹隘的個性特質，以至於這個職位看起來像是高不可攀的魔法師。（其實不然，一切都是可以學習的。）不同公司對這項工作的期望各不相同，即使在同一個公司裡，僱用或提拔 Staff 工程師的標準也可能相當模稜兩可，並不總是切實可行。

通常情況下，即使你接下這個角色，具體工作內容也不會變得更清晰明確。在過去的幾年裡，我曾與許多公司的 Staff 工程師聊天，他們都不太清楚組織對他們的期望是什麼，而工程經理也不知道如何與他們的 Staff 工程師下屬和同事一起共事。[3] 如果你的工作沒有被定義，要如何知道你做得好不好？或者你是否有達到基本要求？

即使定義了明確的期望，但實現這些期望的道路可能仍不明確。作為一個新上任的 Staff 工程師，你可能聽說過眾人期待你成為一個技術上的領導者，做出良好的商業決策，並在沒有實際權力的情況下產生影響力。但究竟要怎麼做呢？你該從哪裡開始？

Staff 工程師的特質

我懂這種感覺。投身這個行業的 20 年裡，我一直堅持走 Staff 工程師之路，現在我是一名資深首席工程師（senior pricipal engineer），在職涯階梯上的職級相當於我公司的資深經理（senior director）。雖然我曾多次考慮要不要走經理之路，但我始終認為「技術軌道」的工作真正地為我帶來活力，讓我早上會想起床去上班。我希望有時間鑽研新技術，深入瞭解架構，並學習新的技術領域。不論是什麼領域，你投入的時間越多，你的能力就能變得越強，而我一直想在技術方面不斷提升。[4]

不過，在我職業生涯的早期，我一直在努力理解這條路。身為一名中階工程師，我很納悶為什麼還有高於「資深」（senior）的級別 —— 那些人整天要做些什麼？當時的我當然看不出從我所在的位置通往這些職級角色的路徑。後來，成為一名新手 Staff 工程師之後，我發現了一些不

3 這個狀況正在發生改變。Will Larson（*https://staffeng.com*）、LeadDev（*https://leaddev.com/staffplus-new-york*），和其他一些人一直致力於鋪平道路，做出令人驚豔的工作成果。我將在本書中提供相關資源的超連結。

4 我保留以後改變主意的權利。

為人知的期望和缺失的技能，我不知道該如何描述這些東西，更不知道該如何行動。多年下來，我從許多專案和經驗中學習，不論是成功和失敗的經驗，並且從其他公司的優秀同事和同行那裡獲益良多。現在，這份工作對我來說已經可以理解，但我希望當時就能知道我現在體會到的東西。

如果你已經走上了 Staff 工程師的道路，或者正在考慮這樣做，歡迎你！這本書是為你準備的。如果你和 Staff 工程師一起共事，或者正在管理 Staff 工程師，並且想更加瞭解這個新興的職位角色，這本書也有很多內容適合你閱讀。在接下來的九章中，關於如何成為一名優秀的 Staff 工程師，我將與你分享我所學習到的經驗。現在，我要先警告你，我不會對每一個主題下硬性規定，也不會回答每一個問題：這個角色天生自帶大量的模糊性，而許多問題的答案往往是「這取決於事情的脈絡」。但我會告訴你如何駕馭這種模糊性，瞭解什麼是至關重要的，並與你合作的其他領導者保持協同一致。

我認為 Staff 工程師的角色由以下三大支柱構成：大局觀、專案執行，以及提升與你共事的工程師的水準。

大局觀

大局觀意味著能夠退後一步，以更廣闊的視野來看待問題。這意味著超越眼前的細節，理解你所處的環境脈絡。它還意味著超越當前時間的思考，無論是啟動為期一年的專案、建立易於退役的軟體，或是預測你的公司在三年內的需求。[5]

專案執行

到了 Staff 這個職級，你接手的專案會變得更加混亂、更加模糊。這些專案會涉及更多的人，需要用更多的政治資本、影響力或文化變革來取得成功。

5 在本書中，在談到雇主時，我將使用「公司」一詞，但當然你可以服務於非營利組織、政府機構、學術機構或其他類型的組織。歡迎將「公司」換成任何符合你情況的詞語。

提高標準

資歷越高，就越有責任提升和你處在相同技術軌道內的工程師的標準和技能，無論對象是你團隊裡的組員、組織內的同事，還是整個公司或行業的工程師。這種責任包括透過教學和指導的刻意影響力，以及成為榜樣而帶來的意外影響力。

我們可以把這三者看作是成就你的影響力的支柱，如圖 P-2 所示。

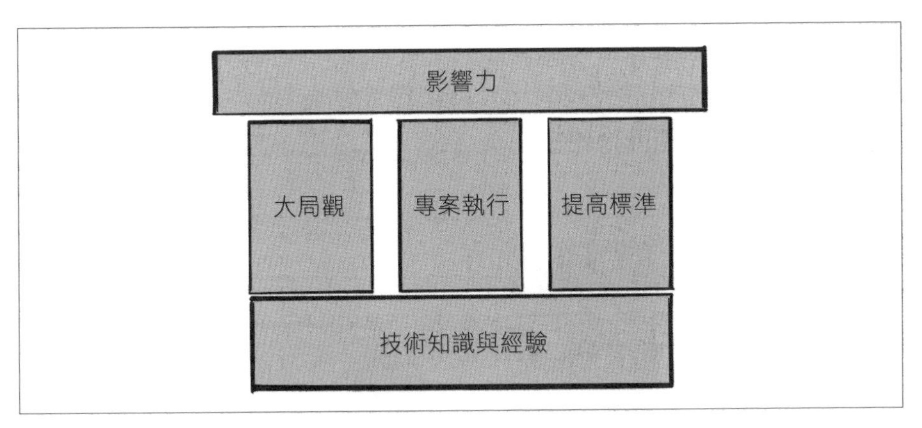

圖 P-2 Staff 工程師角色的三大支柱

你會發現，這些支柱建立在技術知識和經驗的堅實基礎之上，這個基礎至關重要。你的大局觀包括理解哪些事情是可能的，同時具備良好的判斷力。在執行專案時，你的解決方案需要能真正解決問題。當你作為一位榜樣時，你的審查意見應該使程式碼和設計變得更好，而你的意見需要經過深思熟慮 —— 你必須是正確的！技術能力是每個 Staff 工程師角色不可或缺的重要基礎，你必須不斷地鍛鍊技術。

但僅有技術知識仍遠遠不夠。在這個職級上的成功和成長，意謂你要做的事情不能僅僅依靠技術能力，你必須付出更多。如果你想成為善於為大局思考的人，執行更大的專案，並幫助你周圍的人提升水準，你需要「人性化」的技能，比如：

- 溝通與領導力
- 駕馭複雜局面
- 正確看待你的工作
- 輔導、贊助與授權
- 確定問題的框架，讓其他人接手處理
- 無論你覺得自己是不是領導者，都要如領袖般採取行動。[6]

你可以將這些技能想像成哥德式教堂上的飛簷（如圖 P-3）：它們不能取代真正的牆壁或是你的技術判斷，但它們讓建築師能夠打造更高聳、更宏偉、更令人敬畏的偉大建築。

圖 P-3 領導力就像飛簷一樣，幫助我們為大型建築提供更好的支撐力。

三個支柱都各有一套必要的技能，而你應對每一個支柱的天份資質都有所不同。我們之中的一些人在領導和贊助大型專案時可能相當得心應

6 還有很多。請看 Camille Fournier 的文章：〈An Incomplete List of Skills Senior Engineers Need, Beyond Coding〉（*https://oreil.ly/gGe2T*）。

手，但在兩個策略方向之間做出抉擇時卻容易感到退卻。另一些人可能在理解公司和行業的發展方向上有很強的直覺，但在管理突發事件時卻容易失去對整體局面的控制。還有一些人的能力是提升與他們合作的每個人的技能，但卻很難針對某個技術決策促成共識。好消息是，這些所有的技能都是可以學習的，你可以成為三個支柱的專家。

本書分為三大部分。

第一部分：大局觀

在第一部分中，我們將探討如何以涉及全局的戰略眼光來看待你的工作。第 1 章向你提出關於你的角色的大問題。組織對你的期望是什麼？Staff 工程師是做什麼的？在第 2 章中，我們將眼光放遠，試著獲得一些觀點，我們將在環境脈絡中審視你的工作、導航你的組織，並揭曉你的真正目標。最後，在第 3 章，我們將會打造一個技術願景或策略，豐富我們的大局觀。

第二部分：專案執行

第二部分更偏向戰術實踐，我們將焦點轉向領導專案和解決問題的實際情況。第 4 章將探討如何選擇工作內容，我將分享如何決定要把時間投入在哪些地方的技巧、如何管理你的精力，以及如何妥善「花掉」你的信譽和社會資本，同時不減損它們的價值。在第 5 章中，我將討論如何領導跨團隊和組織的專案：為他們的成功做準備、做出正確的決定，並保持資訊順暢流通。第 6 章將討論如何駕馭你在前進道路上遇到的障礙、慶祝專案大功告成，以及當專案被喊停時該如何回顧檢討（儘管如此，還是要慶祝！）。

第三部分：提高標準

第三部分的主題是關於如何提升你的組織。第 7 章將會示範優秀工程師的行為、如何大聲學習以及如何建立心理安全的文化，以提高每個人的水平。我們將研究如何在意外事件或技術分歧中成為「房間裡的成年人」。第 8 章是關於以更有目的性的方式來提升同事的技能，例如教學和輔導、設計審查、程式碼審查和促成文化變革。最後，第 9 章將探討如何提升自己：如何保持成長，以及如何為自己的職業生涯打算。在你目前的角色之後，你的下一站會去哪裡？我會在此討論一些選項。

在我們進入正題之前，有一個警告你必須知道：這是一本關於保持在「技術軌道」的書。它不是一本教你技術的書。正如我所說，你需要有堅實的技術基礎才能成為一名 Staff 工程師。這本書並不能幫助你獲得這些技術基礎。技術能力端看各個特定領域，如果你拿起了這本書，那麼我會假設你已經擁有 —— 或者正在學習你所需要的任何專業技能，以便成為你所在領域中最資深的工程師之一。無論「技術」對你來說是指程式碼、架構、UX 設計、資料模型、生產營運、漏洞分析，還是其他任何技術，幾乎每個領域都有大量書籍、網站和課程可以為你提供幫助。

如果你是一個技術能力至上的人，那麼你不太可能在這裡找到你想要的東西。弔詭的是，你也可能是能從這本書中得到最多收穫的人。無論你的技術知識有多深奧，你都會發現，當你能夠說服其他人採納你的想法，提升你周圍的工程師的能力水準，並且游刃有餘地透過使每個人都慢下來的組織僵局時，這些工作就不會那麼令人厭煩了。這些技能並不容易學習，但我保證它們都是人人都能夠學會的，我將在本書中盡我所能為你指點迷津。

你想成為一名 Staff 工程師嗎？不追求更高階的工程職位是可以的。你也可以中途改道去當經理（或者在兩者之間來回！），或留在資深工程師的位子上，做你喜歡的工作。但是，如果你想幫助你的組織實現目標，並且繼續培養技術實力，同時使你周圍的工程師在他們的工作上做得更好，那麼請你一定要繼續閱讀。

致謝

誠摯感謝無數幫助這本書問世的人們。

感謝 Sarah Grey、所有世上最優秀的開發編輯，以及 O'Reilly 的所有其他傑出人士，包括採購編輯 Melissa Duffield、製作編輯 Liz Faerm、文案編輯 Josh Olejarz、創作美麗封面的 Susan Thompson，以及將我的鉛筆塗鴉化為華麗藝術的插畫師 Kate Dullea。這是我第一次提筆寫作，而你們讓我不再害怕。

感謝 Will Larson 的鼓勵和支持，尤其感謝他幫助 Staff 工程師社群的人們終於找到彼此。感謝 Lara Hogan 的熱忱介紹，當我在與她私訊時提到「我也能寫一本書嗎？」的時候她熱情地與我分享經驗。感謝你們兩位完美展現了贊助人的理想樣貌。

我非常幸運地在這趟旅程中擁有兩位我所認識的人之中最聰明、最有洞察力的工程師陪伴。Cian Synnott 和 Katrina Sostek，這本書因為你們過去一年的審查和意見回饋而變得更好。我尤其感激你們對那些不成功的部分所提出的周到建議。建設性的批評總是更不容易，非常感激你們所付出的時間和精力。

許多人慷慨地分享他們的時間來討論想法，提供意見回饋，或教會我一些東西。我要特別感謝 Franklin Angulo、Jackie Benowitz、Kristina Bennett、Silvia Botros、Mohit Cheppudira、John Colton、Trish Craine、Juniper Cross、Stepan Davidovic、Tiarnán de Burca、Ross Donaldson、Tess Donnelly、Tom Drapeau、Dale Embry、Liz Fong-Jones、Camille Fournier、Stacey Gammon、Carla Geisser、Polina Giralt、Tali Gutman、Liz Hetherston、Mojtaba Hosseini、Cate Huston、Jody Knower、Robert Konigsberg、Randal Koutnik、Lerh Low、Kevin Lynch、Jennifer Mace、Glen Mailer、Keavy McMinn、Daniel Micol、Zach Millman、Sarah Milstein、Isaac Perez Moncho、Dan Na、Katrina Owen、Eva Parish、Yvette Pasqua、Steve Primerano、Sean Rees、John Reese、Max Schubert、Christina Schulman、Patrick

Shields、Joan Smith、Beata Strack、Carl Sutherland、Katie Sylor-Miller、Izar Tarandach、Fabianna Tassini、Elizabeth Votaw、Amanda Walker 以及 Sarah Wells。此外，還要感謝許多（非常非常多！）透過私訊、電子郵件、走廊聊天或在討論熱烈的 Slack 聊天室中與我交談的其他人們。你們讓這本書變得更好，非常感謝你們。

感謝喝下午茶的人：你們每天都在展示社群的強大力量。感謝 Rands Leadership Slack 上的 #staff-principal-engineering 頻道中的每個人，感謝你們不懈支持以及謙遜地分享寶貴經驗。衷心感謝我在 Squarespace 的同事和 Google SRE 成員們，你們使我獲益良多。我還要感謝 Ruth Yarnit、Rob Smith、Mariana Valette 和整個 Lead Dev 團隊，他們與世界分享無與倫比的技術領導力內容，感謝你們的貢獻。

感謝 Hillfolks，包括那條非常乖巧的狗。我很幸運，也很榮幸能與你們成為朋友。謝謝你讓我在你的大箱型車裡寫作（並且允許我在得了 COVID 時在那裡隔離！）我期待發展幾十年的友誼，並且看著你的小橡樹成長。

最後，感謝我的整個家庭 —— 我的父母、丹尼和凱瑟琳，以及整個家族，感謝你們在去年我從地球上消失時還保有耐心。

當然，還有 Joel 和 9 號女士！我期待在每個星期六再次見到你們。給喬爾（他提出了人性化技能是「飛簷」的比喻）：感謝你對於工程組織和設計優秀軟體的精彩想法，也感謝你提供的所有三明治。還有 9 號女士（當我寫這本書的初稿時，她還是 6 號女士！）：感謝你的優秀想法、插畫和擁抱。我愛你們。

PART | I

大局觀

1

你如何描述你的工作？

Staff 工程師軌道（Staff engineer track），或者是「技術軌道」（technical track），對很多公司來說是一種很新的概念。各家公司組織對於最高職級的工程師應該具有什麼樣的屬性，以及這些工程師應該做什麼樣的工作，有著各自不同的觀點。儘管大多數人都同意，就如 Silvia Botros 所寫的那樣（*https://oreil.ly/xwgRn*），技術軌道的頂端絕不僅是「更資深的資深工程師」，然而我們對於 Staff 工程師這個職位本身的理解並不一致。因此，在這一章的開頭，我們將從探究這個角色的存在意義開始：為什麼組織會需要非常資深的工程師留在公司裡？有了基本認識後，我們將進一步解析這個角色：關於這個職位的技術要求、領導力要求，以及自主工作的意義。

Staff 工程師的角色有許多不同的形式，而且有許多有效且可行的方法來做好這份工作。不過，有些形式更適合於某些特定情境，而且不是所有的組織都需要各形各色的 Staff+ 工程師。因此，我想要先聊一聊該如何描述一個 Staff 工程師的角色：這個角色的職責範圍、深度、回報結構、主要焦點以及其他屬性。你可以利用這些角色描述來更加精確地瞭解你要如何執行工作，成長為什麼樣的角色，或者需要僱用什麼樣的人才。最後，由於不同的公司對 Staff+ 工程師應該負責的工作內容有各不相同的看法，我們會努力使你的理解與你所在組織中其他關鍵人物的理解相符。

讓我們先搞懂這份工作到底在做些什麼。

Staff 工程師究竟是何方神聖？

假如成為管理者是唯一的職涯發展路徑（就像圖 1-1 中左側所描述的公司），許多工程師將面臨一道嚴峻且困難的選擇題：究竟該留在工程崗位上，繼續打磨技術，還是轉換跑道到管理職，讓他們的職業生涯持續成長？

值得慶幸的是，許多公司現在提供「技術」或「個人貢獻者」軌道，為工程師提供更多樣的職業發展選項，而不只有管理職。圖 1-1 中右邊的職涯發展階梯就是一個例子。

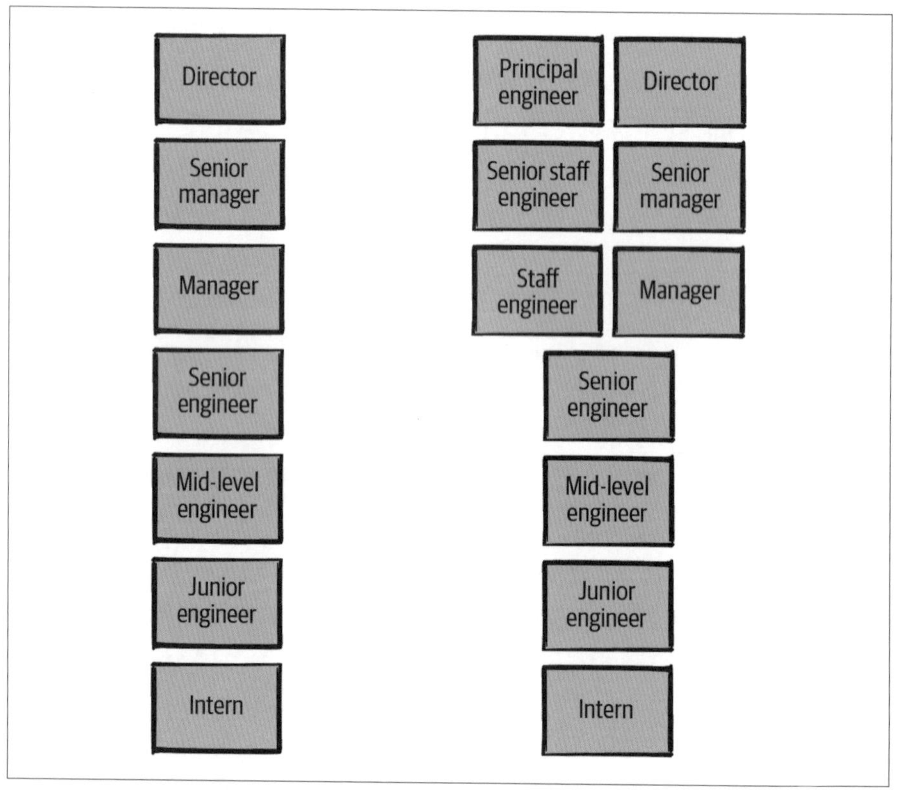

圖 1-1 兩種職涯階梯範例：右者提供多元發展選項

由於各家公司的職位層級存在不少差異，以至於有一個叫做 *level.fyi* 的網站，專門比對各個公司技術軌道的職等級別。[1] 在職涯階梯上，每家公司提供的職等數量可能有所不同，你甚至會發現不同公司採用不一樣的職級次序。[2] 很多時候，Senior（資深）一詞經常被使用。Marco Rogers，一位在兩家公司建立了職涯階梯的工程總監，他將 Senior 職等形容為職涯階梯的「錨（anchor）」（*https://oreil.ly/MpwsJ*）。他認為「Senior 以下的職級是為了讓人們增加自主權；Senior 以上的職級則是為了擴大影響力和責任。」

Senior 職等有時被看作是「終身（tenure）」級別：你不需要再往上走了。[3] 但如果你繼續向上升職，你將會進入「技術領袖」級別。Senior 職級的再上一級通常被稱為「Staff 工程師」，這也是我在本書中使用的名稱。

在圖 1-1 的雙軌制職涯階梯中，資深工程師可以選擇培養技能，爭取晉升為經理或 Staff 工程師的角色。一旦他們獲得升遷機會，日後從 Staff 工程師轉換跑道到管理職的角色，或是從經理回到技術職，將被視為一種水平的橫向移動，而不是更進一步的升職。Senior Staff Engineer（資深主任工程師）的職等與 Senior Manager（資深經理）相同，Principal Engineer（首席工程師）則相當於總監，以此類推；在一些公司的職業階梯中，可能還存在比這些職等更高的職稱。（為了代表所有高於 Senior 的角色，我將使用 *Staff+* 一詞，這是 Will Larson 在他的《*Staff Engineer*》一書中創造的表達方式。）

1 我還推薦造訪 progression.fyi，這個網站整理了各家科技公司公布的職級資訊。

2 我聽說有一家公司按工作資歷使用 Senior、Staff 和 Pricipal 這三個職等，但被另一家職等次序為 Senior、Principal 和 Staff 的公司收購。結果一團混亂。收購方公司將所有的 Staff 改為 Principal，將所有的 Principal 改為 Staff，然而沒有人為此感到高興。Staff 工程師和 Principal 工程師都認為這種變化是一種降等。頭銜真的很重要！

3 我喜歡我的朋友 Tiarnán de Burca 對資深工程師的定義：在這個級別上，某個人可以停止前進，並在餘下的職業生涯中繼續保持他們目前的生產力、能力和產出水準，如果他們離開組織，仍會被視為是「遺憾的人才流失」。

關於頭銜

我偶爾會聽到有人堅持工作頭銜和職等不應該被看重（或者根本不重要）。提出這種主張的人往往會試圖合理化，說他們的公司是一個秉持平等主義、任人唯賢的公司，對階級制度所隱含的危險保持警惕。他們這麼說：「我們是一個自下而上的文化，所有的想法都受到尊重。」這個目標確實令人敬佩：即便你身處職業生涯的早期，也不表示你的想法或點子就該被視而不見。

但是頭銜確實很重要。Medium 工程團隊寫了一篇部落格文章（*https://oreil.ly/oUkHe*），闡述了職稱存在之必要的三大原因：「幫助人們理解他們有所進展、將權限賦予那些可能不會自動得到的人、並向外界傳達（對這個職級）預期的能力水準。」

雖然第一個原因是屬於個人的內在原因，這也許不是驅動所有人的動機，但其他兩個原因則描述了頭銜對其他人的影響。無論一家公司是否宣稱自己採用扁平的、平等的組織結構，總會有一些人對不同職等的人做出不同的應對與態度，至少我們大多數人都會意識到地位高低差異。正如科羅拉多州立大學創業學系的實踐教授 Kipp Krukowski 博士在他 2017 年的論文〈*The Effects of Employee Job Titles on Respect Granted by Customers*（職稱對於來自客戶的尊重之影響）〉（*https://oreil.ly/zD3kp*）中所說：「職位頭銜就像一種符號，公司用這些符號向公司內外的人們表明員工的品質水準」。

我們無時無刻不在對人做出隱性判斷和假設。除非我們投入大量的時間和精力來察覺自己的隱性偏見，否則這些假設極有可能受到刻板印象的影響。舉例來說，2015 年的一項調查（*https://oreil.ly/snmmY*）發現，在接受調查的 557 名從事 STEM（科學、科技、工程與數學等領域）的非裔與拉丁裔職業女性中，約有一半人曾被誤認為是清潔工或行政人員。

當一個軟體工程師參加一場陌生會議，類似的隱性偏見就會發揮作用。白人和亞裔男性軟體工程師往往被認為是更資深、更「懂技術」和更擅長寫程式碼的人，不管他們是昨天剛畢業還是已經做了幾十年的工作。相較之下，女性，尤其是有色人種的女性，則被下意識地認為資歷較淺、較不夠格。她們必須在會議上更努力地工作，才能被人認為真的有能力。

正如那篇 Medium 文章所說，職稱頭銜將權限賦予給那些可能不會自動得到的人，並傳達了（組織）預期的能力水準。透過錨定期望值，爭取到某個頭銜能夠節省時間和精力，否則人們將不得不一次又一次地證明他們自己。這讓他們能在一週內重新獲得幾個小時的時間。

你現在擁有的頭銜也會影響到你接下來的工作。像我們行業的許多人一樣，我每天都會收到 LinkedIn 上招募人員傳來的訊息。在我的人生中，我只收到過三次冷郵件（cold email），邀請我去面試一個比我現有的職位更資深的職位。所有其他的郵件都是建議我去做一個和我現在的級別完全相同的職位，或者一個更低級的職位。

所以，這就是工作職稱在職涯發展階梯上的樣子。不過，讓我們來看看**為什麼**還會出現「技術領袖」這類級別。我在導論中談到了技術軌道的三大支柱：大局觀、專案執行和提升水準。為什麼我們需要**工程師**具備這些技能？究竟為什麼需要 Staff 工程師？

為什麼工程師要有大局觀？

所有的工程組織都在不斷做出決策：選定技術、決定要打造什麼東西、投入於一個系統或是淘汰它。其中一些決策有著明確的所有者和可預測的後果。其他的決策則是奠定一切基礎的架構選擇，會影響到其他所有的系統，沒有人能夠信誓旦旦地說清楚它們將會如何發展。

良好的決策需要**脈絡**。有經驗的工程師知道，大多數技術選擇的答案是「這要看情況」。了解某個特定技術的優缺點還不夠 —— 你還必須知道使用情境的細節。你想做出什麼東西？你有多少時間、金錢和耐心？你的風險承受能力是什麼？業務需要什麼？這些就是決策的脈絡。

蒐集脈絡資訊需要時間和心力。個別團隊傾向為己方爭取最佳利益；單個團隊中的工程師可能會專注於實現團隊目標。往往那些看似屬於一個團隊的決策，其影響卻遠遠超出了這個團隊的範圍。**區域極大值**（*local maximum*），也就是單個群體的最佳決策，如果從更廣泛的角度來看，也許並不會是最佳決策。

圖 1-2 展示了一個例子：一個團隊要在 A 和 B 兩個軟體中做出選擇。這兩個軟體都擁有必要的功能，但 A 軟體明顯更容易設置，它就是能發揮作用。B 軟體則更難一些：它需要幾個衝刺週期的啟動時間，而沒有人願意等那麼久。

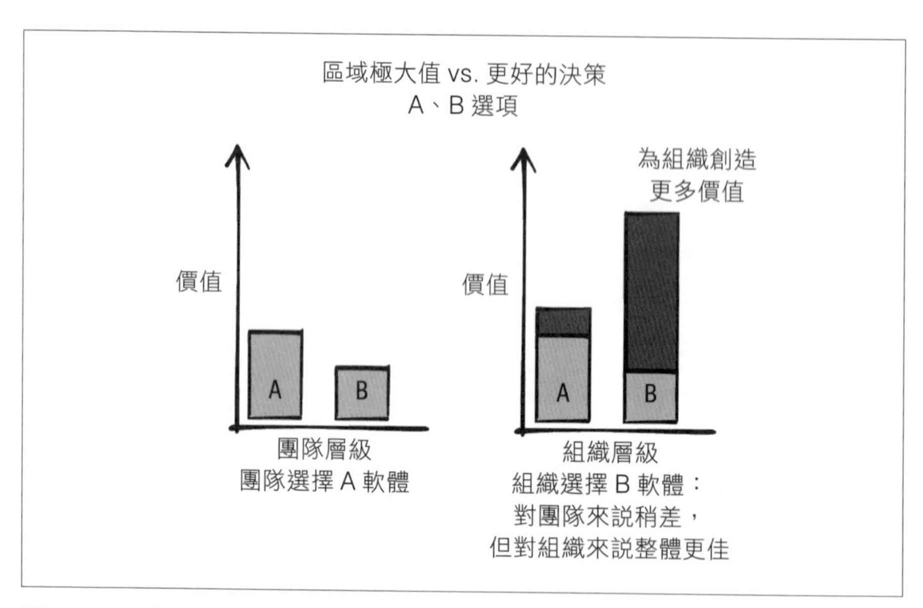

圖 1-2 區域極大值 vs. 更好的決策

從這個團隊的角度來看，選擇 A 軟體是個明智的決定。何必要選擇其他東西呢？然而其他團隊寧願他們選擇 B 軟體。因為事實證明，A 軟體會給法律和安全團隊帶來持續性工作，它的認證需求意味著 IT 和平台團隊將不得不永遠把它作為一個特殊案例。選擇 A 軟體，即該團隊的區域極大值，此團隊在不知不覺中選擇了一個對公司整體來說得投入更多時間的解決方案。B 軟體對團隊來說只是稍微差一點，但整體上要好得多。額外的兩個衝刺週期將在一個工作季度內得到回報，但這一事實只有當團隊中有人以更具大局觀的視角來觀察時才得以顯現。

為了避免產生區域極大值，團隊需要決策者（或至少是決策影響者）從**局外人的角度**看見更大格局 —— 同時考量多個團隊的目標，並選擇一條對整個組織或整個企業最有利的道路。第 2 章會介紹如何將視野縮放並且看清大局。

與看到**現在的**大局同等重要的是，預測你的決策在未來會如何發展。一年後，你會對什麼事情感到後悔？三年後，你會希望你現在就做哪些事情？為了朝著同一個方向前進，各個小組需要在技術策略上達成一致，比如要投資哪些技術、對哪些平台進行標準化等等。這些巨大決定的最終結果可能難以捉摸，而且往往是有爭議性的，所以做出決策的關鍵要點在於能夠分享脈絡資訊，並幫助其他人確實理解。第 3 章的主題是作為一個團體如何選定方向。

因此，如果你想做出廣泛的、具有前瞻性的決定，你需要能夠看見大局的人。但是，難道這個人不能是經理嗎？難道不能由首席技術長（CTO）來搞懂所有的「業務事項」，將其轉化為技術目標，並將這些重要目標告訴下面的人嗎？

在一些團隊中，他們確實可以。對於一個小團隊來說，經理往往可以擔任最有經驗的技術專家，負責重大決策和技術指導。在一個小公司裡，首席技術長可以深入參與每個決定的細節。這些公司可能不需要 Staff 工程師。但是，管理權限可能會掩蓋技術判斷：即使有更好的解決方案，下屬可能會覺得與經理爭論技術決測是不合適的。而管理本身就是一項需要全身心投入的全職工作。一個致力於成為優秀人事經理的人，很難分配較多時間去瞭解技術發展的最新情況，而任何身處複雜工作情境的管理者，會較難滿足其下屬需求。短期來說，這可能還過得去：一些團隊不需要很多的關心就能繼續在邁向成功的道路上前進。但是，當團隊的需求和技術策略的需求之間出現矛盾時，經理就必須選擇要把重點放在哪裡。要麼是團隊成員，要麼是技術方向會被忽視。

這也是許多組織為技術領袖和人事領袖開闢各自獨立的職涯路徑的原因之一。如果公司裡有不少工程師，如果每一個決定都需要在首席技術長或資深經理的辦公桌上敲定，那麼工作效率的低落無庸置疑，更不用說這同時削弱了人們的工作自主性。假如讓有經驗的工程師有時間深入研究並梳理脈絡，並且賦予權限，讓他們設定正確的技術方向，你會得到更好的結果和設計。

這並不表示工程師得獨自設定技術方向。經理，作為負責為技術計畫分配人力的人，也需要參與重大的技術決策。我將在本章後面談到如何保持工程師和經理之間的一致性，並在第 3 章談及策略時再次探討。

那「架構師」呢？

在一些公司，「架構師」是職涯階梯中技術軌道上的一個職等。在其他公司，架構師是抽象的系統設計師，他們有自己的職涯路徑，與實作系統的工程師不同。在本書中，我打算將軟體設計和架構視為 Staff 工程師角色的一部分，但請注意，這在我們的行業中並非舉世皆然的普遍事實。

為什麼工程師需要領導跨團隊專案？

在一個理想的世界裡，一個組織中的各個團隊應該像拼圖一樣環環相扣，工作範圍涵蓋任何正在進行的專案的方方面面。然而，在這個理想的世界裡，每個人都在為一個嶄新的綠地專案工作，沒有任何約束或遺留系統需要解決，而且每個團隊都能全身心致力於這個專案。團隊的界限很明確，沒有爭議。事實上，我們一開始就採用了 Thoughtworks 技術顧問所稱的「逆康威模式（Inverse Conway Maneuver）」（*https://oreil.ly/HdKyK*）：一組團隊完全對應了所需架構的所有組成部分。這個烏托邦專案的困難部分之所以困難，只因為它們涉及了深入的、迷人的研究和發明，而且它們的所有者對於這些問題的技術挑戰躍躍欲試，殷切渴望著輝煌的職業榮耀。

我想為這個專案工作，你難道不想嗎？很遺憾，現實世界與此有些不同。幾乎可以肯定的是，參與任何跨團隊專案的團隊在這個新專案醞釀之前就已經存在了，並且團隊正在忙於其他的事情，甚至可能是他們認為更重要的事情。他們會在專案的中途發現未曾預期的依賴關係。他們的團隊邊界有過度的重疊和差距，並且蔓延到整個架構之中。而專案中陰暗和困難的部分並不是迷人的演算法研究問題：它們涉及到對遺留程式碼的研究，與那些不想改變任何東西的繁忙團隊交涉談判，以及猜測多年前離開的工程師們的當時意圖[4]。如果你仔細看一下設計文件，你可能會發現它推遲了那些最需要調整的關鍵決定，或者只有一筆帶過。

這才是一個更符合現實的專案情形。無論再怎麼小心翼翼地將團隊分攤到一個巨大的專案上，有些責任最終還是不屬於任何人，而另一些責任則被兩個團隊所共同擁有。資訊不能流動，或者在溝通交流中被擾亂，最後造成衝突。每個團隊都做出了優秀而符合**區域極大值**的決定，結果導致軟體專案陷入困境。

保持專案進展的一個方法是讓某人對整個專案擁有全部的所有權，而不是這個專案的任何個別部分。甚至在專案啟動之前，這個人就可以清楚界定專案範圍，並建立一個提案。當專案開始後，他們很可能是大方向系統設計的作者或共同作者，也是專案的主要聯絡人。他們秉持高工程標準，以經驗為據預測風險，並提出切中要點的困難問題。他們還會花時間非正式地指導或輔導，或是為專案的各個部分的負責人樹立一個好的榜樣。當專案陷入困境時，他們有足夠的視角來追蹤原因並進行疏通（第 6 章將著墨更多）。在專案之外，他們要描述正在發生的事情和原因，向公司其他部門推銷願景，並解釋這項工作將會實現願景，以及新專案如何影響到每個人。

4　他們在想什麼？這真的是他們想做的嗎？當然，未來的團隊也會對我們提出同樣的問題。

技術專案經理（technical program managers，TPM）難道不能做好這種建立共識和溝通的工作嗎？確實，在 TPM 的職責上與此有所重疊。不過，總的來說，TPM 負責的是交付，而不是設計，也不是工程品質。TPM 負責確保專案按時完成，而 Staff 工程師則負責確保專案以高工程標準完成。Staff 工程師負責確保開發出來的系統是強大的，並且與公司的技術環境相輔相成。他們謹慎看待技術債，對任何會成為這些系統未來維護者的陷阱的東西都保持警惕。TPM 通常不太會撰寫技術設計或為測試或程式碼審查制定專案標準，也沒有人期待他們要對一個遺留系統的種種細節進行深入研究後，再來決定哪些團隊需要與之整合。當 Staff 工程師和 TPM 在一個大專案中愉快合作，他們可以成為一個夢幻團隊。

為什麼工程師應該發揮良好影響力？

軟體很重要。我們建立的軟體系統可以影響人們的幸福感和收入。維基百科的軟體錯誤清單（*https://oreil.ly/eNIXO*）非常值得一讀，甚至帶有警世意味。我們已經從飛機失事（*https://oreil.ly/iJgF2*）、救護車系統故障（*https://oreil.ly/s9GQf*）和醫療設備故障（*https://oreil.ly/fr7Dj*）中了解軟體 bug 或是軟體故障足以致命，假如你認為未來不會再出現更多、更嚴重的軟體相關悲劇，那可就太天真了。[5] 我們必須認真看待軟體。

即使風險較低，我們仍然在製造軟體，這是有原因的。除了一些研發方面的例外，工程組織的存在通常並不只是為了創造更多的技術。他們是為了解決一個實際的商業問題，或者創造一些人們願意使用的東西。他們希望以某種可接受的品質、對資源的有效利用和最少的混亂來實現這一目標。

5 Hillel Wayne 的文章〈*We Are Not Special*〉（*https://oreil.ly/WK0TK*）指出，很多過去必須仔細校正調整物理設備的工程解決方案，現在都用「勉強拼湊起來的軟體」來代替。到目前為止，我們很少有來自軟體的重大致命事故，這始終令我感到很驚訝。我不希望只靠純粹的運氣。

當然，品質、效率和秩序遠遠無法保證，特別是涉及到趕死線的時候。當「做得正確」意味著速度變慢時，急於交付的團隊可能會跳過測試、偷工減料，或對程式碼進行走過場式的橡皮圖章審查。而且，打造優秀的軟體並不容易也不直觀。團隊需要的是那些已經打磨好技能的資深人士，經驗告訴他們什麼是成功的、什麼是失敗的，而且他們會承擔起創造可用軟體的責任。

我們從每個專案中學習，但每個人只能反思有限的經驗。這意味著，我們需要從**彼此的**錯誤和成功中學習。經驗不足的團隊成員可能從未見過好的軟體如何被製作出來，或者可能認為生產程式碼是軟體工程中唯一重要的技能。經驗豐富的工程師可以透過指導程式碼和設計審查，提供架構的最佳實踐，以及打造各種工具，使大家的工作更快、更安全，因而發揮巨大的影響力。

Staff 工程師是人們的榜樣。經理負責在他們的團隊中建立文化，強制執行好的行為，並確保標準得到滿足。相對地，工程規範是由專案中最受尊敬的工程師的行為而設定的。不管專案標準洋洋灑灑寫了些什麼，假如最資深的工程師不寫測試，那麼你永遠無法說服其他人去寫。這些規範超越了技術影響，它們也隱含了文化意味。當資深的人大聲讚美別人的付出，互相尊重，並提出問題來釐清狀況時，其他人也會更容易效而仿之。當菜鳥或新手工程師把某個人當作他們想「成為」的那種工程師來尊重時，這是一種強大的激勵因素，讓人想要起而效法。（第 7 章將探討如何成為榜樣來提升你的組織水準。）

也許現在你已經被說服，工程師應該具有大局觀、專案執行、發揮良好影響力的能力，但問題是：在資深工程師的程式碼工作量之上，還要做好這些事情是不太可能的。你在寫技術策略、審查專案設計或制定標準的任何時候，你都不是在寫程式、架構新的系統，或做很多用來評估軟體工程師績效的工作。如果一個公司最資深的工程師整天都在寫程式，那麼他們的優異技能可以為程式庫帶來好處，但公司將與只有他們才能勝任的工作失之交臂。這種技術領導力必須放上做好這份工作的職責描述中。這不是對工作的干擾：**它就是工作本身**。

工作哲學先擺一旁，所以我的工作是什麼？

Staff 工程師角色的細節因公司組織而異。不過，有些工作的屬性我認為相當一致。我將在這裡列出這些屬性，本書後續內容將把它們視為不言而喻的公理。

你雖然不是經理，但你仍是領導者

先講重點：Staff 工程師是一個*領袖*角色。Staff 工程師通常與部門經理具有同等資歷。Principal 工程師的資歷通常與總監（Director）相仿。身為一名與經理職等對應的 Staff+ 工程師，你被期待與他們一樣成為「房間裡的大人」。你甚至會發現，你比組織中一些經理更資深、更有經驗。每當出現「應該有人在此時做出行動」的感覺時，這個人極有可能就是你本人。

你*一定得成為*領導者嗎？中階工程師有時會問我，他們是否*真的需要*精通「那些軟綿綿的人際關係」才能更上一層樓。難道技術能力還不夠嗎？如果你是那種因為想做技術工作而進入軟體工程領域的人，不喜歡與其他人類打交道，那麼當你在職業生涯中遇到了這堵牆，你可能會覺得不公平。如果你想繼續成長，扎實的技術實力只能帶你走到這裡。完成更大的事情意味著與更多的人一起工作，這需要更廣泛的技能。

隨著你的薪酬增加，你的時間變得越來越昂貴，你所做的工作被期望具有更多價值及更大影響。你的技術判斷需要將業務的現實層面列入考量，並且謹慎思考任何特定的專案是否值得一做。隨著資歷增加，你將承擔更大的專案，這些專案如果沒有合作、溝通和協調，是不可能成功的；如果你不能說服團隊中的其他人相信你的方案是正確的，你那出色的方案只會讓你本人感到沮喪。無論你是否願意，你都會成為一個榜樣：其他工程師會從那些擁有高職等頭銜的人身上瞭解如何行事。所以，噢不，你無可避免地會成為一位領導者。

不過，Staff 工程師的領導方式與經理不同。Staff 工程師通常沒有直接下屬。雖然他們參與並投入於培養身邊工程師的技術能力，但他們不負責管理任何人的業績或批准假期或費用報銷。他們不能解僱或幫人升職 —— 儘管團隊經理應該重視他們對其他成員的技能和產出的意見。他們的影響力發生在其他方面。

領導力有很多形式，而這些形式可能不會使你立即察覺。它可以來自於設計「快樂路徑」的解決方案，保護其他工程師免受常見錯誤的拖累。它可以來自於審查其他工程師的程式碼和設計，提升他們的信心和技能，或者，領導力也能來自於強調一個設計方案沒有滿足真正的商業需求。教學是一種領導力的形式。默不作聲地提升每個人的實力是一種領導力。設定技術方向是一種領導力。最後，擁有一個明星技術專家的聲譽，能夠大大激勵其他人為你的計畫買帳，因為他們覺得你值得信任。如果上面這些敘述聽起來跟你很像，那麼你猜怎麼著？你是一位領導者。

你可以內向，但不能混帳

對許多人來說，「成為一位領導者」的想法可能讓人望而卻步。別擔心：並不是所有的 Staff 和 Principal 工程師都需要成為「八面玲瓏的人物」。Staff 工程有許多機會留給內向的人 —— 即使是最安靜寡言的工程師也可以透過他們的判斷和良好的影響力，來設定強大的技術方向。你不一定要喜歡與人打交道才能成為一位好的領導者。但是，你必須成為一個榜樣，而且你必須善待他人。

我們中的許多人都聽過「那個難搞工程師」的故事，因為太難與其共事，所以這人被推到了角落。1980 年代和 90 年代的科技文化，以 Usenet 上的討論為例，軟體工程師的形象經常被形容為難搞的、不討喜的（*https://en.wikipedia.org/wiki/Bastard_Operator_From_Hell*），他們的同事不僅容忍他們的怪異行為，甚至會做出奇怪的技術決定，好避免與他們打交道。然而，今日，這樣的工程師應該被視為一種負債。無論他們的產出如何優異，你都很難想像，當這位工程師不願意進行跨團隊合作時，怎麼會有人值得其他工程師減少產出和成長，並且眼睜睜看著專案失敗。選擇這些人作為榜樣會把整個組織搞得一團糟。

如果你懷疑你的同事會認為這些描述是在形容你，記得去查看 Kind Engineering（*https://kind.engineering*），Squarespace 的 SRE 經理 Evan Smith 給出了如何成為一個積極友善的同事的具體建議。你將會對你能多快地扭轉難以相處的名聲而感到驚訝。

你是個「技術」職

Staff 工程師是一個領導角色，同時也是一個非常專業的技術角色。它需要技術背景以及來自工程經驗的各種技能和直覺。要成為一個好的影響者，你需要對優秀的工程設計秉持極高標準，並在你打造某樣東西的時候為其做出示範。你對程式碼或設計的評論應該對你的同事具有指導意義，並且應該使你的程式庫或架構變得更好。當你做出技術決定時，你需要理解其中的利弊得失，並幫助其他人理解這個決定。你需要在必要時深入瞭解細節，提出正確的問題，並理解答案。在為某一特定行動方案或技術文化的某一特定變化而爭論時，你需要清楚知道你在說什麼。因此，你必須擁有穩健扎實的技術實力基礎。

這不代表你要寫大量的程式碼。在這個級別，你的目標是有效解決問題，而寫程式往往不是你利用時間的最佳選擇。對你來說，接手那些只有你能做的設計或領導工作，讓別人來搞定程式碼，這麼做可能更有意義。Staff 工程師經常負責解決模糊、混亂且困難的問題，並在這些問題上做好足夠多的工作，使其可以交由其他人處理。一旦問題得以解決，它就會成為經驗不足的工程師的寶貴成長機會（有時 Staff 工程師會從旁提供支援）。

對於一些 Staff 工程師來說，在程式庫中深入挖掘仍然是解決許多問題的最有效工具。對其他人來說，撰寫說明文件可能會得到更好的結果，或者成為資料分析的大師，或者進行數量驚人的一對一會議。重要的是**問題得以解決**，而不是**解決的方式**。[6]

你注定要自立

當你剛開始成為一名工程師，你的經理可能會告訴你要做什麼工作以及如何去做。在 Senior 階段，也許你的經理會告訴你哪些問題是需要重點解決的，然後讓你自己去想辦法解決。在 Staff+ 以上級別，你的經理應該為你提供資訊、分享脈絡背景，**由你來告訴他們**什麼是重要的。正如 Intercom 的首席工程師 Sabrina Leandro（*https://oreil.ly/FOI1L*）提出：「你知道自己應該在那些有影響和有價值的事情上工作。但是，你要到哪裡找到這些等待著你的神奇待辦工作？」；她的回答是「由你自己來創造！」

身為組織中的高層人士，你很可能會被拉往很多方向。你必須捍衛和妥善安排你的時間。一週的工時非常有限（見第 4 章），端憑你如何使用它們。如果有人要求你做某件事情，你要根據自己的經驗直覺來做決定。你要權衡優先順序、時間承諾和好處，包括你想與請求你幫助的人保持什麼樣的關係 —— 由你為自己做出決定。如果 CEO 或其他權威人士告訴你他們需要做一些事情，你會給予符合相應程度的重視。但是，自主權意謂要承擔責任。如果他們要求你做的事情是有害的，你有責任說出來。不要默默地讓災難發生。（當然，如果你想讓自己的話被聽見，你就必須建立起值得信賴和正確的聲譽。）

由你設定技術方向

身為一個技術領袖，Staff 工程師的其中一項職責是確保組織擁有良好的技術方向。你的組織提供的產品或服務的背後由一系列的技術決定所組成：架構、儲存系統、你使用的工具和框架等等。無論這些決定是在

6 這就是為什麼我不喜歡對有經驗的 Staff 工程師進行程式碼面試。如果你已經到了這個程度，要嘛你寫程式的能力很強，要嘛你已經學會用你所擁有的其他能力來解決技術問題。結果才是最重要的。

團隊層面還是在多個團隊或整個組織中做出的，你的一部分工作是確保決策被妥善制定並且被寫下來。你的工作不是提出技術方向的方方面面（甚至不一定是任何方面！），而是確保有一個眾人商定的、被充分理解的解決方案，來解決它所要解決的問題。

頻繁且良好的溝通

當資歷越深，你會越需要借助強大的溝通技巧。你所做的一切幾乎都涉及到將資訊從你的大腦傳遞到其他人的大腦，反之亦然。你越善於被人理解，你的工作做起來就越輕鬆。

理解你的角色

這些公理應該能幫助你開始定義你的角色，但你會注意到，這些公理遺漏了很多實作細節！事實上，某一位 Staff 工程師的日常工作可能與另一位 Staff 工程師的工作截然不同。你的工作角色的實際情況將取決於你所在公司或組織的規模和需求，也會受到你個人工作風格和偏好的影響。

這種差異意味著你很難將你的工作與你身邊或其他公司的 Staff 工程師進行比較。因此，在本節內容中，我們想要解讀這個角色一些更具差異性的屬性。

讓我們從回報鏈（reporting chain）開始。

你位於組織哪個位置？

對於 Staff+ 工程師如何向工程組織的其他部門報告，我們的行業尚未確立任何標準模式。有些公司讓他們最資深的工程師向首席架構師或首席技術長報告；其他公司則把他們分配給各個組織的總監、各個級別的經理，或是採行上述所有回報模式的混合版本。這裡沒有一個正確的答案，也可能存在很多錯誤的答案，這取決於你要實現的目標。

回報鏈（見圖 1-3 中的例子）會影響到你得到的支援程度、所瞭解的資訊，以及在許多情況下，你在小組之外的同事眼中是什麼形象。

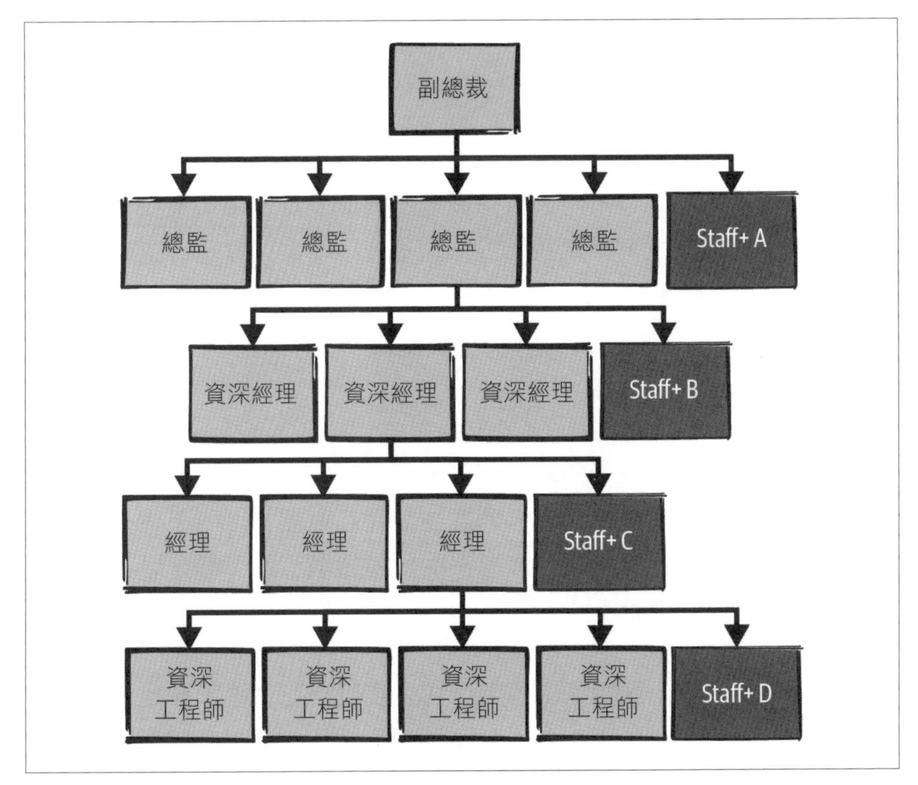

圖 1-3 Staff+ 工程師在組織架構上對不同層級進行回報。這些工程師可能具有相同的資深程度，但 A 工程師可能會比 D 工程師更容易獲得組織層面的脈絡資訊，也更容易與總監層級的人士進行溝通交流。

向「上」回報

向組織架構圖中的「高層」報告，比如向總監或副總裁報告，會給你一個廣泛的視角。你得到的資訊將是高層次的、有影響力的，而他們要求你解決的問題也是如此。如果你的上級是一位非常有能力的高層人士，觀察他們如何下決策、主持會議或處理危機，將是一種獨特而寶貴的學習經驗。

也就是說，相較於回報給組織或部門經理，此時你與上級接觸交流的時間會相對少很多。你的經理可能對你的工作不太瞭解，因此可能無法為你發聲或幫助你成長。一個與單一團隊緊密合作但向總監或董事報告的工程師可能會感到與團隊其他成員脫節，或者可能將上級的注意力拉到本應在團隊層面解決的局部分歧上。

如果你發現你的主管沒有時間，沒有時間瞭解你所做的工作，或者被拉入低層次的技術決策中，而這些決策並不能使他們的時間被妥善利用，那麼也許回報給一位更能關注你工作的經理，而這位經理的工作重點與你的工作更加一致，你可能會過得更開心。

向「下」回報

向組織架構圖中位置較低的經理報告，這本身也有一系列優劣勢。你有可能會從你的經理那裡得到更多的關注，而且你更有可能遇到一位為你發聲的人。如果你更喜歡專注於單一的技術領域，你可能會從與該領域關係密切的經理共事而獲益。

但一個被分配到單一團隊的工程師可能會發現自己很難影響整個組織。不管你願不願意，人類都會關注地位和等級制度 —— 以及回報鏈。如果你的回報對象是一位部門經理，你的影響力可能會小得多。你得到的訊息也很容易被過濾，並以該特定團隊的問題為中心。如果你的經理不能接觸到某些資訊，那麼幾乎可以肯定你也無從得知。

回報給部門經理也意味著你可能得向經驗比你少的人進行報告。這本身不是一個問題，但你從你的經理那裡可以學到的東西也許更少，而且可能對職業發展沒有幫助：他們有可能不知道如何幫助你。[7] 特別是，如

7 我推薦閱讀 Lara Hogan 所寫的一篇關於打造一個「經理人 Voltran」的文章（*https://oreil.ly/wY9Mp*）。

果你向組織架構中的低階人員報告，請確保與你經理的經理進行**跨層級會議**。[8] 你得想辦法與組織目標保持順暢聯繫。

如果你和你的經理對你如何才能最有效工作的想法並不一致，這可能會造成你們之間關係緊張。你可能會遇到我之前提到的區域極大值問題，也就是你的經理希望你為**團隊**最重要的問題工作，而**組織**內部有更大的問題更需要你。當一個人要對另一個人的績效考核和薪酬負責時，關於技術或工作優先順序的討論就很難在一個真正公平的環境中發生。如果你發現這些爭論經常發生，你可能要主張回報給更高的級別。

你的負責範圍？

你的回報鏈很可能會影響到你的**範圍**：所謂範圍（scope）是指你密切關注並負有一定責任的領域、團隊或小組，即便你在這個領域沒有擔任任何正式的領袖角色。

在你的範圍內，你應該對短期和長期的目標有一定的影響。你應該了解正在擬定的重大決策。針對變化你應該有自己的意見與看法，並代表那些沒有影響力的人去阻止影響他們的不良技術決策。你應該思考如何培養和發展下一代 Senior 和 Staff 工程師，並且留意並建議有助於他們成長的專案和機會。

在某些情況下，你的主管可能希望你把大部分的技能和精力用於解決屬於他們領域的問題。在其他情況下，一個團隊可能只是一個大本營，因為你會花一部分時間在組織內其他地方執行救火任務或其他機會上。如果你的回報對象是一位總監，此時隱含的一項假設是，你的工作屬於高層次任務，要將組織中發生的一切工作聯繫在一起，或者你可能被明確

8 如果跨層級會議在你的公司並不常見，你需要先和你的經理清楚說明，你的用意不是要搞破壞或打小報告，而是你想瞭解組織層級更廣泛的優先事項，並建立可以幫助你產生最大影響的連結。理想情況下，你的經理會理解跨層級會議的價值，並幫助你安排這些會議。

分配到總監麾下的某些團隊或技術領域的子集。你必須搞清楚地你的工作範圍是哪一種情況。

準備好在發生危機時先把你的工作範圍擺到一旁，比方說，在軟體突然發生故障時，可沒有「這不屬於我的工作」這種說法。你還應該一定程度地自在跳脫你的日常經驗，在必要時領導人們、學習你需要學習的東西，並修好你要修復的東西。Staff 工程師的一部分價值在於，**你不會固守在你的圈子裡**。

儘管如此，我誠心建議你要非常清楚你的範圍是什麼，即使這個工作只是臨時的，可能隨時改變。

當範圍太廣泛

如果你的工作範圍太廣（或者未被界定），那麼有幾種可能的失敗模式。

缺乏影響

如果**任何事情**都可以是你負責的問題，那麼**所有一切**都很容易成為你的問題，尤其是當你所在組織的資深人員數量少於組織需求的時候。支線任務總是層出不窮：事實上，創造一個**完全是支線任務**的角色太容易了，這個角色根本沒有真正的目標。[9] 你的工作可能最終沒有一個主要的敘事角度，讓你自己（和僱用你的人）覺得你達成了某些成就。

成為瓶頸

當有一個被認為是做所有事情的資深人員時，可能被眾人默認他**必須**在房間裡做出每一個決定。與其說你加快了組織的工作效率，倒不如說你其實是拖累了他們，因為他們沒有你就無法行事。

9 支線任務（*https://oreil.ly/LDRd5*）是電玩遊戲的一部分，與主要任務無關，但玩家可以選擇做這些任務來獲得金幣或經驗值，或者純粹為了好玩。想像一下：「嗯哼，我正做好戰鬥準備，進入戒備森嚴的堡壘，以擊敗一直在威脅這片土地的惡魔。但當然，我可以先幫你去找你的小貓咪。」

決策疲勞

如果你成功擺脫了試圖做所有事情的陷阱，你將有決定做哪一些事情的持續成本。我將在第 4 章探討如何選擇你的工作。

錯失建立關係的機會

如果你和一個非常廣泛的團隊一起工作，就很難有足夠的定期接觸來建立各種友好關係，進而使事情更容易完成（並且使工作變得愉快！）。其他工程師也會受到損失，他們無法得到「在地」工程師參與其工作所帶來的那種指導和支援。

在一個你幾乎可以做任何事情的工作場所，其實你很能自在行事。你最好選定一個領域，建立影響力，並在那裡獲得一些成功。將你的時間全部投入到解決一些問題。然後，如果你準備好了，再轉到另一個領域。

當範圍太狹窄

當然你也要注意，不要將自己的範圍設定得太窄。一個常見的例子是，Staff 工程師是一個團隊的一部分，回報給一位部門經理。經理們可能非常喜歡這種情況 —— 他們得到了一位經驗老道的工程師，可以完成很大比例的設計和技術規劃，也許還可以擔任一個專案的技術領袖或團隊領導者。一些工程師也會喜歡這樣：這意味著你可以真正深入地研究團隊的技術和問題，了解所有的細微差別。但你必須留心範圍太窄所隱含的風險：

缺乏影響

你有可能不小心把所有的時間都花在並**不需要 *Staff+* 工程師的專業知識和關注**的事情上。如果你選擇在一個團隊或技術上進行真正的深入研究，那麼你所關注的焦點應該是一個核心組件、一個關鍵任務團隊，或其他對公司非常重要的東西。

機會成本

組織對於 Staff+ 工程師的技能通常有極大需求。如果你被分配到一個團隊，你可能不會成為解決組織內其他問題的首要人選，或者你的主管可能不願意放你走。

使其他工程師無用武之地

狹窄的範圍可能意味著沒有足夠的工作讓你忙碌其中，而且你可能讓經驗不足的人黯然失色，奪走他們的學習機會。如果你總是有時間回答所有的問題，處理所有棘手的問題，那麼其他人就無法在這方面獲得經驗。

過度工程化

一個不忙碌的工程師可能會傾向於為自己製造工作。當你發現一個簡單的問題竟然有一個過度工程化的龐大解決方案時，這往往是一位 Staff+ 工程師的傑作，他應該被分配到一個更難的問題上。

有些技術領域和專案的深度足以讓工程師在那裡度過整個職業生涯，並且永遠不會失去機會。但是你得先搞清楚自己是否處於這些領域之中。

你的角色長什麼樣子？

只要人們普遍認定你的工作是有影響力的，你應該有很大的靈活度來決定如何做好這項工作。這包括在一定程度上界定你的工作是什麼。你可以先問問自己以下幾個問題：

處理事情時，你是「深度優先」，還是「廣度優先」？

你傾向於將工作心力投入於關注單一問題或技術領域嗎？或者你更偏好「一心多用」，同時在多個團隊或技術領域中展開你的工作，只在沒了你就無法解決的情況下才去關注單個問題？深度優先和廣度優先在很大程度上取決於你的個性和工作風格。

這個問題沒有絕對的答案，但如果你的風格偏好與你的工作範圍相符，工作起來可以更加輕鬆、更加愉快。舉例來說，如果你想影響你的組織或業務的技術方向，你會發現自己更偏向於採取更廣泛的觀點。你需要進入那個產生決策的房間裡，解決影響許多團隊的問題。如果你有志於此，卻被分配去處理一個單一的深層架構問題，那就可惜了。另一方面，如果你的目標是成為某一特定技術領域的行業專家，你就必須學會深度聚焦，將大部分時間花在這一領域。

你傾向「四大原則」中的哪一項？

Twitter 的傑出工程師 Yonatan Zunger，指出世界上任何工作都需要的四大原則（*https://oreil.ly/3S9HE*）：

核心技術能力

程式設計、訴訟、內容製作、烹飪 —— 任何工作的從業者都必須擁有核心技術能力。

產品管理

釐清需要做哪些工作、為什麼要做這些工作，並且維持對這份工作的觀點主張。

專案管理

掌握實現目標的實際情況、消除混亂、進度追蹤、注意瓶頸，並確保它得到疏通。

人際管理

將一群人凝聚成一個團隊，培養並發展他們的技能和職涯，提供指導，並處理他們的問題。

Zunger 指出，當你的職級越高，你的這些技能組合越不見得能與你的工作頭銜相稱：「當你的職級越高，這一點就越發真實，人們會更加期待你游刃有餘地在這四項工作之中自由切換，並在所有房間裡發揮作用。」

每個團隊和每個專案都需要這四種技能。身為一名 Staff 工程師，你會運用到這所有的技能。不過，你不必在所有方面都很出色。每個人天份性向不同，對於工作內容各有好惡。也許你很清楚哪些是你真心喜歡的工作，哪些是你避之唯恐不及的。如果你不確定自己的喜好，Zunger 的建議是，和一位朋友討論每一項工作，讓朋友在你談論這些工作時觀察你的情緒反應和能量。如果有一個工作是你**非常討厭**的，至少要確保你和一個渴望做這方面工作的人一起共事。無論你是廣度優先還是深度優先，你都會發現，**僅僅掌握**核心技術能力很難讓人繼續成長。

高度專精人士的職涯之路

在少數罕見的情況下，在一個**非常關鍵的業務領域**，一位強大的資深工程師可以在不提前計畫或影響周圍人的情況下獲得成功。Zunger 將這個角色稱為「高度專精人士」（hyperspecialist），同時也指出：「隨著時間推移，你的影響力會減弱。實際上，很少有資深級別的工作是專為純粹的高度專精人士而設置。這不是人們通常需要的東西。」Pat Kua 稱這條職涯發展路徑為「真正的個人貢獻者軌道」（*https://oreil.ly/9IF0B*），並指出它仍然需要出色的溝通技巧和協作技能。根據不同公司組織，「高度專精人士」可能被視為是 Staff 工程師，或者是完全獨立的職位。

你想（或需要）寫多少程式碼？

你可以將這裡的「程式碼」隨意替換成職業生涯中至今為止的核心技術工作。這套技能可能帶著你走到了今天，假如你發現自己對技術感到越來越生疏或過時，你可能會感到有些不舒服。一些 Staff 工程師發現，到頭來他們會閱讀或審查大量的程式碼，但自己根本沒有寫多少。其他人是專案的核心貢獻者，每天都在寫程式碼。第三類人**找到理由**來寫程式碼，他們接下那些非關鍵性的專案，這些專案很有趣，或是很有教育意義，而且不會耽誤專案進度。

如果你每天都要寫幾行程式碼才能不使自己感到焦慮，那麼請確保你沒有承擔一個大方向架構或具有影響力的角色，畢竟你會忙到沒有時間。或者你至少得想出辦法，幫助自己解決寫程式碼的癮，克制自己捲起袖子跳進寫程式碼的任務，而是把更大的問題留給自己解決。

你的延遲享樂感如何？

寫程式碼給人療癒的快速回饋週期：每一次成功的編譯或測試都會告訴你事情進展如何。這就好比每天你都能得到一個小小的績效評估！假如沒有任何回饋循環可以告訴你是否走在正確的道路上，這樣的工作日常可能會讓人感到沮喪。

在一個長期的或跨組織的專案中，或者在策略或文化變革中，你可能需要幾個月甚至更長時間才能獲得關於你所做的事情是否有效的強烈信號。如果你在一個回饋週期較長的專案中會感到焦慮和壓力，請讓你信任的經理定期並誠實地告訴你事情的進展。如果你需要這樣的回饋，但是現實並不存在，那請先考慮接手那些在較短時間內會有回報的專案。

你的另一隻腳踏在管理職嗎？

雖然大多數 Staff 工程師沒有管人，但還是有些人有直接下屬。團隊負責人（tech lead manager，TLM），有時也被稱為 TL，就是一種混合式角色，由 Staff 工程師同時擔任一個團隊的技術領袖，同時也管理這個團隊。這是一個享負盛名的困難工作（*https://oreil.ly/uRrBq*；*https://oreil.ly/8eFBM*；*https://oreil.ly/8S4vR*）。既要對人負責，又要對技術成果負責，想要確實兼顧這兩者可能充滿挑戰。人們也很難找到時間同時發展這兩個方面的技能，我聽過有些 TLM 感嘆因此而失去了更好的職涯發展機會。

有些人會先擔任幾年的管理職務，然後再擔任 Staff 工程師的角色，在這個兩個角色之間來回切換，以此磨練他們在兩方面的技能。[10] 我們會在第 9 章深入探討這種「來回搖擺」以及 TLM 的工作角色。

以下原型是否符合你的情況？

在《*Staff Archetypes*》（*https://oreil.ly/cYVGl*）這篇文章中，Will Larson 描述了他所觀察到的 Staff 工程師的四種工作模式。這些原型可以幫助你定義你所擁有或想要擁有的角色：

Tech leads（技術負責人）

　　與管理人員密切合作，指導一個或多個團隊的執行。

Architects（架構師）

　　負責一個關鍵領域的技術方向和品質。

Solvers（解決者）

　　每次都要深入研究一個困難問題。

Right hands（得力助手）

　　為組織擴大領導力的影響。

如果你在幾個原型中沒有看到自己的影子，或者你的角色不只一種，那也沒關係！這些原型並不是既定不變的，這更像是一種概念性的描述，幫助闡述我們喜歡的工作方式。

什麼是你的主要焦點？

我們已經討論了你的工作範圍和你的回報鏈：這大致界定了你在組織內的運作界線，以及你在組織內的位置。我們專注於你的天性喜好：你喜

10 Charity Majors 的〈The Engineer/Manager Pendulum〉（*https://oreil.ly/aV16i*）是一篇關於這個主題的精彩作品。

歡的工作風格、你喜歡什麼樣的技能。然而，即使你對此瞭若指掌，並對你的角色有了清晰的認識，還剩下一個問題：你究竟要做什麼工作？

隨著影響力增加，你會發現越來越多人希望你*去關心事情*。有人正在為你的組織進行程式碼審查的方式撰寫一份最佳實踐說明文件，而他們想聽聽你的意見。你的團隊正在招募人才，需要你協助決定面試內容。對於某個部門來說，如果有一位 Staff 工程師能為其爭取公司高層的贊助，將會取得更大進展。而這只不過是發生在每週一早上的情況。所以你該怎麼做？

在某些情況下，你的主管或他們的上司會對你應該關注的地方有強烈的意見，甚至是專門僱用你來解決一個特定問題。但大多數時候，你會有一些自主權，可以自行決定什麼是最重要的工作。每當由你選擇工作內容時，你*也在選擇不做*哪些工作，所以請審慎考慮你準備接下的工作。

什麼是最重要的？

在職業生涯的早期，如果你在某項後來證明並不必要的工作上做得很好，你仍然會被視為表現良好。不過，到了 Staff 工程師這個職級，你所做的一切都包含很高的機會成本，所以你的工作*必須很重要*。

首先我們把這句話拆開來看看。「你的工作必須很重要」並不意味著你只應該從事最酷炫、最耀眼的技術和高層贊助的計畫。最重要的工作往往是別人看不到的工作。這甚至可能是一個艱難的工作，因為你的團隊還沒有很好的心理模型來表達對它的需求。它可能涉及到蒐集不存在的數據，或透過塵封的程式碼或十年來沒有被碰過的文件進行挖掘。還有其他一些需要完成的髒活累活。「有意義的工作」有著各式各樣的模樣。

一定要搞清楚為什麼你正在處理的問題具有關鍵意義 —— 如果它不重要，請去做其他事情。

什麼事情需要你？

當一個資深人士投身於任何中階工程師都可以承擔的那種程式碼編寫專案時，也會發生類似情況：你會出色完成這份工作，但很可能得讓這個中階工程師去解決他難以負擔的問題，而這個問題的複雜程度更適合由你來解決。引用一句我的孩子某天脫口而出、充滿哲理的話來形容：「你不能只在自己的木桶裡種草。」

如果是一個已經有很多資深人員參與的專案，請謹慎考慮你要不要參與。調查一下還有誰在處理這個問題，以及他們是否有可能成功解決這個問題。有些專案甚至會因為多了一個領導者加入而變得更緩慢。[11] 一般來說，如果有更多的人是擔任「明智理性的發聲者」，而不是真正的寫程式碼的人（或任何等同於你專案需求的東西），那就別多參一腳了。請選擇一個真正需要你的問題，而這個問題能因為你的參與與關注而獲得解決。第 4 章會給你一些工具，幫助你決定要做哪些專案。

在範圍、形狀和主要焦點上維持一致

到現在為止，你應該對你的角色範圍是什麼，它是如何形成的，以及你現在正在做什麼，都有了相當清晰的概念。但是，你確定你的想法與其他人一致嗎？你的主管和同事們的期望可能與你大相徑庭，比如什麼是 Staff 工程師、你有什麼決策權限，以及其他無數的大哉問，他們可能與你的觀點不同。如果你要加入一家公司擔任 Staff 工程師，最好先把這些問題搞清楚。

我從我的朋友 Cian Synnott 那裡學到的一個技巧是，將我對工作的理解寫下來，並與我的經理分享。回答「你在這裡做些什麼？」這個問題可能會讓人感到有點害怕。如果其他人認為你所做的事情是無用的，或者認為你做得不好怎麼辦？但透過把你的工作內容寫出來，能夠消除這種

11 你可能聽過「布魯克斯定律」：「在一個誤點的軟體專案上增加人力會更使它延誤。」雖然 Fred Brooks 本人說這種說法是「離譜的簡化」（*https://oreil.ly/WIruQ*），但這句話仍有道理的。請參閱 Fred Brooks 的《人月神話》。

模糊不清的感覺，而且你會越快發現你對這個角色的看法是否和其他人一樣。現在就寫，比到了績效考核時才寫還更好。

以下是阿里的角色描述，他是一位廣度優先，屬於架構師類型的 Staff+ 工程師，正在協助（但不是領導）一個大型跨團隊專案。

阿里的工作是什麼？

概述

這份文件是關於我未來一年的工作計畫。我的主要重點是為零售銷售工程小組帶來成功。我希望花一半的時間為該小組提供技術指導，30% 的時間貢獻給 NewMerchandising 專案，其餘的時間用於跨組織的活動（API 工作組、架構審查）和社區工作（面試、指導資深工程師）。在輪流擔任事件指揮官這個任務上，我預期每 10 週會值班一次，每次長度為 1 週。

目標

1. 為技術方向提供指導，幫助組織設定目標，並預測風險，使零售業務取得成功。
2. 擔任顧問／力量放大器，促進 NewMerchandising 專案成功。辨識威脅到專案目標的風險或工程實踐中的差距。
3. 領導零售銷售工程團隊的架構審查。
4. 參與其他銷售團隊的架構審查，提升跨工程規劃的績效。
5. 在需要時，如在事件或衝突期間協助救火，擴大領導力的影響。

工作範例

- 提出與零售業風險機遇相關的 OKR。
- 商定 NewMerchandising 專案的目標和交付成果，並確保各團隊保持一致。

- 為整個組織的團隊提供架構方面的諮詢。推薦架構方法，並為 RFC 貢獻部分內容，但不是成為主要作者。
- 輔導／指導 Senior 工程師。
- 面試 Senior 和 Staff 工程師候選人。

成功是什麼樣子？

- 零售銷售部建立能夠在未來五年內擴展的系統。
- NewMerchandising 專案取得持續的進展，四個團隊對目標有共同的理解。

不要拘泥於把這件事做得十全十美：你要的是**把這件事做得足夠好**。描述你的目標並不意味著你會被禁止做其他事情。這是對你打算做什麼的一篇備忘錄，它可以幫助你提醒自己是否真的在做你聲稱屬於你分內工作的事情。

你可能會決定，你的關注重點必須比你預期的時間還要更早做出變動。世界瞬息萬變，狀況可能不同以往，或者你的優先事項也可能發生變化。如果是這樣，請利用新的資訊重寫一份新的角色描述。首先明確釐清你對自己的期待，這可以確保每個人都保持一致的認知。

這是你的工作嗎？

你的工作是使你的組織成功。你可能是一位技術專家或程式設計師，或隸屬於一個特定團隊，但說到底，你的工作是幫助你的組織實現其目標。資深人士會做很多不在其核心工作描述中的事情。他們後來也許會做一些在任何人的工作描述中都沒有出現過的事情！話雖如此，如果這些事情是讓專案成功的前提，那麼請不要猶豫。

我在 Squarespace 的一些同事分享了這樣一段故事：2012 年的某一天，資料中心停電了，他們背著柴油桶爬了整整 17 層樓（*https://oreil.*

ly/6TZ2Q），來確保資料中心維持正常運轉。「搬運桶裝柴油」並沒有出現在大多數技術工作的描述文件中，但這正是保持網站正常運作所需要的重要前提（而且他們也成功辦到了！）。幾年前，我以前工作過的網路供應商的機房被水淹沒時，工作內容就變成了用很多垃圾桶串連成一條水桶鏈，盡可能降低房間的水位。2005 年，當時 Google 的某個專案進展緩慢，而我們又沒有充足的硬體人手，我有幾天的工作是到聖荷西的一個資料中心裡架設伺服器。你得做任何你需要做的事情來實現專案。

當然，這種「不是我的工作」的工作通常沒那麼戲劇化。它可能是得進行一大串對話，疏通你的團隊所依賴的專案，或者是留意新來的工程師有沒有迷失在系統中或感到不知所措，與他們進行定期溝通。重申一下：你的工作內容，說到底就是你的組織或公司需要的任何東西。在下一章中，我將討論如何理解這些需求是什麼。

本章回顧

- 資深工程師的角色從定義上來說是模糊的。這意味著得由你來決定你的角色是什麼，以及它對你意味著什麼。
- 你可能不是經理，但你依然是一位領導者。
- 你也是一個需要技術判斷和堅實技術經驗的角色。
- 確實釐清你的範圍：你的責任和影響力的領域。
- 你的時間有限。慎重選擇一個重要的、不使你大材小用的主要焦點。
- 與你的管理鏈保持一致。和主管討論你認為你的工作是什麼樣子，了解你經理的看法，釐清哪些工作是有價值的、哪些是真正有用的，並設定明確的期望。不是所有的公司都需要各形各色的 Staff 工程師。
- 你的工作有時會包羅萬象，變得奇形怪狀，但是沒有關係。

2

三張地圖

身為一名 Staff 工程師，你需要廣闊的視野。每當你對一個事件作出反應、主持一場會議，或向被指導者提供建議時，你需要了解與你一起工作的人的情況，以及其中的利害關係。在提出一項策略或推動一個專案時，你需要了解所在組織的運作方式以及你可能遭遇的難處。除非你能跳出你的日常工作，看見你應該前往的方向，否則你很難對工作內容做出好的選擇。

在第 1 章中，我們將眼光放長遠，從大局出發，了解什麼是 Staff 工程師，以及組織需要他們的理由。我們定義了一些有助於理解這個角色的公理，然後我邀請你做一項事實調查，分析你自己的工作角色：**你的回報鏈、範圍、工作偏好，以及你目前的主要焦點**。希望你現在對自己的工作已經有了一個大方向的認識。然而，如果你曾經徒步旅行或在一個陌生的城市中漫遊，你會發現，**知道你的所在位置**只是一個起點。確認方向意味著也要了解你的周邊環境。

嘿，有人帶了地圖嗎？

在本章中，我們將會繪製幾張地圖，來描述你的工作和組織的全貌。地圖根據目的而有不同形式：比方說，你不會試圖在同一張地圖上同時標註海拔高度、投票區和地鐵路線。因此，與其把所有的資訊一股腦兒疊加在一張密密麻麻而無法閱讀的圖片上，我們將會建立三種不同的地圖。它們不會是完美無缺的模型，但它們是有益於思考的實用工具，可以幫助你問問自己關於你的所在位置、組織如何工作、以及你在努力做些什麼的問題。

你可以把這當作一種心理鍛鍊 —— 就像是一種思考你所在工程組織的隱喻手法，或者你可以實際動手繪製這些地圖。與同事們比對各自的筆記，看看你們在哪些地貌和興趣點上出現分歧，這會是個很有啟發性（也很有趣）的活動。

以下是我們要畫的三張地圖：

定位圖：你在這裡

首先，我們要從組織和公司層次來掌握你的所在位置。上一章探討了你的**工作範圍**，但要真正理解這個範圍，你需要看看範圍之外有什麼。在邊界之外有些什麼？當你將視野放大，與其他地方相比，你所處的世界有多大？不妨想像一下，這就像新聞台為了提醒你某個地方在哪裡而在主持人身後拋出的那些地圖，而且他們會把這個地方標註在地圖上。

你之所以需要定位圖，是因為當你身在其中時，要客觀地看待任何工作是很困難的。除非你能保持客觀的視野，否則對你來說，所在小組的煩惱和決定會比你從更大層次去檢視它們時還讓你感覺更重要。因此，我們將嘗試一些技巧來獲得這種視野。你要誠實地告訴自己，哪些你所關心的專案會確實顯示在公司的大地圖上，哪些則是必須不斷聚焦視野，否則將不會看到的專案。

地形圖：了解地形

第二張地圖是關於地形導航。如果你打算開車橫跨風景區，如果你對前方地勢有具體認識，那麼你可以走得更遠、更快。在這一節中，我們將看看地圖上的一些危險：沿著組織斷層線的峽谷和山脊、沒人料得到的詭異政治邊界，以及每個人都避之唯恐不及的難搞人物。如果前方出現流沙，或是需要戒慎警惕的巨型海怪，或是一個無人能通過的沙漠，充斥著經烈日曝曬的旅人骸骨，你一定會想在出發前把這些地方好好標記清楚。

儘管前方充滿危險與阻礙，你可能也會發現，地圖上還有幾條可行道路。至於如何發現這些路徑，包括了解組織的「個性」與領導者的工作風格偏好，搞清楚決策如何產生，並且揭開正式的組織架構圖和「影子組織架構圖」。

藏寶圖：畫上 X 標記

在第三張地圖上，標註著一個目的地、通往那處的路線與幾個地點。它顯示了你要去的地方，並且列出了旅途中的一些停留站點。這一趟也許危機重重，但如果你有這張地圖，你就能看到你是否正在接近那個巨大的紅色 X 標記。

想要揭開這張地圖，你需要以清楚的視野評估工作的目的。究竟每個專案本身就是一個目標，還是只是通往實際目標道路上的其中一個里程碑？有時你會發現，目的地其實並不存在，或者出現了好幾個互相衝突的目標。當沒有人宣佈寶藏是什麼，或者每個人都對抵達藏寶地點的方式抱持不同意見時，Staff 工程師可以透過建立願景或策略、做出決策或以其他方式為組織繪製全新的藏寶圖，發揮巨大影響力。啊，我不小心劇透太多了。回到本章內容，首先我們要研究如何發掘**現有的**全貌。如何建立**全新的**大局觀是第 3 章的內容。

撥開戰爭的重重迷霧

這三張圖早已存在於你的組織中，它們只是被遮蔽了。當你加入一個新公司，大部分的全貌對你來說是完全未知的。開始新工作的一個關鍵是建立脈絡，了解你的新組織如何運作，並且探索出每個人的目標。你可以把這項任務想像成電玩遊戲機制中的戰爭迷霧（*https://oreil.ly/P6S9K*），玩家無法看到尚未探索過的地圖部分有著什麼。當你四處偵查，清除迷霧，就能更加了解地形、得知你周圍有什麼，會不會有野狼來騷擾村民。你可以著手揭開這三張地圖中被遮蔽的部分，並想辦法讓這些資訊方便其他人理解。比如說：

- 你的定位圖有助於確保與你合作的團隊真正了解他們在組織中的目的、他們的客戶是誰，以及他們的工作如何影響其他人。
- 你的地形有助於凸顯團隊之間的摩擦點和差距，打開溝通的路徑。
- 你的藏寶圖可以幫助你確保每個人都清楚知道他們要實現的目標和原因。

透過日常的學習實踐，你能夠清除地圖上的一部分迷霧，但你還需要刻意去清除其他部分。本章核心主題之一是「了解事物」至關重要：你需要持續獲得背景脈絡資訊，以及有對於正在發生什麼事情有所覺察。了解事情需要技巧和機會，在你開始真正看見過去未曾發現的事物之前，你可能需要在這方面持續努力一段時間。

首先從技能開始。在 COVID-19 疫情流行期間，我在愛爾蘭鄉下待了幾個月，和住在那裡的朋友一起去走了很多自然小徑。起初，我以為我看到了所有可以看到的東西：一束狐狸尾巴草或一棵橡樹，那些引人注目的美麗事物。但我的朋友看見的事物比我更多。他們會在一片我不會看第二眼的泥地上停下來，指出松貂的腳印。他們會挑出我認為只是草的葉子，並指出它們美味可口，是覓食者的珍饈。就連孩子們也會看到一些小花，或者發現一片野草莓，而我當時只是直接經過。為什麼他們能看到這所有的東西，而我卻視而不見？因為他們已經學會了用心注意，而且他們知道自己在尋找什麼。

保持注意力的意思是，對那些影響你的專案或組織的事情保持警惕。這意味著要不斷地從你周圍的噪音中篩選出有用的資訊。如果你能訓練你的大腦說「這挺有趣的！」並記住你以後可能會需要的事情，你就能開始為你的地圖增加細節，並培養將新的資訊整合貫通的能力。

哪一類事情是有用的？任何可以幫助你或其他人了解你工作的來龍去脈，在組織中找到定位，或是朝著你的目標前進的東西。以下是一些例子：

- 一個關於產品即將打入市場的公司全體大會可能是一個信號，預示著你尚未做好萬全準備的巨大流量高峰正在逼近。
- 你的主管要求你承擔一個你沒有時間做的專案，但你知道組織中哪幾位 Senior 工程師已經準備好接受機會，擴展他們的技能。
- 公司優先事項的變化可能意味著，某個你曾經考慮過但被擱置的平台專案現在變成一項眾所矚目的明星專案。
- 你的資料庫剛剛消失了，而你想起曾收過一封關於網路維護的電子郵件。

隨著時間推移，你會習慣新聞如何在你的組織中傳播，以及你應該特別注意哪些資訊。你會知道需要閱讀哪些電子郵件，該參加哪些會議。如果你的大腦天生沒有對於這類資訊的記憶度，我建議你逼自己寫下那些在日後可能會有用的事情，藉此幫助你培養保持注意力的習慣。請把蒐集脈絡資訊當作一種需要被訓練的能力，並視為工作的一部分。

但是，保持注意力只能讓你走到這裡。如果你沒有機會接觸到影響你工作的決策和討論，再怎麼留心風吹草動也沒有用。雖然你會時不時注意到每天的會議、電子郵件和 Slack 上的 @here（@ 全體成員）訊息，但還有很多其他資訊是你不得而知的（除非你有管道）。該如何進入「發生事情的房間」？我將在本章中分享一些策略。

定位圖：獲得視野

隨著資歷增長，產生真正的影響力將意味著能夠把你的工作放在一個更大的背景脈絡中，並認識到你的視野在很大程度上受到你所處位置的影響。（圖 2-1 的視野也許給的有點太多。）

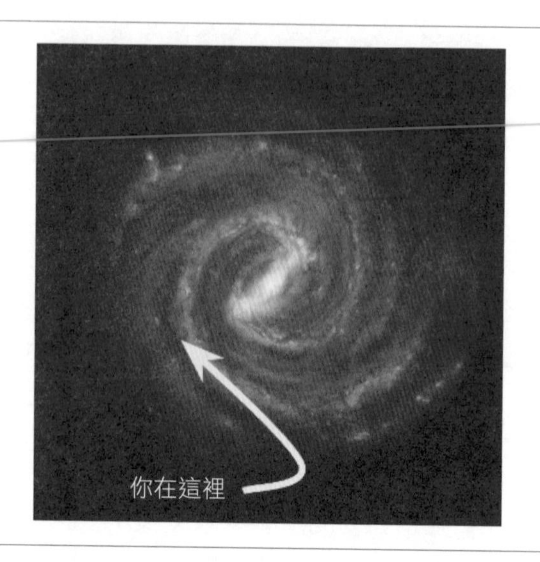

圖 2-1 在銀河裡的定位圖（原始圖片來自 Jean Beaufort，CC0）

當然，和你共事的人們也會有屬於他們自己的視角：他們的「你在這裡」標記會出現在地圖上的其他地方。想要做出好的決策，你必須能夠從這些其他的視角看事情。

在任何領域裡，當你投入在你工作範圍內的時間越多，鑽研出更多微妙而細膩的細節，你的視野就越豐富越複雜。當你越來越了解這些人、問題和目標時，你會變得更加專注。這種關注為你帶來了深度和理解，但也伴隨著一些風險，特別是對於 Staff 工程師來說。

現在讓我們來看看其中的四個風險。

糟糕的優先次序

> 當你周圍的人都關心同樣的事情時，這些事情的重要性很容易被過度放大。相對地，存在於你團隊之外的問題會開始顯得簡單或不夠重要。這時你會看到團隊開始做出那些我在第 1 章所討論到的區域極大值的決策：區域極大值的決策讓人感到*非常重要*。當你在自己小組上的問題上花費越多時間，它們就越顯得特殊、備感獨特，讓人感覺你必須採用特殊且獨特的解決方案。有時它們確實如此！不

過，遇到一個真正全新的問題其實並不尋常。去調查現有技術和已有的解決方案，你就能少浪費一些時間在「重新發明輪子」上。

失去同理心

我們很容易過度關注某處，並忘記世界上其他地方的存在，或者開始認為其他技術領域與你所在的那個深奧而豐富的領域相比微不足道。好比你透過一個魚眼鏡頭看世界，這讓使你眼前的東西變得巨大，而把其他所有的東西都擠到外圍。你會失去對其他團隊所做工作的同理心：「他們要解決的問題明明就很容易。我一個週末就能搞定。」

你所使用的語言，你選擇解釋的事情與你選擇沒說的事情，以及你向其他人描述動機的方式，都會深受你所持觀點的影響。這就是為什麼工程師與非工程師的溝通會如此困難。圖 2-2 講述了一個大家都耳熟能詳的故事，那就是誤解別人對你所在領域的了解有多麼容易。

圖 2-2 人們很容易誤解對於其他人對事物的了解程度（圖片來源：*https://xkcd.com/2501 by Randall Munroe*）

在意外事件發生時，失去同理心的情形也容易出現，團隊可能會沉浸在耐人尋味的技術細節中，而忘記了還有用戶在等待系統恢復正常運作。

排除背景雜音

如果有一種失敗模式是你的團隊所關心的問題看似比其他人的問題更重要，那麼還有一種完全相反的失敗模式：你根本就沒有注意到問題。如果你已經在同一個骯髒的配置檔或破碎的部署過程中工作了幾個月，你可能會變得過於習慣，以至於你不再認為它是你需要解決的問題。同樣地，你可能沒有注意到一開始只是稍微有點煩人的東西已經逐漸變得無可救藥。也許一個小問題已經逐漸變成大危機，但你甚至都沒有注意到它，所以你無法客觀判斷你需要多快做出反應。[1]

忘記工作目的

守著你自己的筒倉，意味著你會失去與公司其他地方發生的事情的聯繫。如果你的小組最初接手某個專案是為了解決一個更大的目標，那麼即使這個目標不再重要或者已經以其他方式解決了，這個專案可能仍然在進行。如果你只在一個專案中屬於自己的小部分上工作，就很容易停止思考這個專案的**目的是為了什麼**。你可以會陷入一個每個人都只做自己的小部分的工作世界，沒有人覺得他們得對最終的結果負責。你也可能忽略了你所做的事情的道德規範，假如退一步思考大局，你會發現自己正在做的事情也許會令你搖頭。

1 「溫水煮青蛙」就是一個貼切的比喻，如果你把一隻青蛙扔進一鍋沸水中，它就會馬上跳出來，但如果你把青蛙放進冷水中，慢慢地提高溫度，你就可以把水燒開，而且殺死青蛙。這個比喻經常被當作一種警世寓言，說明漸進式的變化可能被人當作正常現象，我們可以慢慢邁向災難而完全不作出反應。當我了解到眞正的青蛙不會有這樣的行為時，我鬆了好大一口氣：它們就是會跳出來！別在意這些可憐的青蛙了，不過這個比喻是很好的說明。

宏觀

打開你公司的組織架構圖，看看你的小組和你關心的其他人在哪裡與組織的其他部分相連。當你讓眼前的地圖範圍更加拓展時，你自己的小組可能看起來會小了很多，你的「你在這裡」標記會讓你感覺距離行動發生的地方很遠。但是，如果不將視野放大，你就無法做出有影響力的工作。在這一節中，我們將了解眼觀大局的一些技巧。

以局外人視角來看

幾年前，當我是一個基礎設施團隊的新成員時，同事馬克在幾週後對我的評論是：「當我在描述我們的系統時，你的臉上會有這樣表情⋯⋯」當然，我認為一些老舊的系統需要更換，但我沒有意識到我的意見是如此明顯地（而且很失禮！）表現在我的臉上。兩年後，團隊的辛勤付出大大地改善了系統架構。我們為這項工作感到驕傲。我認為它很棒！直到又有一位新人加入，而且⋯⋯把意見很清楚地表現在臉上。那時，我已經成為團隊的一員。我需要一個更新的「新人」來幫助我重新看見問題。

當你團隊的新人看到一個架構糾結或一堆技術債時，他們還不知道這些問題的來龍去脈。正如我的同事 Dan Na 所說（*https://oreil.ly/GD8Gz*），新人總是能看到問題。他們沒有經歷過「溫水煮青蛙」的漸進式變化：他們眼前看到的就只是看到最赤裸的情況。沒有先入為主的觀念，他們可以自由地環顧四周，問：「這裡到底發生了什麼？這些東西有用嗎？」

> **警告**
>
> 即便初來乍到，也不表示你就能當混蛋。事後諸葛是很容易的：「這簡直太糟糕了！為什麼不如何如何⋯⋯」重要的是要保持謙卑，假設當初的立意都是好的。Amazon 的首席工程師小組在其社區宗旨鄭重寫下：「尊重前人」（*https://oreil.ly/2R4ET*）。

作為新人，是你獲得完全的局外人觀點的最好機會，但身為一名 Staff 工程師，你應該努力嘗試一直擁有這種觀點。你要能夠把你自己剝離你所屬的團隊，客觀並誠實地看待你眼中所見的一切。你的技術決策是否只對那些忘記了你的團隊之外還有一個世界的人有意義？如果你們都停止做你們手上正在做的工作，其他人要過多久才會發現或關注？你是否已經被技術深深吸引，而忘記了你最初的目標是什麼？**一切情況如何？**接下來四節分享了如何像局外人一樣看待事物的技巧。

離開同溫層

當你發現自己處在一個同溫層，這裡的每個人都持有一模一樣的觀點，而當你與其他團體的同儕互動聯繫時，你發現他們的一些觀點就是……和你不同，也許你會感受到不小的衝擊。

在基礎架構的底層工作十多年後，當我第一次與產品工程團隊合作時，我的五臟六腑感覺受到了衝擊。他們**行動迅速，敢於冒險**，並認為創造客戶喜愛的功能與確保這些功能具有堅如磐石的可靠性**至少同等重要**。我們之間的爭論深深動搖了我的堅定信念，讓我的想法變得更加細緻縝密。

尋找其他團隊的同儕是你的重要工作之一。請與其他 Staff 工程師建立友好關係。用心經營你們之間的關係，達到可以坦白說真話，而且不會起爭議的程度，因為到了這個時候，你們已經建立了許多善意。這件事包括理解其他團隊對你的小組所持的任何負面意見 —— 如果你發現他們的評論有其道理，你能夠做得更好。把其他 Staff 工程師當作**你的隊友**，就像你所參加的任何團隊一樣。

這個原則也適用於組織層級。在圖 2-3 和圖 2-4 中，每位 Staff 工程師的工作範圍屬於各群組，而每位 Principal 工程師的工作範圍屬於組織層級。雖然實際架構有所不同，但我想要說明的重點是，要成為比你自己的團隊或小組更大的東西的一份子，這樣你就可以對每個人的工作有一個更客觀的看法。

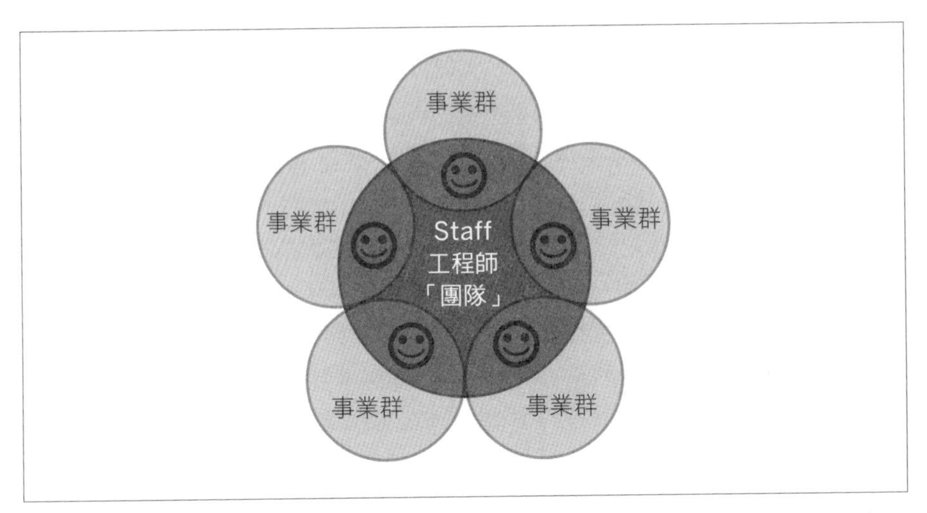

圖 2-3 軟體工程組織的一個例子。每一事業群包含多個團隊。在這家公司中，每一位 Staff 工程師的工作範圍是一個小組，而且他們將自己視為自身小組的一份子，同時也是 Staff 工程師「團隊」的一份子。

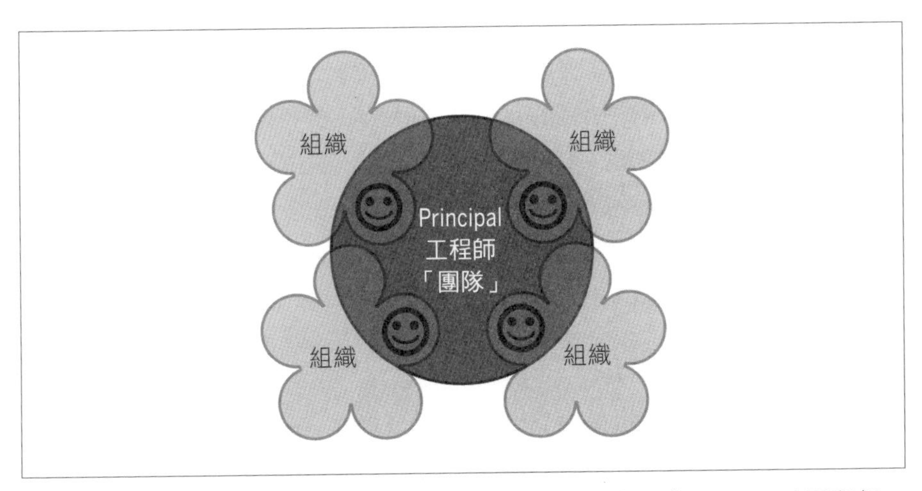

圖 2-4 一家公司裡存在多個工程組織，每個組織都有一位 Principal 工程師。而 Principal 工程師則隸屬「組織」層級，同時也是 Principal 工程師「團隊」的一份子。

別局限在工程範圍之中：請你與產品人員、客戶支援、行政人員等建立關係。如果你的工作影響到他們，或者他們的工作影響到你，請和他們友好相處，並了解他們的觀點。這將為你帶來全新的思考方式，讓你了解什麼對你的部門或你的企業是重要的。

什麼是真正重要的？

與非工程師交朋友對拓展你的觀點還有另一個好處：身為一名工程師，你很容易過度沉迷於技術。但技術只是達到某種目的的手段。歸根結底，你的任務是幫助雇主實現目標。你應該知道這些目標是什麼。你應該知道*什麼是重要的*。

一家新創公司與某個科技巨頭或者是當地的非營利組織，對於「什麼是重要的」有著截然不同的定義。一個成熟的產品與一個早期產品會有不同的需求。有些目標，也就是某些專案，其重要程度更勝於其他專案。圖 2-5 顯示了一個看似你的宇宙中心的專案，被放到整體全局時，其重要性可能顯得微不足道。事物的重要次序會隨著時間推移而變化，所以你必須了解*對現在來說*重要的是什麼。如果客戶因為你的產品缺少競爭對手擁有的核心功能而大規模流失，那麼現在可能還不是要眾人把工作重心放在償還技術債的時候。如果一切一帆風順，而且你預計更多的成長，那麼此時確實可以是穩固軟體系統基礎的良好時機。

圖 2-5 將你的專案放到更大的視野中。這個軟體更新對於你的組織來說可能是最重要的任務，但宏觀思考的人們不見得會認為它舉足輕重。

一個公司的各種目標是其既定目標與指標的延伸，而這些既定目標包括「持續存在」、「有足夠的錢支付每個人」，以及「擁有良好聲譽」。我的同事，Squarespace 的工程營運總監 Trish Craine 把這些稱為「永遠真實的目標」。這些是你的公司的需求，這些需求如此顯而易見，只有當它們處於危險之中時才會被人們從口中指出來。你的組織所提供的產品或服務應該*發揮功效*。它會讓客戶想要使用。部署它不應該是又慢又痛苦的。你必須了解你的隱性目標和顯性目標。

小竅門

隨著時間推移，你公司的優先事項會發生變化，你的地圖上的部分內容會再次起霧。為了時常更新你對重要事項的了解，請關注你的小組和其他小組的全體成員會議，與你的經理的經理進行跨層級的一對一會議，並安排與依賴你的客戶或團隊會面聊一聊的時間。如果你不知道你的工作為什麼（或是否）重要的業務脈絡，請你去問出來。

另外，也要注意目標的變化，因為這可能意味著你的範圍或關注重點應該改變。如果你不是在做*最重要*的事情也沒關係，但你正在做的事情不應該浪費你的時間。如果你不能向自己解釋為什麼你所做的事情需要一個 Staff 工程師，那麼你就可能做錯了。

你的客戶在乎什麼？

Honeycom 的首席技術長 Charity Majors 經常發放貼紙（*https://oreil.ly/2pxrj*），這張貼紙上面寫著：「當用戶不高興的時候，九分就不重要了。」這裡的「九」指的是服務水準目標（service level objectives，SLO）（*https://oreil.ly/9LeCI*），這是一種衡量系統可用性的常見機制。「3.5 個九的可用性」的意思是「服務在 99.95% 的時間是正常運行的」。SLOs 是一種實用指標，但正如 Majors 指出，它們並不能說明全部問題。因為「可用」的定義是由誰定義的？

Microsoft 的工程經理和前首席工程師 Mohit Suley 曾談到某次他的團隊追蹤並聯繫不可靠的網路服務供應商（*https://oreil.ly/Fsj4k*），當時他們的搜尋引擎 Bing 無法連到網路。這其實並不是 Bing 的問題，但正如 Suley 所說的「用戶不會區分 DNS 服務、ISP、你的 CDN 或你的終端，不管問題出在哪裡。到頭來，就是有一堆網站能用，還有一堆不能用。」，你需要從用戶的角度來定義什麼是成功。（如果客戶是你公司內部的其他團隊，這一點仍然適用！）如果你不了解你的客戶，你就無法真正了解什麼是重要的。

你的問題以前被解決過嗎？

Amazon 的工作宗旨之一是「尊重前人」（*https://oreil.ly/2R4ET*），這提醒了人們「許多問題本質上不是新的」。如果你在創造一些新東西之前研究一下其他人已經做了什麼，你會想出更好的解決方案。記住，你的目標是解決這個問題，而不是一定要**寫程式碼**才能解決問題。在創造新東西之前，先花時間了解你的組織內部和外部已經存在的東西。[2]

產業觀點

了解行業中的其他人如何解決你正在研究的問題。你會因為個人興趣選擇偏好的出版刊物和資源，這裡有一些我認為對架構、技術領導力和軟體可靠性有價值的內容。我喜歡 LeadDev（*https://oreil.ly/P3SYi*）和 SREcon（*https://oreil.ly/S6OYy*）的研討大會，而且我會盡可能多參加。LeadDev 推出了一個新的（在我寫這篇文章的時候）會議，名字叫做 StaffPlus（*https://leaddev.com/Staffplus-new-york*）。我有在主持他們的一些活動，所以我不能說是完全客觀，但我認為這個會議非常精彩！

2 這也是為什麼設計文件應該有加上一個「考慮過的替代方案」部分；我們將在第 5 章中更深入討論設計文件。

至於線上對話，我喜歡 Rands Leadership Slack（*https://oreil.ly/ZheFA*）：#architecture 和 #Staff-principal-engineering 這兩個頻道是必看。LeadDev Slack 的 #Staffplus 頻道在會議活動期間也會非常活躍。

我個人訂閱了 InfoQ Software Architects 的每月通訊（*https://oreil.ly/ReBFX*），以及 VOID 報告（*https://oreil.ly/wx82Q*）和 SRE Weekly（*https://sreweekly.com*）。我會閱讀 Raw Signal 的週報（*https://oreil.ly/CwcQp*），每週從文章中獲得經理人的觀點。我還會引頸期待每一季出版的 Thoughtworks Radar（*https://oreil.ly/iu0Sy*）。

無論你在哪個領域，各產業領域都會有自己的新聞期刊。善加利用這些資源，可以幫助你保持清晰的視野，在你需要的時候盡情探索新的想法。它們也會幫助你持續學習新知。

地形圖：地形導航

定位圖為你提供廣闊視野，但你無法僅靠它來導航。你還需要另一張地圖，一張能顯示地形的地圖。

地質學家研究**板塊構造**，這是地球上的巨大岩層（見圖 2-6）隨著時間推移相互碰撞擠壓，形成山脈和海溝，產生地震和火山活動的方式。團隊構造學也有類似的特性。隨著責任領域相互碰撞，形成了一個個組織地形，各團隊在互動之間產生重疊和衝突，就如山脊和鴻溝。

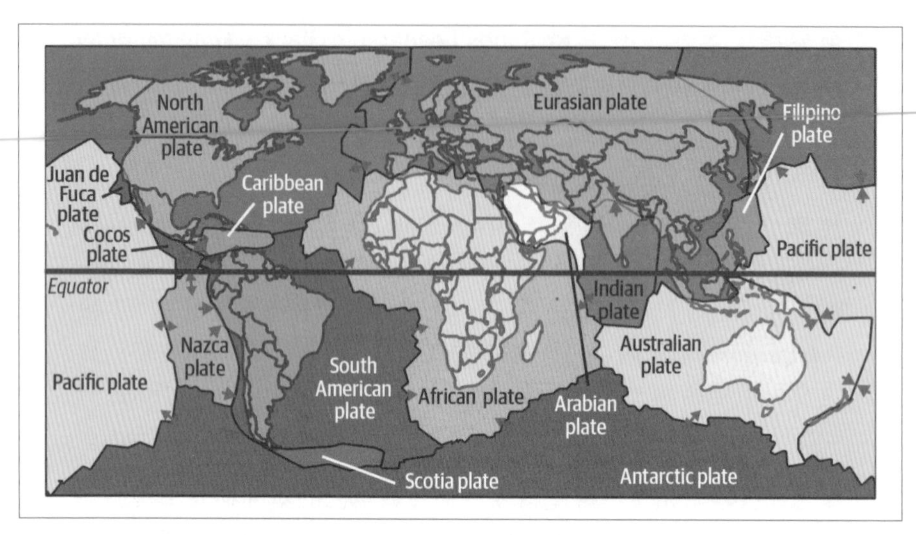

圖 2-6　地球主要板塊的簡化圖（圖片來源：Scott Nash，public domain，*https://oreil.ly/UdeNz*）

組織重組會打亂必須緊密合作的小組之間的溝通。處於重壓之下的團隊可能會固守陣地、設置更多屏障。一個新的資深領袖的到來可能會引起地震，一夜之間重塑組織地貌。想在一個組織之間導航（見圖 2-7），你需要一張**地形圖**。

圖 2-7　要跨越崎嶇山脈的 Staff 工程師

崎嶇地形

在沒有詳細的地形圖的情況下貿然出發執行任務，你將面臨以下困難。

你的好點子乏人問津

認知到組織需要一個「對」的變革，這還遠遠不夠。你必須說服其他人相信你是對的，而更難的是，讓他們「在乎」你是對的。這表示你要知道如何在你的組織內建立一股動能：弄清楚誰能贊助你的想法或幫助它傳播，以及如何能讓這個點子越過終點線並讓它「成真」。

遇到困難始知其苦

許多看似顯而易見的旅程存在一些險峻之處，沒有人想出能順利通過的辦法。你可能正試圖攀登一個令許多前人鎩羽而歸的懸崖峭壁。比起那些經驗不足的工程師，Staff 工程師往往能越過這些阻礙，你有可能在別人失敗的地方取得成功。但是，如果你知道過去人們曾在哪裡受挫，你就可以採取不同的路徑，或者先解決問題中最困難的部分，這樣其他人就會相信這個專案值得他們付出努力。

一切都需要更長的時間

除非你了解你的組織是如何運作的，否則本應簡單明瞭的決策將有可能花上幾個月或幾個季度。組織規劃週期的機制也會產生影響。在一年之中，總是會有某些時候，比較容易為新專案安排人手或召集所有人支持某個目標。如果你在某一季的工程 OKRs 確定後，立即宣佈一項計畫，那麼你可能會面臨一場艱苦戰役，你可能需要等待下一個季度才能看到你的目標取得任何進展。

了解你的組織

工程師們有時會將組織技能視為一種「政治角力」，然而這些技能是優秀工程的其中一環：你是身在系統之內的人類，必須清楚了解你要解決的問題，理解長期的可能影響，並根據事務的優先程度作出取捨。如果你不知道如何在組織中導航方向，那麼每一次變革只會更加困難。

在本節中，我將介紹一些可以為你撥開迷霧，了解公司地貌的方法。首先是評估公司組織的文化，包括你應該將哪些東西寫下來、組織或團隊中有多少信任、人們是渴望改變還是猶豫不決，以及新的計畫來自哪裡。了解這些事情，有助於設定你對一趟旅程的期望：取得進展是否容易？其次，我們將瀏覽一些障礙和捷徑，它們將在你的地形圖上顯示出來。

文化是什麼樣子？

每當我面試求職者時，他們的第一個問題往往是：「公司文化是什麼樣子？」我曾經很難回答，甚至不知道從何說起。關於組織文化的著作已經寫得很多了。但現在，我認為大多數時候，人們真正想問的是這些問題：

- 我將有多大的自主權？
- 我是否會感到融入？
- 犯錯是安全的嗎？
- 我是否會參與影響我的決策？
- 在我的專案上取得進展會有多困難？
- 人們……嗯……好相處嗎？

你的公司文化不是決定這些問題答案的唯一因素：組織中的個人和領導者也是其中因素。但組織確實有自己獨特的「個性」，所以且讓我們談談文化吧。

如果你的組織發布了價值理念或原則聲明，這些內容可以幫助你看見領導者最關心的是什麼。但是，這些價值觀是一種理想化的寄託：公司真正的價值觀反映在每天實際發生的事情中。

為了進一步了解你公司的工程文化，你可以問自己或與同事討論這幾個問題。其中大多數問題並不存在正確或錯誤的答案。如果你的公司文化都側重於某一邊，確實有點令人難以駕馭，但在這之間仍有很多成功的空間。

保密還是公開？ 每個人知道多少？在保密型組織中，資訊就是一種貨幣，沒有人會隨意地把情報送出去。每個人的日程表都是私密的。Slack 頻道只有受到邀請才能進入。通常情況下，如果你提出要求，你可以得到一些東西，但你得先知道它的存在。當所有的資訊都是「需要被知道」的時候，你就很難想出有創意的解決方案，或者真正搞懂為什麼有些東西沒法運作。

在公開型組織中，你可以接觸到*一切*（甚至是一團混亂的初稿！）。你可能會因為得選擇接受哪些資訊而產生決策疲勞。你可能不知道哪些文件是正式的、需要採取行動，而哪些只是初步的想法。而且，公開的資訊可能會導致更多的狗血戲碼：壞的想法更難被低調終止。

了解組織文化中對於「分享」的期望非常重要。在一個封鎖知識的文化中，如果你再次分享人們祕密告訴你的東西，你可能會失去老闆的信任。在一個更開放的公司，如果你隱瞞情報，或者不確保每個人都知道發生了什麼，你會被認為在操弄政治，或者不值得信任。

口頭還是書面？ 哪些是透過口頭相傳的，哪些東西是被寫下來的？在決策中涉及多少寫作和審查？在一些公司裡的典型情況是，人們在走廊的談話中做出一個重大的決定，抑或是當你的同事推出了一個巨大的新功能後（或者當你被呼叫的時候）才發現。在其他公司，每一個軟體變更都有正式的規範、要求、簽字和核可清單，所以，你可以預期短短一行程式碼的變更需要一個季度才能通過。

值得慶幸的是，大多數公司的行事風格都介於兩者之間。如果你的組織喜歡快速對話，那麼如果你花時間寫下一個決定，你的作品可能會被退回來 —— 而超過一頁的設計文件是不會被人閱讀的。大公司和更成熟的公司往往對變更更加謹慎。如果你任職於這些公司，而你卻*沒有*建立一份變更管理工票或設計文件，會顯得你做事草率且不負責任。我曾經待過的某個團隊裡有一頂西部牛仔帽，當它被放在某位團隊成員的桌子上，就表示這個人最近做的事情有點太「狂野」。這麼做很有渲染力，同時也是一個很好的提醒。

自上而下還是自下而上？ 計畫從何而來？在一個完全自下而上的文化中，員工和團隊感到有權做出自己的決定，並支持他們認為重要的計畫。然而，當這些計畫需要更廣泛的支持時，卻容易被暫緩。如果團隊對方向或優先次序有異議，此時缺乏一個核心的「決定者」而容易導致僵局。

另一方面，在一個完全自上而下的公司裡，人們會發現選擇計畫和採取決定性的行動要容易得多。不過，這些決定不會是最好的決策，因為它們缺少基層團隊的工作脈絡。工程師們可能會覺得自己被控制了，沒有能力對眼前發生的變化做出反應。

身為 Staff+ 工程師，你應該是相當獨立自主的，但也要確保你的組織同意：如果你的主管期待由他／她來批准你要在何處投入精力，如果你不配合就會引起衝突。如果你習慣於尋求許可或接受分派的工作，而你轉職到一個自下而上的公司，你可能會被視為自主性低，難以完成任何工作。

如果你搞懂了組織傾向的運作方式，你也會領略是否應該把你的想法告訴其他的基層工作者，首先得到他們的支持，或者是否應該先嘗試說服你的主管。

快速變化還是謹慎變化？ 年輕的公司傾向於迅速做出決定，並突然進行策略軸轉以嘗試新的機會。隨著規模擴大和年齡增長，公司會需要更長的時間來改變方向。「快速」的組織可能會被承擔一個長期專案（比如為期兩年的系統遷移）的想法所排斥。緩慢的組織則會錯過唾手可得的改進機會。

根據你所處的位置，你需要以不同的方式制定計畫。如果你所在的地方行事速度猶如閃電般迅速，那麼你會追求一個能立即顯示價值的漸進式路徑。在一個更慎重的環境中，你需要證明你已經為整個計畫考慮周詳。這也與口頭和書面文化息息相關。

正式或非正式渠道？ 不同小組的人如何相互交談？除了資訊流通和請求的正式途徑之外，你的社會文化也包含了非正式的渠道。如果不同團隊中的人們彼此友好相處，他們會在有問題時直接私訊，並在一同喝咖啡時分享想法。[3]

如果一個小組的工程師可以輕鬆地找另一個小組的同僚談事情，那麼就會更容易做出涉及兩個小組的決定。在某些地方，完成工作的唯一真正途徑是透過非正式渠道與團隊中的某個人搭上線。而如果提交工單並耐心等待是更典型的做法，或者是將合作的想法發送到你的管理鏈上，直到你和另一個團隊有了共同的主管，那麼這一切都會花費更長的時間 —— 但這種方式更容易預測結果，也相對更公平。

你得搞懂在你的組織中被大家認為典型的作法是什麼。如果每個人都嚴格要求只使用正式渠道，那麼不按順序提問就會被認為是不禮貌的，人們會因為你公然插隊而對你做出負面評價。如果非正規的「祕密渠道」是完成事情的典型方式，那麼你可以等上為期一個月的回覆，或者和那個在公司萌寵群組中一直欣賞你家可愛貓咪照片的人聊天搭上線，讓你的工作進展更順利。

分配的還是可用的？ 每個人有多少時間？如果團隊人員不足，每個人都過度工作，你將很難為任何不在現有產品路線圖上的新想法找到立足點 —— 最快和最簡單的反應就是勇敢說不，不要認真研究這個請求。任何能夠釋放時間而不需要重大投資的計畫或倡議，能夠產生最大的影響力。當你可以單獨工作或是僅需一些幫助之下，並且不需要讓一群忙碌的人承諾做任何新事情時，你最有可能獲得成功。

不忙的團隊可能看似更容易共事，但他們有一個不同的問題：工作分配不足的工程師很少能長期保持這種狀態。如果有大量的空閒週期，那麼就有可能出現寒武紀式大爆炸，各種新的草根計畫互相競爭，每個計畫

---

3 分享興趣的 Slack 頻道、社團和員工資源小組（ERG）是認識人們和在整個組織內建立連結的絕佳方式。感謝公司裡 #crosswords 頻道的朋友們，他們每天都會分享他們完成的紐約時報填字遊戲挑戰，以及慶祝每個成員的成功的 #women-in-engineering 頻道的成員。

都只有寥寥幾位貢獻者少量。如果你選擇一個新生的專案，幫助它越過終點線，並說服其他人也來支持它，你將獲得更大的影響力。

液態或晶體？ 權力、地位和名聲從何而來？你如何獲得信任？在某些組織，特別是學術圈和老牌大公司，有著明確森嚴的等級制度：同一批人以同樣的配置一起爬升，組織中存在一個相當固定的結構來進行溝通、決策和分配「好專案」。每個人就像晶體結構中的一個節點：只要你周圍的人在往上爬，你也會跟著往上爬。在這樣的團體中，資深人士經常會說「他們從未尋求過晉升」：他們只是待在原地，被分派一個專案，得到團體的支持，當時候到了，他們自然而然就升職了。

年輕氣盛的小公司對於這種等級制度感到不齒，這種公司的治理方式被認為接近於「任人唯賢」，我們姑且對這點持保留態度（*https://en.wikipedia.org/wiki/Myth_of_meritocracy*）：成功仍然取決於能否獲得機會和贊助，所以它深受偏見、群體內偏袒和其他認知偏見的巨大影響。（請參見 Is Tech a Meritocracy?（*https://istechameritocracy.com*）網站來了解更多內容。）「液態」公司提供了更多的空間來改變你在結構中的位置，但你勢必得拼命工作來獲得升遷機會。你可能會從一個小組移動到另一個小組，尋找高影響力的工作，好讓你按照自己規劃的步伐前進。如果只是坐等別人分配專案給你，那麼你就有得等了。

在擁有穩固晶體結構的團隊中，你必須了解自己在階級結構中的位置，知道時機何時到來，出現一個能讓你更上一層樓的專案。假如你提出建議，去接下一些已經名花有主的升職專案，那麼你會激怒別人 —— 一個嘗試過這種做法的朋友說，他老闆看他的眼神「就像我提議去偷別人的銀湯匙一樣」。

參考圖 2-8，思考一下這七組屬性如何影響你的組織工作方式。如果你想引導一次文化變革 —— 透過堅定不懈的努力，在日積月累之下，將某個屬性從一端推向另一端是有可能實現的。而你至少要知道它們的位置，這樣你就能避免一些與主流文化相悖的陷阱。

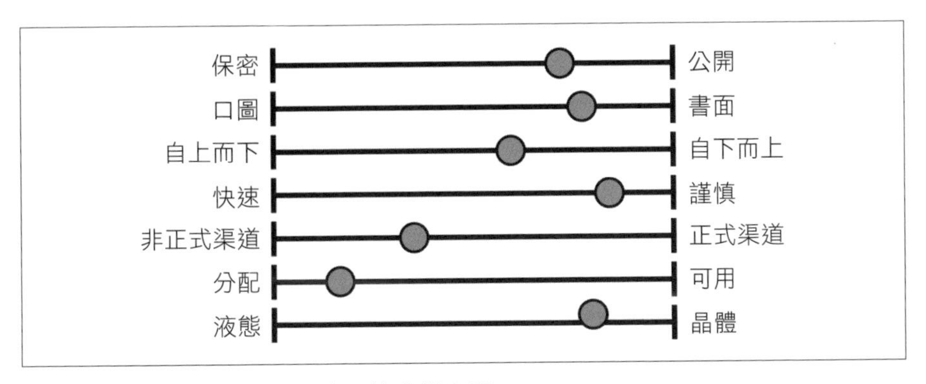

圖 2-8 大多數公司落在這些屬性光譜之間

權力、規則或使命？

還有另一種角度可以觀察你的文化：你的領導者認為重要的是什麼？社會學家 Ron Westrum 在 2005 年的論文〈*A Typology of Organisational Cultures*（組織文化的類型學）〉（*https://oreil.ly/rtHz5*）中寫道：

> 領導者透過具有象徵意義的行動，以及獎懲，傳達出他們重視的價值。這些偏好會成為組織員工的關注重點，因為獎勵、懲罰和資源都會反映出領導者的偏好。那些符合偏好的人將得到獎勵，而那些不符合偏好的人將被擱置一旁。大多數組織的長期成員本能地知道如何讀懂時機的信號，而那些不知道的人很快就會得到昂貴的教訓。

Westrum 將組織及其對訊息流的影響分為三類（見表 2-1）：

病態型組織

將權力和地位視為首要目標，是一種低度合作的文化，人們會將資訊情報握在手中；用 Westrum 的話說，這類組織關注「個人權力、需求和榮耀」。

官僚型組織

這是一個以規則為導向的文化，資訊透過標準渠道進行流動，不易帶動變革；Westrum 寫道：在這裡，人們關注的是「規則、立場和部門的地盤」。

生機型組織

以任務為導向、高度信任、高度合作的文化，資訊可以自由流動；Westrum 稱此類組織「專注於任務本身」。

表 2-1 Westrum 組織類型學模型：組織如何處理資訊（資料來源：Ron Westrum, "A typology of organisational cultures"（*https://oreil.ly/tUnoa*））BMJ Quality & Safety 13, no. 2（2004）, doi:10.1136/qshc.2003.009522.）

病態型組織	官僚型組織	生機型組織
權力導向	規則導向	效能導向
低度合作	中度合作	高度合作
阻撓信使	忽視信使	訓練信使
逃避責任	各擔責任	共擔責任
阻礙交流	容忍交流	鼓勵交流
失敗時尋找替罪羔羊	失敗時公平懲罰	失敗時追根溯源
壓制新想法	認為新想法會招致麻煩	接納新想法

現在是 Google Cloud 的一部分的 DORA 小組（The DevOps Research and Assessment group）已經證明（*https://oreil.ly/Epx4s*），強調資訊流的高信任度文化擁有更好的軟體交付表現。越來越多的軟體公司將打造生機型文化視為理念，這些舉措並不令人驚訝。這意味著鼓勵跨職能團隊的合作、從不怪罪任何人的事後分析中吸取經驗、鼓勵實驗，承擔經思考計算過的風險，並且打破訊息孤島。如果你所在組織擁有這樣的工作氛圍，你就能更容易分享訊息並且取得工作進展。

如果你搞懂了你的工作場所是以權力、規則或使命三者中的何者為導向，你可以更容易地把事情做好。掌握人們在多大程度上願意分享資訊、合作、花時間提供幫助以及支持新想法，這些認知將使你在穿越地形時更加安全，更少受挫。假如你身處在某個官僚組織（*https://oreil.ly/4zT4y*），那麼如果你提前計畫，遵守規則，並尊重指揮系統，你會得到更多的成功經驗。如果你在一個病態型組織，你就會克制自己不去冒險 —— 並且在冒風險時盡力明哲保身。在一片石子路上推車，比在平坦路面上推車更困難。如果你知道前方道路會很坎坷，你就會為自己安排更多時間，而且對於你無法控制的各種情況，你也會變得較不容易起情緒反應。

發現興趣點

現在，讓我們回歸地形圖。了解你的組織文化可以讓你大致了解一趟旅程有多容易或者有多困難。為了妥善導航，你還需要了解旅途中的障礙、困難部分和捷徑。以下是我所知道的組織地形中的幾個興趣點。

鴻溝　公司的板塊構造可能會在團隊和組織之間形成數道鴻溝。舉例來說，圖 2-9 描述了以產品為中心的軟體工程團隊和為其提供服務的基礎設施、平台或安全團隊之間因為差異而形成的峽谷。各團體的文化、規範、目標和期望不盡相同，而這之間的差距會使溝通、決策和解決爭端變得困難。

圖 2-9　基礎設施團隊與產品工程組織之間的鴻溝

即使同在一個組織內也可能形成小型鴻溝。每個團隊定義的責任邊界很少完全貼合而無縫隙，專案工作和訊息也有可能無意之間消彌在團隊間的認知差距中。

堡壘　堡壘是那些似乎試圖阻止任何人完成專案的團隊或個人。或許你需要他們的批准，但卻得不到他們的時間。或者他們扮演著守門人的角色，你總感覺他們已經在你開口之前就否決了你的想法。雖然有些堡壘確實是小氣苛刻的暴君，但大多數人的初衷是好的，他們的嚴謹是因為他們重視這個專案。他們試圖維護程式碼或架構的高品質，並確保每個人的安全。

如果你想要通過堡壘的大門，你可能需要攜帶守門人所認可的信物，或知道讓吊橋降下的通行密語。（通行密語通常包括證明你已為你所提出的變更排除了所有風險、完成冗長的檢查清單或能力評估，或以可接受的答案回覆大量的文件註解問題）。另一種選擇是一場漫長而煎熬的血戰，你為每一個觀點奮力辯護，並把其他人拉入戰鬥中 —— 這種代價高昂的勝利讓你幾乎後悔嘗試。或者你可以放棄，繞著堡壘走遠路，讓旅程更加複雜，卻失去獲得守門人分享智慧的機會。

爭議領土　妥善劃分團隊邊界，讓每個團隊都能自主工作，是一件非常困難的事情。即使你的 API、合同或團隊章程有著明確清晰的規定，仍然不可避免地會出現多個團隊認為某些工作屬於他們自己的情況，而解決這些糾紛會讓人感到充滿風險。

我曾參與一個專案，需要將一個關鍵系統從一個平台遷移到另一個平台。這個系統只佔我的專案不到 5% 的時間，因此我不想在這個問題上花太多時間。但是，當我試圖找人負責這個系統時，我遇到了困難。這個系統的所有權被分散在三個團隊之間，每個團隊負責不同的方面。沒有人能告訴我，將它遷移到我們的新平台是否安全。每個團隊都告訴我：「是的，據我所知，但你也應該問問……」然後指向下一個團隊。由於沒有一個能代表整個系統的所有者，我繞了一圈又一圈，試圖建立足夠的背景脈絡來說服自己遷移作業一定能成功。（但它最終沒有成功。在版本退回的過程中，協調三個團隊也很困難。）

當兩個或更多的團隊需要緊密合作時，如果他們對自己要達到的目標沒有同樣清晰的認識，他們的專案就會陷入混亂之中。如果缺乏一致性，團隊就會試圖「贏得」技術方向，導致權力鬥爭和努力的浪費。團隊責任的重疊使決策變得更加複雜，並浪費每個人的時間。

無法穿越的沙漠　當你試圖實現目標時，有時會遇到其他人認為這是一場必敗之爭，這可能是因為專案太大或者涉及到政治因素而產生混亂，這種情況通常以某個高層人士的否決而告終。無論如何，此事早有前人試過，再提出嘗試必然遭受打擊與嫌棄。

但是，這不表示你不應該嘗試。相反，你應該有足夠的證據來說服自己和其他人，你的方法和策略與過去有所不同。明確了解你是否在面對一場可能無法贏得的挑戰，這是很重要的。

鋪設的道路、捷徑和長距離的繞行　那些致力於讓工程師高效工作的公司往往會建立一些流程，以確保做某事的正式方法也是最簡單的方法。一份自助檢查清單是其中一個例子，用來確保一個新組件可以安全地投入生產。如果你足夠幸運，擁有一些這樣簡單、定義明確的路徑，就知道它們位置在哪裡，並使用它們。

不幸的是，並非所有的路都是鋪好的康莊大道。在有人告訴我們成功的秘訣之前，我們都曾試過用官方作法來解決問題：沒有紀錄的搜尋功能、可以為你設定帳號的管理員，或者 IT 部門中某個會回覆訊息的工作人員。有時，官方作法反而是大家學會*不使用*的方式。圖 2-10 顯示了一條鋪好的路，但它並不能通往人們真正想去的大多數地方；人們選擇走老路。如果你不知道這些穿過組織的羊腸小道，一切都要花費更多的時間。但是，當你學會了這些，團隊可能會要求你不要將它們記錄下來：他們堅持認為，人們*應該*使用新的路徑，它*很快*就會變得好用。

你的地圖上有哪些興趣點

你的地形圖上還應該有什麼？是否有你可能不慎掉落的隱藏懸崖？在其他公司或團隊中常見的行為或溝通方式，在你的公司或團隊中可能被視為粗魯或不適當嗎？是否存在缺乏預防措施的危險地段，應該架上安全護欄？某些地區是否容易爆發危機，或者某些領導人可能會帶來潛在風險（或突如其來的組織重組）？在地方政治方面，哪些團隊是由君主領導的，哪些是由議會領導的，哪些是無政府狀態？哪些團隊正在發生摩擦？

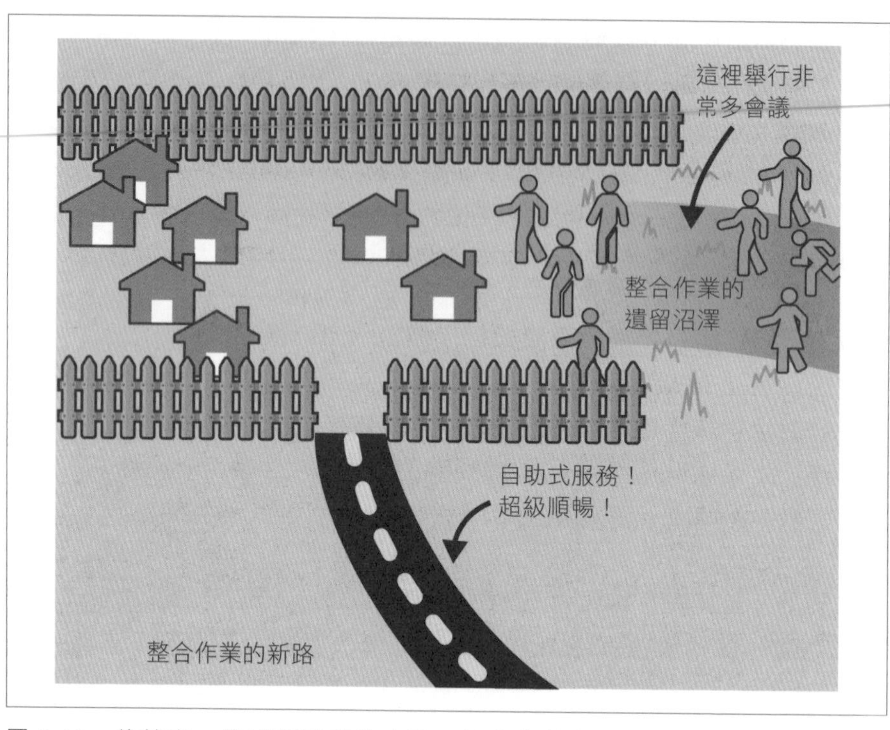

圖 2-10 儘管有一條嶄新漂亮的大路，但大多數人真正想去的地方深藏在沼澤中。

請試著勾勒出你自己的地圖。記住，地圖學本質上就涉及政治（*https://oreil.ly/V5UbQ*）：你所選擇的內容也會反映出**你自身**。請注意你把什麼置於地圖的中心，以及你站在哪個角度。

由於公司的組織重整、併購、企業特質等原因，組織的模樣最終可能是一種奇形怪狀。如果你發現了任何我沒有提到的障礙、訊息渠道或其他地形特徵，請不吝與我分享。[4]

---

4 如果你的生活中剛好有五年級學生，我推薦與他們討論地貌問題。他們可以完美理解諸如「如果峽灣是人類試圖合作的隱喻，那麼會變成什麼？」這種問題。（兩個團隊要合作完成一個大專案 —— 冰川，但他們對彼此感到生氣，於是專案融化了，只剩下底部的水。現在你知道答案了。）

決策如何形成？

觀察資訊和意見如何在一個公司中流動，以及它們如何出乎意料地成為一份優先計畫，是相當令人著迷的事情。突然間，所有人都在使用一個新的縮寫或抱持某個特定觀點，同時你很難看到它從何而來。一個曾有著巨大希望和承諾的專案現在被喊停、宣告失敗。每個人都對「微服務」感到興奮，或者他們已經從微服務中走出來，開始對「無伺服器」感到好奇，或者他們認為「模組化單體架構」早已是眾所皆知的實用常識。一個團隊已經被批准能在今年招攬更多人手，而另一個團隊則相反。這所有的決策是如何產生的？是否有相關備忘錄呢？

有些決策似乎是在談話中產生的，沒有人會真的去宣佈「他們做好決定了」。其他的決策則更正式地發生，但卻發生你不在的房間裡。如果你有很多想法，當你看到其他的計畫生根發芽，但卻沒輪到你的時候，你肯定會感到沮喪。為什麼他們不聽你的提案呢？[5] 我們很多人都在努力接納這項事實：正確設定技術方向只是一個開始。你還需要說服其他人 —— 而且你得說服對的人。

如果你不了解你的組織或公司如何做出決策，你會發現自己無法預測或發揮影響力。你可能還會發現，你認為你和其他人對下一步應該發生什麼麼持有相同的觀點，然後發現突然間每個人都在主張往不同的道路前進。如果你一直覺得自己不在圈子裡，那就說明你不了解決策是如何做出的，以及誰在影響決策。

「房間」在哪裡？

每天都有許多決策影響著你和你的範圍，如果你經常被這些決策震撼，這種滋味肯定不好受。你至少應該對這些決策的來源有所了解，並且可

5　沒有明確指代對象的「他們」經常作為一種關鍵字，提醒你是在沒有足夠訊息的情況下行事。如果你發現自己有這樣的想法，請仔細檢查你所說的「他們」是誰。如果這個「他們」是指「整個組織」，那麼這就是你的問題。搞清楚你到底需要說服哪些人。我將在本章後半部分深入描述官方決定者和「影子」組織架構圖。

能想要對它們進行發揮一些影響力。讓我們從做出重大決策的正式渠道和正式會議中開始講起。

由於你在組織架構中的位置不同，你與決策接觸的方式也不同。其中一些決策不可避免地會發生在比你職級更高的地方。你可以透過確保相關資訊透過你的回報鏈或其他渠道到達這些房間，從而影響做決策的人們。但是，某些決策也是在你的範圍內直接做出的，你應該盡可能地參與其中。如果你看過音樂劇《漢密爾頓》，你會記得亞倫・伯爾渴望「身在事情發生的房間裡」。正如伯爾告訴我們的那樣，沒有在房間裡的人「對他們交易的東西沒有發言權」（*https://oreil.ly/G1Csw*）。雖然有時候局外人的觀點會有所幫助，但並不是所有情況都如此。如果你想設定技術方向或改變你的當地文化，你需要成為做出決定的群體中的內部人士。

要了解決策是如何產生的，首先需要弄清楚決策會在哪個地方發生。也許組織每週都有一次管理人員會議，旨在做出組織決策，但該會議往往會在流程或技術方向上進行權衡。此外，一位主管可能傾向於在員工會議上與向他報告的人一起制定計畫。或者中央架構小組可能會在 Slack 頻道上達成共識。如果你不知道組織內部如何運作，可以試著拜託一位你信任的人帶領你了解特定決策是如何產生的。（記得先說清楚，你並不是反對這個決策，而是想了解組織的內部運作方式）。

但需要注意的是，有時候可能根本不存在一個明確的「房間」。在最極端的情況下，重大的技術聲明可能是在與公司最高層一對一會議的情況下做出的，或者可能是完全自下而上的（因此往往根本就沒有做出所謂決策）。[6] 因此，如果想要找到某個特定決策的產生地點，需要先了解這個決策是在哪個地方進行討論和決策，以及參與其中的人是誰。

6 「Coordination Headwind: How Organizations Are Like Slime Molds」（*https://oreil.ly/n2nNf*）是一篇關於自下而上的失敗協調模式的精彩演講。

要求參加

一旦你找到一個重要決策會議，你自然會想成為其中的一員。但你需要一個有說服力的故事來解釋為什麼這樣做**對組織有益**，而不是只考慮自己的個人利益。即使你的同級經理對你多有好感，也不能用「將你排除在決策之外會阻礙你的職業發展」這樣的理由去說服他們。你需要清楚地表明你加入後可以如何幫助組織更好地實現目標。展示你能夠為小組帶來什麼新的價值，而不是只是早已存在的東西。明確闡述你想要加入的理由，並練習談話要點，然後勇敢地要求參加。

當你提出要加入時，可能會遇到一些阻力。對於已經在小組中的人來說，增加一個新成員通常不是免費的。在任何會議中，每多一個人都會使會議變慢，延長討論時間，並可能減少與會者的參與意願，使人武裝自己或無法坦承以對。如果小組已經熟悉彼此的工作方式，每個新成員的加入都會使團體氛圍發生變化；某種程度而言，與會者必須重新學習如何合作。

如果你確實得到了邀請，千萬不要讓其他人後悔邀請你。Will Larson 在他的文章〈*Getting in the Room*〉（*https://oreil.ly/us7eX*）中強調，除了為會議室增加價值外，你還需要減少包括你在內的成本：準備充足、言簡意賅、成為一個有合作精神且低摩擦的貢獻者。如果你的參與反而讓會議室降低了決策或快速分享資訊的效率，你就很難再受到邀請了。

如果你**沒有被邀請**進入會議室，也別太跟自己過不去。特別是在那些對 Staff 工程師角色一知半解的組織中，還沒有接受 Staff 工程師也是一種領導者角色的人們可能會不理解你的價值。在他們解決這個問題的同時，表現出友好、優秀的工作素質，你就能更有影響力（並且更像一個領導者），而不要因為沒有被邀請而抱怨連連。請理解現況，保持友善，就像我在第 1 章中所說的，永遠不要當一個混帳。

有一些房間是你不應該去的。如果你明顯屬於個人貢獻者，通常不宜參與有關報酬、績效管理及其他管理方面的討論。當你擁有關鍵決策訊息時，你當然可以傳達給你的經理或主管，但最終決策仍需由他們作出。

若重大技術決策與這些人事管理相關的討論發生在同一個房間裡，你可以提議將這些話題分成不同的會議。

最後，請記住，你試圖進入的房間可能比你想像的還要小。幾年前，我驚訝地發現，一群董事認為他們的意見沒有多少分量，對於無法影響（高於他們兩個職級的）真正的決策制定者和實際影響者而感到失望。事實證明還有一個我從未想過的「房間」，而在這之上可能還有其他房間存在！因此，要實際一點，搞清楚你想要進入的房間，以免浪費時間和精力。

影子組織架構圖

所以我們知道了決策的正式運作方式。認識這一點可以讓你深入了解你的組織是如何確定立場和做出決策。但實際上，有許多其他的影響因素同時發生，其中一些在表面上*看來毫不相關*。非正式決策並不受等級制度或職稱規則的約束，雖然這些因素有其重要性，但還有其他重要的事情需要考慮。

了解誰是正式的技術領袖固然重要，但同樣重要的是了解他們會聽誰的、還有他們做出決策的方式。例如，如果你的基礎設施組織的主管 Jan 一開始對你的想法表示大力贊同，但後來突然變得冷淡，究竟發生了什麼事呢？如果你仔細觀察，你會發現每當 Jan 做決定之前，總會先向十年前加入團隊的 Sam 諮詢意見。雖然 Sam 並不算特別資深，但如果他認為某件事情是個壞主意，那你就別想讓 Jan 接受你的提案了。當你加入一個組織時，這些影響因素並不會立刻顯現，因此，建議你在早期階段結交一些朋友，詢問該組織的運作方式，這是一個好的起跑點。

在《*Debugging Teams: Better Productivity Through Collaboration*》這本書中，作者 Brian W. Fitzpatrick 和 Ben Collins-Sussman 描述了「影子組織架構圖」，指出權力和影響力在不成文的結構中流動。這個架構圖可以幫助你了解團隊中的影響者，而這些影響者可能與實際的組織架構圖不同。在使改變成真之前，這些影響者是你需要說服的人。

兩位作者提到了認識組織內所有人的「連接者」，以及無論職等或頭銜高低，因為在組織待了很長時間而擁有影響力的「老前輩」。這些人對於哪些事情可行、哪些事情行不通擁有很好的判斷力與把握，而那些擁有頭銜或職等的人信任他們，並在做決定時仰賴他們的良好判斷。如果你能得到他們的支持，就會取得良好的進展。

讓你的地形圖保持最新狀態

我在前面提過，時時更新你的定位圖這件事很重要。讓你的地形圖保持在最新狀態甚至更為重要。世事變幻莫測，你認為已知的情況可能早已不復往昔。在一個普通的日子裡，你可能需要知道：

- 一個你依賴的團隊有了新的領導者。
- 你一直在等待的某個專案終究不會發生。
- 季度規劃即將開始。
- 一個實用的新平台即將推出。
- 你的產品經理要休長假了。

許多資訊來勢洶洶，但你需要先知道有哪些事情正在發生，這樣才能更清楚地知道自己要尋找什麼。以下是一些保持資訊最新的方法：

自動公告清單與頻道

建立專門的頻道，分享最新的設計文件、公布新產品上市的消息，或是放上變更管理工單的超連結，讓所有人都能輕鬆掌握正在發生的事情。如果這些頻道尚未存在，而你認為它們很有用，不妨考慮自行開設。

走入現場

精實生產（*https://oreil.ly/zfdHj*）談到了「現場」（gemba），也就是走入工廠，親自觀察生產流程、工作環境以及員工之間的實際情況。尋找一些途徑來與你周圍團隊所做工作保持聯繫。比如偶爾在程式碼變更工作上與同事一起執行、處理突發事件，或者為你想更了解的系統進行部署。離技術太遠不僅會降低你對於實際情況的掌握度，甚至會降低你的技術可信度。（關於這一點，請見第 4 章。）

旁觀

我在 Rands Leadership Slack（*https://oreil.ly/O4bad*）上請益大家了解事情的方法。我發現人們會關注那些不完全是**祕密**，但也不一定是與你有關的資訊。其中包括閱讀高層人員的日程安排、瀏覽你沒參加的會議的議程或紀錄，以及一個我從未想過的方法 —— 按照最新建立的 Slack 頻道排序來查看頻道清單，發掘正在發生的各式新專案。

安排閱讀時間

在擁有成熟的文件紀錄文化的公司，計畫和變更往往與 RFCs、設計文件與產品簡介等等相伴而生。瀏覽一些基本的背景資料，或者在你的行事曆上安排時間深入閱讀。

與主管打招呼

你需要會告訴你消息的盟友和贊助人。經常關心對方近況，聽取幕後的最新情況，並確保你的思考方向與領導者保持一致。

與人們交談

和同事出去喝咖啡聊天，不僅是建立愉快關係的方式，更是獲得脈絡的優秀渠道。如果你真的想了解情況，可以與不同部門的人交流，比如產品、銷售、市場和法務部門等。如果你正在開發產品，則要與客服人員建立友誼，因為他們比你更了解你所開發的產品。同樣，也要與行政人員經營良好的關係。行政人員往往聰明、足智多謀，而且人際關係廣泛，他們知道公司正在發生什麼事情。去結交一些朋友吧！

「我不知道怎麼和人聊天」

許多工程師對任何與「社交」沾上關係的東西都很反感。這讓我們聯想到 80 年代愚蠢的「高層午餐」（只有我這麼想嗎？）但結識人脈不見得會讓人憤世嫉俗或感到骯髒。如果你有幸認識了一些人，並且與他們友善相處，資訊交流和互幫互助自然就會隨之而來。

如果你想與某人開啟對話，最簡單的方法就是提出一個問題，對他們的工作表達興趣，或者（真誠地）讚美你欣賞他們哪些地方。[7] 大多數人都願意談論他們的工作或視為要務的事情，而且大多數人都會樂意解釋他們感興趣的東西是如何運作的。閒聊是一種可以習得的技能，而且它將在你的職業生涯中帶來回報。（如果你和資歷比你淺的人聊天，那麼你有責任讓聊天不尷尬。）

如果地形圖難以導航，那就當個橋樑吧

拖累技術組織工作進展的問題往往是人事問題，這些問題包括團隊內部缺乏有效的溝通渠道、沒有人願意承擔決策責任，以及爾虞我詐的權力鬥爭等等。這些問題非常棘手！當你把資訊添加到地形圖上，你可能很想在某些地方標上「這裡有龍」，然後誓言要繞道而行。事實上，Staff 工程師往往可以透過勇敢前往其他人不敢涉足的地方，幫助其他人更容易進入危險領域，來對整個組織發揮最大的影響力。

Westrum 模型強調了「建立橋樑」的重要性（見圖 2-11）。在組織的不同部分之間建立橋樑，並在其他領域填補資訊差距是一件非常重要的任務。隨著你對組織地形的了解越來越深入，你可以更輕鬆地透過傳送（還沒有人傳過）的電子郵件摘要、介紹兩個月前就該搭上線的兩位同事認識，或者撰寫文件來闡明專案之間的聯繫來彌補這些差距。

---

7 你可以稱讚對方值得欣賞的地方，但請不要輕易表達對外貌的讚美。一般而言，你應該只讚美他們「做出的選擇」，如寫得很好的 RFC、成功的會議、或是有趣的桌上玩具等等，這些都是適當的讚美對象。

圖 2-11 當季度規劃會議還很遙遠，Staff 工程師可以搭建橋樑，消弭兩個組織之間的差距。

Google 的 DevOps 網站（*https://oreil.ly/DU4Nc*）建議提早建立橋梁。「在組織中，去找一位你不了解其工作內容的人（或者這個人的工作曾經使你氣餒，好比採購），邀請他們喝咖啡或共進午餐。」

在你能力許可之內，認真界定你的工作範圍，讓它跨越組織架構的各個板塊，廣納所有系統或問題領域，而不是讓你的範圍限縮在某個團隊的一部分。這樣一來，你就能夠承擔那些被放棄的工作、調解衝突，並協助建立一個關於正在發生的事情的統一敘述。當重大變更提案出現時，你就會有足夠的背景知識，可以說出類似這樣的話：「是的，這個系統遷移是個好主意」，又或者「不，我們還有待完成的工作」。

藏寶圖：提醒我們的目的地

到目前為止，我們已經畫了兩張地圖。定位圖顯示了我們的位置，而地形圖幫助我們了解如何在整個組織內進行導航。但我們要去哪裡呢？這就是第三張地圖的目的（見圖 2-12）。

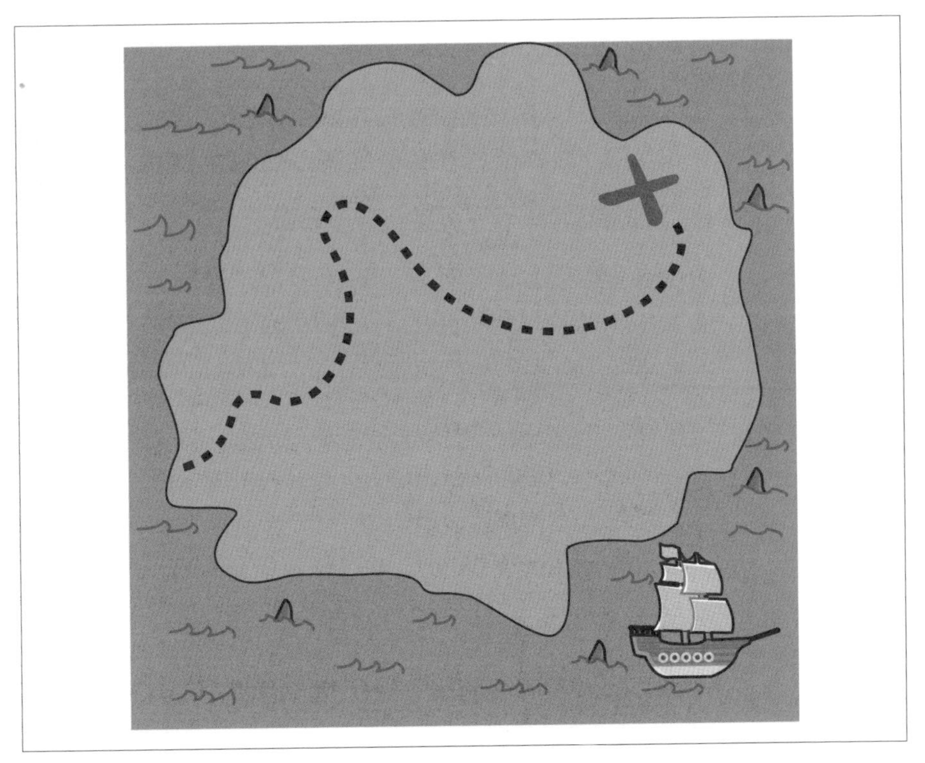

圖 2-12 X 標記是埋藏寶物的地點！現在，你要做的就是抵達那裡。

藏寶圖為我們創造了引人入勝的精彩故事，告訴我們該去哪裡，以及我們為什麼要去那裡。現在，我們趕快出發去冒險吧！

追逐亮晶晶的事物

在本章開頭，我們討論了超越小組的局部問題，關注周圍世界進展的必要性。同樣地，我們也需要跨越時間，擁有長遠的視野。過度關注短期目標，如眼下的功能發布或 App Store 的最新負評，就是很常見的陷阱。我們需要想得更遠，對未來保持清晰的概念：你的目標是什麼？你為什麼要做這些事情？當然，**這並不表示**我們應該忽視短期的勝利。但**過度關注**短期目標會有其局限性，因此我們需要保持平衡。如果我們只考慮短期目標，可能會導致以下狀況：

無法朝向同一方向前進

如果團隊不知道大計畫，要麼會偏離正確的方向，要麼每個決定都會變得非常複雜，而且涉及冗長的討論過程。有時，為了解決問題，我們必須走一條間接的道路。每個人都應該清楚了解在達成某個里程碑之後，需要進行哪些路線修正，好讓團隊更有條理地前進。

難以成大事

如果你的團隊一直專注於解決局部問題和痛點的短期專案，你就無法解決需要多個步驟的更大的、長期的問題。團隊以外的人可能也不清楚你現有專案的價值。

製造出廢物

我認為如果團隊不知道自己要前往何方，他們有兩種選擇。第一種是嘗試以足夠的靈活性來支持每種可能的未來狀態，而這會催生過於複雜和難以維護的解決方案。第二種是做出局部的決策，冒著方向與其他人不一致的風險，這類解決方案將成為一個奇怪的邊緣案例，導致其他人不得不繞道避開。

目標相互衝突

在一個以基層為基礎、由下而上的組織中，可能有許多懷抱一腔熱血的人試圖朝著完全不同的方向前進。他們都在努力做正確的事情，但卻無法達成一致，最後產生混沌不堪的結果。

工程師停止成長

如果只關注短期目標，就會限制你為工作設立思考框架的方式，也恨會限制你對那些沒有明確歸屬的工作的掌控。如果一個團隊要實現一個大專案，他們就必須找出指定任務之間的差距，並想辦法填補這些差距，同時在這個過程中培養技能。經常只在短期而明確的目標上進行反覆迭代的團隊，很難建立起應對更大、更困難專案的能力，也無法向人侃侃而談他們為什麼要這麼做。

眼光放長遠

如果每個人都知道他們的目標和方向，生活將變得簡單許多。在這種情況下，嚴格保持一致性並不重要。每個團隊都可以根據自己的情況和問題找到更具創造性的解決方案來實現目標。如此一來，他們不太可能走錯路，而且會擁有足夠的資訊做出決定，減少了避險需求和技術債。同時，他們可以在沿途慶祝小勝利，同時也牢記尚在遠方的大目標，直到抵達終點才真正慶祝。

你的動機是什麼？

我常用的一個比喻是在許多策略遊戲（比如《文明帝國》[8]）出現的科技樹。如果你還沒有「投資」太多你的生命在這個優秀遊戲上，且讓我解釋一下遊玩方式。你扮演的是一個文明的統治者，目標是發展出一個偉大的帝國。要達成這個目標，你需要累積科學知識，玩家可以選擇研究各種科技，而你習得的這些技術會形成一個有向圖（參見圖 2-13）。一開始，你可能會研究製陶術和狩獵，但隨著你在遊戲中持續演進，這些技術將相輔相成，衍生出新的科技。例如，在《文明帝國》中，如果你不習得如何造橋和蒸汽機，你就無法建造鐵路，而沒有物理學和工程學的知識，你也無法建造蒸汽機。因此，在遊戲中會有一個關鍵時刻，儘管你正在研究物理學，但你真正的目標是建造一條鐵路。直到你建造了橋梁、研究了蒸汽機構造，並為你的列車長訂購了小帽子，你才會取得真正的勝利（很可惜，最後一點並沒有真正發生）。除非你清楚知道目標，否則一昧地埋頭苦幹，是永遠沒有機會搭上火車的。

---

8 《文明帝國》現在已經出到第六版，是一個已經存在了幾十年的策略遊戲。它使用戰爭迷霧，你必須在長期和短期投資之間做出良好決策。我推薦透過遊玩《文明帝國》來了解關於 Staff 工程所涉及的各個面向。記得告訴你的老闆你不是在玩遊戲，你在做研究。

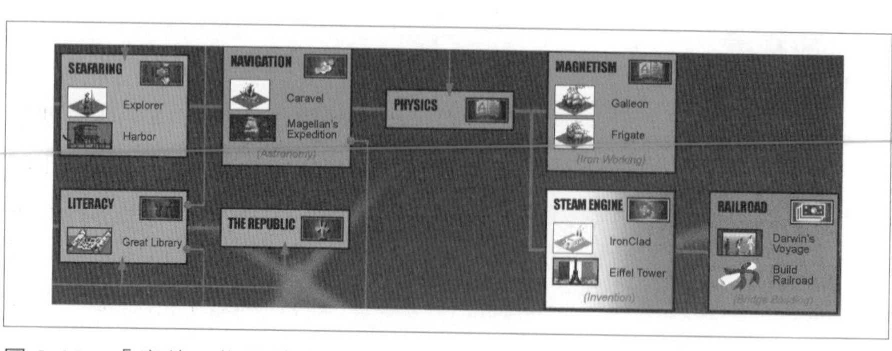

圖 2-13 「席德・梅爾的文明帝國 II」的科技演進圖（圖片來源：*http://www.civfanatics.com*）

當你選擇一項技術進行投資時，往往是因為它是通往其他東西的道路上不可避免的一步。你不是為了建造一個新的服務網而建造一個新的服務網；你建造它是為了使你的微服務框架更容易使用，因為你想使新服務更容易快速建立，因為你想讓團隊能夠更快地推出功能。真正的目標是減少進入市場的時間。當你知道真正的目標時，你可以退後一步，評估這些工作提議是否會讓你更接近它。

分享地圖

你可能需要時間來驅散戰爭迷霧，揭開旅程的真正目的地。一旦你發現了它，也不要只把它留給自己。這表示要把你的故事告訴其他人，讓他們明白它的重要性。你的故事需要清晰表明你現在在哪裡、想要到達哪裡以及為什麼要走這條路。如果有需要注意的障礙或捷徑，也可以標記出來，但不要添加令人分心的雜訊。地圖需要描述寶藏的位置，也就是一個明確的成功目標，讓每個人都知道他們要追求的目標是什麼。

當你在追求目標的過程中取得進展時，這是一種對自己的激勵。但有時候，你可能會忘記自己的位置，甚至會覺得自己一無所獲，這也是很常見的情形。身為一位手握地圖的人（見圖 2-14），你擁有一種優勢，可以告訴每個人都在向成功目標靠近（如果沒有，你也可以說出來，糾正前進方向）。你從哪裡來，以及你要去哪裡，這些故事都有助於更加理解自己的位置和方向。

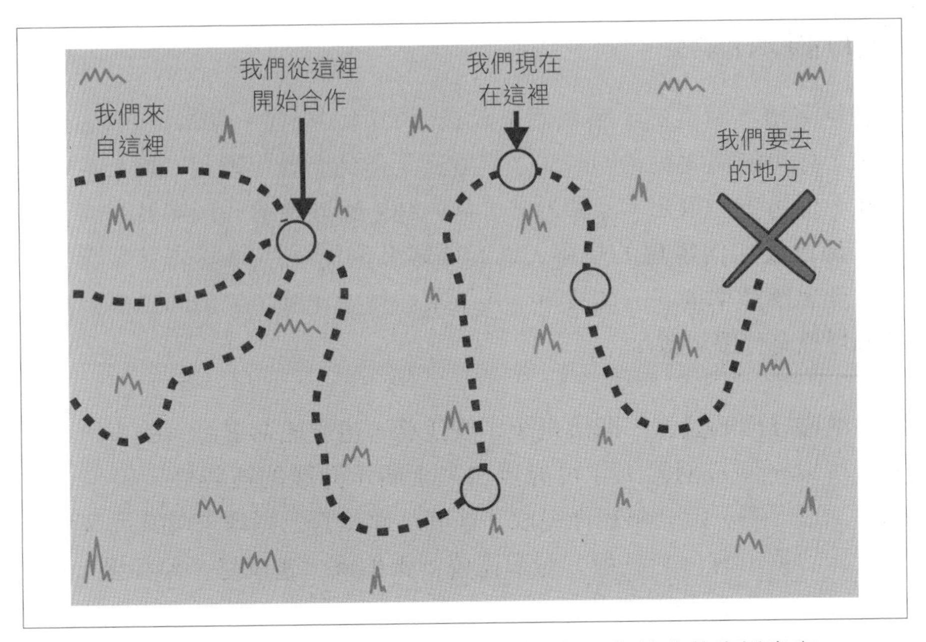

圖 2-14 你從哪裡來、走了多遠，以及你要去哪裡，把這些故事說出來。

如果藏寶圖不夠清楚，也許是時候重畫一張新的

如果每個人都得以遵循同一張藏寶圖工作，那麼你的任務就算是完成了。但如果你發現有多條相互競爭的路徑，或者根本沒有明確的計畫，那麼你需要幫助小組選擇一個共同的目的地。有時候，你只需要簡要概括一下你所看到的混亂或不一致的地方，促進討論（或爭辯）。這樣做可以迫使大家公開討論這些問題。然而，即便在詢問所有該問的問題、跟進**科技樹**的演進、鼓勵不同意見交流和認真思考後，你仍然可能得出相同的結論：沒有人真正選擇了一個長期目的地，或者現實中就是存在多個相互競爭的目標。

在這種情況下，清除地圖上的戰爭迷霧就沒有更多的意義了：此時需要開始創造一張新的地圖，這正是下一章的主題。

你的個人旅程

在我結束這一章之前，讓我們來談談你的個人旅程。身為一名 Staff 工程師，你可能需要更長的時間才能看到工作的影響。因此，說故事變得更難，但也更加重要。回顧過去，你的腦中應該會有一個關於試圖實現的目標以及如何實現的故事。你和團隊共同完成了哪些成就？展望未來，你也應該準備好一個故事：接下來你想做什麼？目前的工作對實現這個目標有什麼貢獻？

當你準備好你的論述，即使是小小的任務，也會成為這個大故事的一部分。單單一個星期的工作可能無法完全展示問題的複雜性，但是在這個月、這一季、這一年裡你完成了什麼？你是否已經越來越接近藏寶地點？為了更了解你的旅程，你還需要一張地圖，也就是「路徑圖」，我們將在第 9 章中詳細探討。

本章回顧

- 練習有意識地去看見大局，以及看到正在發生的事情的技能。
- 了解工作的背景脈絡：認識你的客戶、與你小組以外的同事交談、了解你的成功指標，並清楚掌握什麼是真正重要的。
- 了解你的組織的運作方式，以及組織如何做出決策。
- 建立或發現路徑，使你所需要的情報資訊能夠到達你那裡。
- 搞清楚每個人所看重的目標是什麼。
- 思考你自己的工作以及你的旅程。

3

建立大局觀

這是我最喜歡的一個有關缺乏大局觀的故事。我曾經參加的一個組織即將舉行全體會議，員工可以事前提問，其中有一個問題是關於某個重要系統（讓我們稱它為 SystemX）這個系統曾經導致了一些故障。我被指定為回答這個問題的人。當我正在統整回答要點時，我接連收到了三條幾乎同時傳來的私訊：

- 第一則：「請向大家保證，我們知道 SystemX 一直是個問題，但我們正在加強支援團隊並增加複本以幫助它擴展。我們預計不會有更多的故障發生。」
- 與此同時：「有人問了這個問題真好！我們應該強調，SystemX 已經被棄用了，每個人都應該做好轉移計畫。」
- 還有：「嘿，你能不能告訴大家，我已經成立了一個工作小組來探索如何迭代 SystemX。我們會在下個季度公佈具體計畫。如果有人想加入這個工作小組，請他們跟我聯絡。」

上面這三種前進方向都相當合情合理，而且公開論壇本來是一個很好的機會，可以讓人們瞭解組織想要前進的方向。但是，究竟為什麼會出現三種截然不同的計畫呢？

在第 2 章的結尾，我們挖掘了你的組織現有的藏寶圖。如果你的小組已經擁有了這張地圖：引人入勝且深入人心的單一目標，以及實現目標的計畫 —— 那麼你的大局觀已經建立完成。你可以跳到本書第二部，我將會探討如何執行重大專案。然而，很多時候，Staff 工程師會發現目標並不明確，或者計畫存在不少爭議。如果你正處於這種情況，請繼續閱讀本章。

在第一部的最後一章，我們將探討如何**建立大局觀**。當道路不明確或混亂時，有時你需要將上不存在的地圖創造出來，並取得小組成員的同意。這張地圖通常以「技術願景」或「技術策略」的形式呈現，前者描述你想要達到的未來狀態，後者計畫如何應對挑戰、實現特定目標。首先，我們將介紹這兩種文件，包括為什麼需要它們、可能的形式以及涵蓋哪些內容。接著，我們將探討如何以小組為單位建立這些文件，並研究這些文件的三個形成階段：方法、寫作和發布。[1] 最後，我們會透過一個虛構的案例研究來瞭解一些技巧，並探討這些技巧如何發揮作用。現在，我們將展示這個案例情境，你可以開始思考**你會如何處理它**。

情境：SockMatcher 需要一份計畫

SockMatcher 是一家由兩位創始人幾年前成立的新創公司，旨在解決人們常常遇到的棘手問題：襪子失蹤了。只要使用這家公司的行動應用程式，襪子失主可以上傳照片或影片，透過精密的機器學習演算法，系統會嘗試找到遺失了同款襪子的另一位失主。如果這兩位主人中的一方想要將他們的單隻襪子出售給另一位使用者，這時演算法就會提出一個建議價格。每一次襪子所有權的轉移都將被記錄在分散式的襪子區塊鏈中。

如你所想，創投機構為之瘋狂。[2] SockMatcher 迅速發展成為網路上最大的奇數襪子市場。公司規模日益成長，與多家訂製襪廠商簽訂合作關係，提供客製化襪子推薦服務，甚至包括手套和鈕扣。SockMatcher 還推出了一個外部 API，供第三方進行襪子分析。客戶對這些新功能感到非常滿意。

基礎架構自然而然地發展，以一個單一的中央資料庫和資料模型為核心，建立了一個完整的功能系統，這個單體式系統包含了登入管理、帳

---

1 我們專注於願景和戰略，但這些技術可以適用於任何大的團體決策：工程價值、編碼標準、跨組織專案計畫等。

2 如果有人考慮投入種子資金，請打電話給我。

戶訂閱、收費機制、配對機制、個人化服務、圖片和影片上傳等等。每個產品特定的邏輯都建立在這些功能的基礎之上。例如，收費機制的程式碼涵蓋了如何向客戶收取費用的邏輯：襪子按成功的配對來收費，而鈕扣則是按季度來收費。襪子資料和客戶資料儲存在同一個大型資料倉儲中，敏感資訊包括客戶個資，例如姓名、信用卡號碼和鞋子尺寸。

由於激烈的市場競爭，SockMatcher 的開發團隊現在更傾向於快速實現新功能，而不是以可擴展或可重複使用的方式構建它們。舉例來說，在增加手套功能時，團隊將其作為現有的襪子配對功能的一個特例來實現，在襪子資料模型中添加一個欄位來標記左手手套或右手手套。當用戶上傳手套的圖像時，軟體會自動生成鏡像圖，然後將手套視為「另一種襪子」。

當公司決定增加鈕扣配對功能時，好幾位資深工程師建議重新架構並打造一個模組化系統，這樣就可以更輕鬆地增加新的配對物件。然而，出於商業考量，鈕扣配對也被視為襪子配對的一個實作特例。團隊在資料模型中添加了新的欄位，用來指定集合中的鈕扣數量和每個鈕扣的孔數。收費程式碼、個人化子系統和其他組件包含了大量被寫死（hard-coded）的自定義邏輯，才得以處理襪子、手套和鈕扣之間的區別。大部分邏輯都被實現為散落在程式庫中的 *if* 條件語句。

現在，公司多了一個新的商業目標：將配對業務擴展到食物保鮮盒和蓋子上。這個產品將具有與現有產品不同的特徵。與襪子不同，保鮮盒和它們的蓋子是並不是相同形狀。因此，團隊需要打造一個全新的配對模型和邏輯，以及一套全新的供應商和合作關係，以便在無法提供配對的情況下為客戶提供全新的替換蓋子或容器。公司近期的產品策略規劃還指出，未來將增加耳環、拼圖、輪胎蓋等產品。

新的食物保鮮盒團隊已經開始為功能界定範圍。然而，他們不打算在現有的單體式系統中工作，而是希望使用自己的資料倉儲來打造獨立的配對微服務。即便如此，他們仍需要認證、收費、個人化、安全處理敏感個資和其他共用功能的程式碼 —— 而這些程式碼的最佳化目前都是為襪子模型而服務。因此，如果他們想自主工作，他們需要從這個單體式系統中提取出這些功能，或者重新實作。這兩種方式都需要時間，因此他們可能會遭遇一些壓力，反對方會認為不如將食物保鮮盒宣告為襪子的一種類型，並使用現有的程式碼中，視情況增加更多的邊緣案例，就像手套和按鈕一樣。這個團隊在接下來該做什麼上存在意見分歧。

還有一些其他挑戰：

- 與第三方共享的 API 沒有版本化，所以要改變它很困難；隨著新的整合計畫推出，這個問題會越拖越久，而越拖越難解決。
- 用三年前打造它的工程師的話來說，自造的登入功能一直『有點古怪』。它花了好幾年開發，但這不是能讓人引以為豪的程式碼。
- 配對功能是目前市場上最好的功能，能讓客戶滿意，但有時即使存在可配對的對象，它也找不到。
- 一位團隊成員提出了一個新演算法和系統的想法，可以在更短時間內找到配對。他們對此非常興奮。
- 負責單體式系統營運的團隊還沒能跟上它的增長速度，正在不斷地對擴展性問題做出反應。他們每天都要被呼叫好幾次，因為磁碟空間用完了、部署失敗了，還有軟體故障了。
- 隨著越來越多工程師在同一個程式庫中工作，並重複使用現有的功能，因此出現了更多的非預期行為，波及用戶的系統錯誤也被更頻繁地推送。幾乎每個團隊和用戶都會受到幾乎每次故障的影響。
- 名人和網紅的襪子商品帶來了激增 100 倍的用戶流量，導致了系統完全故障。食物保鮮盒的推出可能會吸引名廚來到平台，進一步增加用戶需求。
- 每一個新功能都會減慢單體式系統的構建時間，而無主的、不穩定的測試也無濟於事：通常會需要三個小時來構建和部署一個新版本，結果延長了大多數事件。
- App Store 中關於行動 APP 的評論已經開始呈下降趨勢；許多一星評論指出可用性很差。

儘管這個案例場景涵蓋了一連串問題，但是許多問題都可以透過技術手段得到解決。每一個加入公司的新人都會提出一些變更建議：對資料倉儲進行分片（shardig）、推出版本化 API，從巨大的程式庫中分離出功能等等。各種工作小組已經展開工作，他們總是在一個由 20 個人組成的大房間裡開始，所有人都非常在乎工作能不能成功，卻無法同意彼此的意見，然後陷入沒有人關注他們的困境。畢竟，比起重構系統，功能開發感覺更重要、更有可能成功。工程組織似乎無法推動任何倡議的進展。

你會怎麼做？我們將在本章末尾再次討論這個問題。

什麼是願景？什麼是策略？

在打造新功能時，你應該將它視為一個可重複使用的平台，還是作為特定產品的一部分呢？團隊是否應該學習使用困難的新框架，還是堅持使用已被淘汰的流行框架？或許每個團隊都可以做出自己的決定，透過分散決策加速組織行動，解決自身的問題。然而，讓每個團隊自行決策也有缺點：

- 可能會出現「公地悲劇」（*https://oreil.ly/KEPbi*），也就是團隊追求自己的最佳行動而不與他人協調，導致對所有人都不利的結果。這再次應證了區域極大值的負面影響。
- 共同關注的問題可能會被忽視，因為沒有一個小組有權力或動機來單獨解決這些問題。
- 團隊可能缺少足夠的背景脈絡來做出最好的決策。採取行動的人可能不是承受結果的人，過去的決策波及的可能是未來的人。

當存在著重大未解決的決策時，專案可能變得緩慢或受阻。沒有人願意為了解決有爭議的決策或選擇標準而進行漫長而痛苦的抗爭來耽誤進度。相反，各小組會做出區域性的良好決策，解決他們自己面臨的問題。每個小組會根據自己的偏好或組織技術方向的傳聞來做出選擇，並經常將這些選擇嵌入他們創造的解決方案中。推遲解決這些重大的基本問題只會使它們更難解決。[3]

當組織意識到需要解決這些重大的基本問題時，就會頻繁提及「願景」和「策略」這兩個關鍵字。這兩個詞語可以互換使用，但也可能指涉不同含義。為了避免術語上的混淆，讓我們從本章使用的定義開始。

什麼是技術願景？

技術願景是對於實現目標後所希望的未來狀態的想像和展望，它應該詳細描述工作完成後的每一件事情，讓每個人都能夠更容易地想像那個世界，而不會被細節問題糾結。

技術願景的範圍可以是整個工程組織的宏觀景色，也可以是單個團隊的具體工作。這個願景可以繼承較大範圍的文件，也可以影響較小範圍的文件（見圖 3-1 的一些例子）。

技術願景的創建有助於創造一個共同的現實。身為一位擁有大局觀的工程師，你可能會想像到你的架構、程式碼、流程、技術和團隊的更好狀態，但你周圍的其他人可能也有不同的想法和觀點。技術願景的書面描述有助於消除誤解、澄清細節，避免假設和掩蓋細節，並讓整個團隊朝向同一個方向努力。將想法化為文字，能夠極其有效地抵銷誤解，因此，打造技術願景對於專案的成功至關重要。

3 你可能會注意到，在程式碼和設計審查中，這類話題仍然消耗了大量的討論時間，即便它們並不是任何特定變化的核心關鍵。如果這種情況發生了，或者如果你看到的設計存在相互矛盾的假設，那就說明你需要做出一些重大的全局性決策，而不僅是任何特定專案或發布相關的決定。

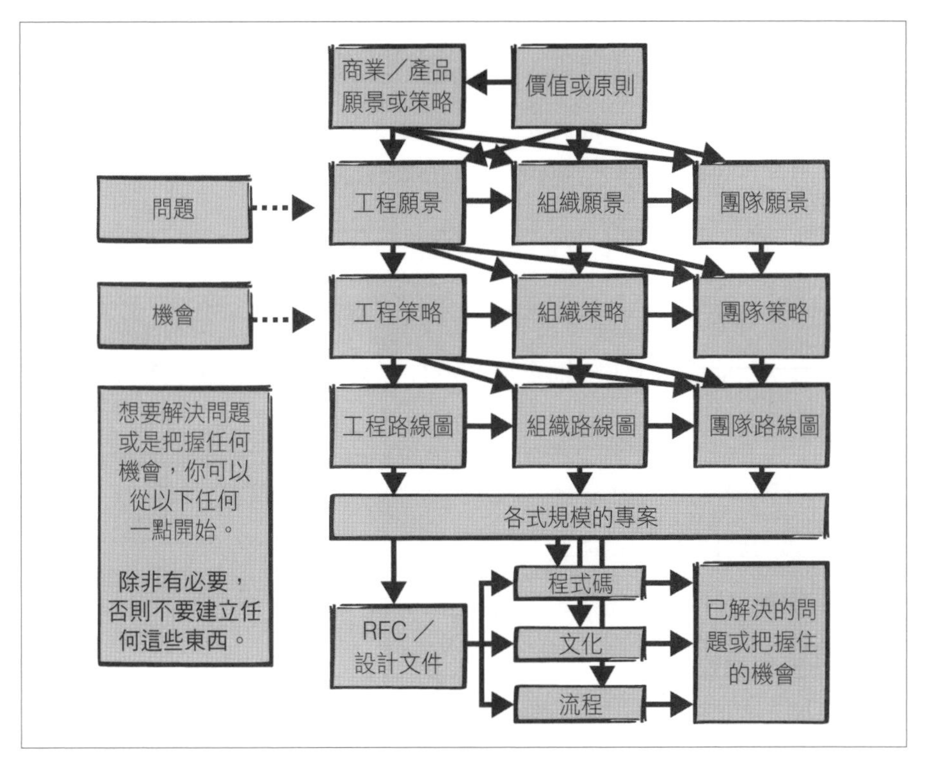

圖 3-1 根據問題的規模大小，你可能會從整個工程組織的視野、團隊的範圍，或者介於兩者之間的某些範圍開始。除非有必要，否則不要打造任何願景或策略。

技術願景有時被形容為「北極星」或「山上閃爍的城市」。它的存在目的不是要做出所有決策，而是盡力消除衝突或模糊性，使每個人都能選擇自己的道路，並且相信他們最終能抵達正確的目標。

撰寫技術願景的資源

如果你正準備寫一份技術願景文件，這裡有一些我推薦的參考資源：

- Mark Richards 與 Neal Ford 合著的《軟體架構原理—工程方法》
- Scott Berkun 的《*Making Things Happen*》第 4 章

- Amazon 的 James Hood 所寫的文章：〈How to Set the Technical Direction for Your Team〉（*https://oreil.ly/zhD2Q*）
- Eventbrite 的 Daniel Micol 所寫的文章：〈Writing Our 3-Year Technical Vision〉（*https://oreil.ly/Rew44*）

願景是長什麼樣子，這件事沒有特定標準。它可以是一句簡潔有力卻激勵人心的「願景聲明」、一篇多達 20 頁的論文，或是一張投影片。而內容可能包括：

- 一則關於大方向價值觀和目標的描述
- 一套用於決策的原則
- 一則對於已經做出的決定的總結
- 一張架構圖

它可以非常詳細，深入到各項技術選擇；它也可以是大方向的概述，把所有的細節留給實現執行的人。

無論你打算寫出什麼樣的願景，都應該使其論點明確，清晰易懂，它應該描述一個符合實際情況的更好的未來，並且應該滿足組織的需要。假如輕輕揮動魔杖就能施展魔法，那麼你的架構、流程、團隊、文化或能力會是什麼？這就是願景要描述的模樣。

技術策略

技術策略是一份實際的行動計畫，它描述了你打算如何實現目標、克服挑戰。這意味著你需要瞭解你想要去的地方（可能是之前提到的技術願景），以及你在前進道路上可能會遇到的障礙。在本書中，當我們使用「策略」一詞時，我們指的是一個具體的文件，而不僅僅是一個策略性的想法。

技術策略可能是業務或產品策略的基礎。它可以是技術願景的夥伴文件，也可以是解決該願景的子集，甚至可以獨立存在。就像技術願景一樣，技術策略應該清晰明確 —— 不僅關於目的地，也關於前往目的地的道路。它應該以符合現實情況的方式解決具體的挑戰，提供穩健的方向，並確定團隊在前進過程中應該優先考慮的行動。雖然策略不能決定所有事情，但它應該提供足夠的訊息，讓團隊得以克服前進過程中遇到的任何困難。

撰寫技術策略的資源

關於策略規劃的經典著作是理查・魯梅特的《好策略・壞策略》，誠摯推薦你花時間閱讀這本書。其他優秀參考資源包括：

- Patrick Shields 的文章：〈Technical Strategy Power Chords〉（*https://oreil.ly/EDODP*）
- Mattie Toia 的文章：〈Getting to Commitment: Tackling Broad Technical Problems in Large Organizations〉（*https://oreil.ly/RKUwO*）
- Will Larson 的文章：〈A Survey of Engineering Strategies〉（*https://oreil.ly/tF2TU*）
- Eben Hewitt 的《*Technology Strategy Patterns*》
- Rands Leadership Slack（*https://oreil.ly/O4bad*），尤其是 #technical-strategy 和 #books-good-strategy-bad-strategy 這兩個頻道

和技術願景一樣，技術策略的篇幅可以短至一兩頁，也可以是一份多達 60 頁的長篇報告。內容可能包括現狀評估、具體挑戰之描述，以及如何應對挑戰的明確路徑。此外，它可能包含專案的優先順序清單以及成功標準。根據範圍的不同，它可以提供大方向的通用指導原則，或對一系列具體問題作出決策，並解釋每個決策的取捨。

在《好策略．壞策略》中，魯梅特提出了策略的「三大核心要素」：包括問題診斷、指導方針和能夠克服挑戰的行動。現在，我們來仔細看看每一項要素。

問題診斷

「這裡發生了什麼？」你需要將複雜的實際情況簡化為問題診斷，也許是從雜亂的資訊中找尋相似模式，或使用比喻或心理模型使問題更易理解。你要試著將眼前所面臨的情況簡化為最基本、最直指核心的特徵，才有可能真正了解問題癥結。這是一項艱鉅的任務，需要時間。

指導方針

指導方針幫助你避開問題診斷中描述的障礙。它應該要給你一個明確的方向，使接下來的決策更容易。魯梅特認為指導方針應該簡潔明了，「是指引前進方向的路標」。

連貫行動

當問題診斷和指導原則就緒後，你就可以確定具體的行動方案，以及不會採取哪些行動。這些行動方案不單單涉及技術層面，還可能包括組織變革、全新流程或團隊以及對專案的調整。這一點再怎麼強調都不為過：你將投入時間和人力資源到*這些行動*中，而不是花時間去實現其他一大堆想法。這樣的用心專注極有可能表示，你和其他人不能去實現那些使你感到振奮、激動的想法。你必須接受現實，只能採取那些必要的行動。

策略應該善用你的優勢。舉例來說，當倫敦的工程經理艾薩克．佩雷斯．蒙喬（Isaac Perez Moncho）為一家公司規劃工程策略時，他致力於建立一個正向的回饋循環。他告訴我，那家公司的產品工程團隊面臨著許多問題，例如缺乏工具、事故頻繁發生、部署不力等等，但他們也有一個優勢：一個優秀的 DevOps 團隊。只要他們獲得更多時間，就能解決這些問題。因此，他的指導方針是解放 DevOps 團隊的一些時間，讓他們實現流程自動化，創造一個正向的回饋循環，有時間去解決其他問題。你應該思考如何建立自我強化循環，持續發揮你的優勢。

最後，策略不是對別人在完美世界中會怎麼做的期待性描述。它必須切實可行，並承認你所處情況的限制。假如一項策略無法在你的組織中獲得足夠人力來執行，那麼只是在浪費你的寶貴時間。

你真的需要願景和策略文件嗎？

技術願景和戰略能夠提供清晰的方向，但在某些情況下，它們可能會變得矯枉過正。不要為自己創造不必要的工作。如果你能夠輕鬆描述想要達到的目標或解決的問題，那麼你實際上所需要的可能更像是設計文件的目標部分，甚至是某個 pull request 的內容描述。[4] 如果大家不需要某份文件就能取得一致觀點，那麼你大概不需要動手寫出這樣一份文件。[5]

當你確定你需要某個事物時，請考慮它應該採取什麼形式，才能符合你的組織需求，並且獲得支持。例如，如果缺乏方向使你的工作進展緩慢，你可以召集一個小組，創造一個抽象的大方向願景，然後更具體地研究如何執行。如果你正在為公司的發展做準備，首席技術長可能會要求你召集整個工程部門的人，描述你的架構和流程在三年內會是什麼樣子。但是，如果你的小組在某個缺失的架構決策上反覆卡住，請不要在工作哲學上花費太多時間，果斷地排除那些阻礙專案進展的東西。

編寫技術願景或策略需要時間。如果你能夠以更輕巧的方式實現同樣的結果，那就直接去做吧。創造你的組織所需要的東西，除此之外不要畫蛇添足。

---

4 我會在第 5 章討論專案執行時好好聊一聊這類文件。

5 話雖如此，Stripe 的 Staff 工程師 Patrick Shields 曾告訴我，他鼓勵人們為各種事情撰寫小型策略，因為「在打職業之前，首先你需要學會打業餘籃球。」他說得非常對。

方法

打造一個願景、一道策略或任何其他形式的跨團隊文件等同於打造一個大型專案。這需要大量的準備工作，以及大量的迭代和調整。請記住，讓人們達成一致並不是在你和解決問題的真正工作之間的一個苦差事，**達成一致就是工作本身**。你為專案帶來的任何洞察力或大膽的願景，只有在你能夠讓人們也跟上旅程時才能發揮價值。就像你不會欣賞無視物理定律的工程解決方案一樣，宣傳一個你深知無法說服組織去做的專案也不是對寶貴時間的最佳利用。

儘管到現在為止我一直在區分策略和願景，但在本章的其餘部分，我不打算過多地區分它們。它們是非常不同的東西，但都涉及到讓人們聚集在一起，做出決定，讓組織加入陣線，並講述一個故事。你可以用同樣的方法來打造其他需要宏觀思考的文件，比如技術雷達（*https://oreil.ly/lPzPZ*）或一套工程價值觀。

打造任何這些文件所需要的努力都是經典的「百分之一的靈感，百分之九十九的汗水」，但如果你準備得當，你就會增加推出真正為人所用的東西的機會。我將討論一些可以使你成功的準備工作，然後我將邀請你思考這些準備工作的成果，評估你是否能夠成功，並決定是否讓該專案正式啟動。

擁抱無聊的點子

當我剛進入這個行業時，我認為那些非常資深的工程師都是魔法師般的存在，他們能夠整天想出有洞察力的解決方案，改變遊戲規則，解決可怕的深層技術問題。我想像這就有如《銀河飛龍》電視劇中的情節，突然出現一個迫在眉睫的曲速核心反物質遏制故障之類的大麻煩，每個人都束手無策，嚇壞了。結果，喬迪・拉福吉或衛斯理・克拉夏【譯注：《銀河飛龍》角色】驚呼：「等等！如果我們 { 極端的技術行話 } ……」，然後在螢幕上輸入八個字母，企業號星艦在幾秒鐘內化險為夷。真是萬幸！

但現實生活往往與此截然不同。當然，有時候「等等！如果我們｛極端的技術行話｝⋯⋯」的確是答案：在規模非常小的公司尤其如此，有時候你真的被死死卡住了，直到一個有經驗的人提供了解決方案，你才能順利解決問題。但如果你周圍有許多經驗豐富的人，其實很可能已經出現過很多好的想法。關鍵在於讓每個人都同意該怎麼做。

當你開始進行一個專案，比如打造一個願景或策略時，你需要讓你的工作去涵蓋現有的想法，而不是一股腦兒添加全新的想法。《經理人之道》的作者 Camille Fournier 認為（*https://oreil.ly/WgEPL*）：

> 我認為寫關於工程策略的文章很難，因為好的策略很乏味，而且寫起來也很乏味。此外，我認為當人們聽到「策略」這個詞時，他們會聯想到「創新」。如果你寫了一些有趣的東西，那麼它可能是錯的。從方向性來看這似乎是正確的，當然大多數策略都是綜合的，這一點往往被忽視了！

Will Larson 補充（*https://oreil.ly/3TH5a*）：「如果你無法阻止將你最有創意的想法納入流程的衝動，那麼你可以將它們放在預工作中。把你所有最好的想法寫在一個巨大的文件中，然後刪除它們，以後不再提起隻言片語。現在⋯⋯你的頭腦已經為未來的工作做好了清理工作。」

有時創作一些看起來「顯而易見」的東西可能會使人感到反常：我們似乎都想要一個天才憑空出世，靠著驚人的遠見卓識，一舉拯救整個企業！但實際上，我們真正需要的，通常只是一個願意權衡所有可能解決方案的人，提出應該做什麼和不應該做什麼的理由，讓大家保持一致，並勇於做出決策（儘管可能是錯誤的決策！）。

加入一個正在進行的探險活動

如果有人已經在做你想要的那種文件，不要與其競爭，而是加入他們的旅程。以下是你可以採取的三種方法：

分享領導權

你可以在不接管的情況下為一個現有的專案帶來領導力。建議進行正式分工，讓每個人都有機會以令人信服的方式進行領導。例如，某個人可以負責整個專案，而另一個人負責該專案中的某些特定行動。你也可以建議共同領導：輪流擔任主要負責人，並在工作中分工合作。如果領導者對彼此的想法都充滿熱忱，並且都朝著同一個方向努力，可以創造出一個非常有效的團隊。

遵循仿效

不要把自我放在第一位，而是跟隨他們的計畫。即使他們的經驗比你少，你也可以透過推薦正確的方向來幫助他們取得最佳的成果，進而發揮巨大的影響力。選擇當一個沉穩老練的最佳男配角吧，這是一個很棒的角色。[6] 你可以利用深厚的技術知識來填補他們的技能空缺，例如深入研究遺留的程式庫，了解某些東西的確切工作原理。你還可以在他們不在場的時候為計畫辯護，給予支持並幫助他們實現目標。

退後一步

當然，第三種方法是判斷這項工作沒有你也會成功，表達對它的熱忱，然後去找別的事情做。如果這個專案不需要你，就去找下一個需要你的。

當別人的方向與你的計畫不一致時，讓他們領導你大概很不容易。在科技公司，升職制度可能會讓員工認為他們需要為自己「贏得」一個技術方向，或是成為某個專案的代言人。這種競爭可能衍生出一場關於主導權競爭的「猿猴遊戲」 —— 每個人都試圖建立自己在這個領域的主導地位，認為其他人的想法會對自己產生威脅。不必要的敵對和政治遊戲無益於團隊合作，甚至會讓成功更難到來。

6 注意：如果你是一個總是坐在後面為別人喝彩的人，請確保你的組織認可你的領導能力，否則請確保你也有一些機會發光發熱。我將在第 4 章討論信譽和社會資本。

我的朋友 Robert Konigsberg 是 Google 的一名工程師和技術負責人，他總是說：「千萬別因為某些想法來自於**你的大腦**，就自認為它是最好的想法。」如果你傾向於將「行事正確」與「贏得勝利」畫上等號，那就退後一步，將注意力重新聚焦在實際目標上。練習從不同角度看待問題：他們的方向是錯的，還是只是**和我的方向不同**？假如你想前往的方向是一個你同事提出來的想法，你會不會同樣努力地去倡導和爭取呢？即使你的想法更好，也要避免付出「不做決定」的代價。正如 Will Larson 所寫：「對於其他正在努力改進的領導者，你應該要迅速給予支持。即使你不同意他們最初的做法，讓一個值得信賴的人領導專案，基本上總是能得到好結果。」

如果你認為這個人的想法或領導力**不能發揮作用**，即使有你的支持又如何？雖然你有時需要靈活應變，但這件事並不表示你應該去認可那些你認為危險或有害的想法。即使如此，也要嘗試加入現有的旅程並試著改變其方向，而不是從頭開始建立一個與其競爭的計畫。如此，你會得到盟友，並且獲得氣勢，而且你可以從他們迄今為止所做的一切中學習。

如果你真的沒有辦法在不玩「猿猴遊戲」的情況下讓人們在同一個專案上取得成功，那就考慮去一個有工作範圍更寬廣（而且文化更健康）的地方。

獲得贊助者

除了在多數的基層型文化中，沒有高層支持的大型努力都難以成功。願景或策略的確可以在沒有贊助者的情況下啟動，但想要使其成真會是一項艱難挑戰。早早取得贊助者，有助於澄清和證明工作的合理性。如果你的主管或 VP 打從一開始就贊同你的計畫，那麼你正在創造的東西其實是隱含了**組織**共同目標的藏寶圖，而不僅僅是你自己的計畫，更能降低你浪費時間的風險。贊助者制度也可以為團體增加一道階層，避免團隊陷入難以達成共識的僵局。贊助者可以設定成功的標準，並且擔任打破僵局的決策角色。他們可以提名一個領導者或「決策者」── 有時這個對象被稱為直接負責人（directly responsible individual，DRI），當團隊陷入困境時，他擁有最終決定權。儘管你不見得需要這類制度，但別忘了這是一種可以為你所用的選項。

獲得贊助絕非易事。管理高層總是忙碌不已，你必須讓他們在眾多事務中抽出時間和資源支持你的提案。訣竅在於為潛在的贊助者提供他們所需要的東西，將你的成功機會最大化。一個對公司有利的提案固然重要，但如果你的提案能夠解決高管們自己面臨的問題或實現他們的目標，你的成功機率就會更高。去觀察、了解阻礙高層們實現目標的因素，並尋找你所提出的解決方案是否與他們的目標相符。此外，贊助者通常會有一些「絕對真理般的目標」，好比提升團隊生產力或幸福感，如果你能夠滿足這些目標，這也可以成為你成功爭取支持的有力條件。

在開始向贊助者推銷你的專案之前，請先思考和練習你的「電梯簡報」：如果你無法在 50 個字內說服他們，那麼你很可能無法說服他們。我曾經試圖說服當時在 Google 擔任工程總監的梅麗莎・賓德（Melissa Binde）贊助一個我非常關注的專案。我在簡報中講了各種細節，試圖讓她也能理解這個專案的重要性，然而卻毫無效果。幸運的是，梅麗莎為我指點迷津：「你講故事的方式不會引起我的興趣，也無法吸引任何人的關注。再試一次，這次從不同的角度來講故事。」她要我用不同的視角來講述這個故事，並告訴我哪一個視角最能引起人們共鳴。通常你很難有像這樣獲得珍貴指導的機會，因此在與贊助者交流之前，請先仔細構思、好好準備你的講稿。

Staff 工程師可以成為專案贊助人嗎？在我的經驗裡，答案是不行，你無法直接成為贊助者。讚主者必須有權力決定一個組織要將時間和人力投入在什麼地方，而這樣的決定通常是由該組織的總監或 VP 來做。

當你爭取到了贊助，要經常和這個對象保持進度聯繫，確認你仍然被贊助。Reddit 的首席工程師 Sean Rees 說，一位 Staff 工程師可能犯的最大錯誤之一就是沒有好好維護高層贊助。「我認為這個錯誤非常危險，因為起初你可能可以得到贊助，但隨著現實情況發生變化，這種贊助會減弱……然後你又不得不再次涉險，在危險水域中航行，重新取得方向一致。」

選擇你的核心小組

有些人在旅程中專心致志，不受任何支線任務干擾，但大多數人需要被賦予一些責任感。與其他人一起工作可以提供這種責任感。當某人開始分心或感到氣餒時，其他人可以保持動力，並且當他們知道你會經常了解工作進度，這有助於提升他們的工作動力。以團隊形式工作，還有助於累積你的人脈、社會資本和信譽，進而延伸你的組織網路。你需要努力保持每個人的一致性，因為最終你需要與整個組織保持一致，讓你的核心小組取得共識，可以幫助你儘早發現潛在分歧。

假如你想要建立一份文件，你可以招募一個小的核心小組，並且吸引更廣泛的盟友和支持者。當然，如果你加入了別人的旅程，你就會成為他們核心小組的一員。（為了簡單起見，本章的其餘部分假設你是領導這項工作的人。）

在尋找核心小組的成員時，你希望誰加入你的小組？展開你的地形圖。你需要注意有哪些人站在你這邊，以及有哪些人可能持反對意見。如果有人持反對意見，你可以採取兩種策略：一種是確保你有足夠的支持來反駁他們的反對意見，另一種是從一開始就把他們拉進小組。如果你瞭解他們為什麼反對這項工作，以及他們希望看到什麼，那麼招攬他們會更容易。

雖然可能有很多同事關心你的寫作，並希望提供幫助，你需要確保小組的成員有足夠的時間和精力參與工作，並保持小組的可管理性和有效性：兩到四個人（包括你在內）是理想的小組規模。你可以設定一項時間承諾：如果每個參加核心小組的人都需要每週為這項工作投入 8 或 12 個小時，基本上你可以在不排斥任何人的情況下維持小的規模。（這也是讓人「別湊熱鬧」的好方法。）在核心小組之外，你可以提供更輕鬆的參與方式：你將採訪他們，試圖在你的工作中廣納他們的觀點，並邀請他們審查初稿。

當你的核心小組就緒，準備好讓他們開始工作！從一開始就要搞清楚這點：你認為自己是這個專案的領導者和最終決定者，或者只是其中一員

（*https://oreil.ly/BKNe3*）。如果你打算在未來行使決策權或者強調自己的領袖角色，那麼你可以在任何啟動文件中新增一個「角色」小節。無論你是不是領導者，都要讓團隊成員提出自己的想法，推動專案進展，討論並解決問題。提供機會去領導，並且在他們表現積極時給予支持。不要變成阻礙他們工作的原因，因為他們的動力可以幫助你更快速前進。

至於更廣泛的盟友群體，要想辦法讓他們持續參與：你可以邀請他們參加訪談，善用他們提供的資訊。向他們分享有關文件編寫的最新進度。邀請他們對文件初稿給予建議。如果你有一群有影響力的人支持你所做的事情，這條道路會變得更易於行走，他們帶來的知識也會對整個組織產生更好的影響。

設定範圍

在考慮要解決的具體問題時，首先要注意它們在整個組織中的分佈情況。你想影響的是整個工程部門、一個團隊還是一套系統？你的計畫所涵蓋的範圍可能與你作為一名 Staff 工程師的角色範圍一致，但也可能遠遠超出這個範圍。[7]

請爭取涵蓋足夠確實解決問題的範圍，同時留意自己的技能水準和影響範圍。例如，如果你想對網路做出重大改變，最好在核心小組中招攬一位來自網路組的人，並與網路組建立足夠的可靠信譽。否則，你可能會遇到衝突和失敗。如果你試圖為公司中遠在你影響範圍之外的領域制定計畫，請確保你有一位對這些領域有影響力的贊助者，最好還有其他對組織這些部分有清晰認識的核心小組成員。

在行動時，要著眼於實際可能發生的事情。如果你的未來願景涉及到一些你無法完全控制的事情，例如更換 CEO 或客戶購買模式的調整，其實你會陷入一種不切實際的魔幻思考。將固定限制因素銘記在心，以

7 如果你直接開始讀這個關於策略的章節，跳過了書中前面的「你的工作到底是什麼？」的介紹，你的範圍就是你覺得自己應該負責的領域、團隊或多團隊。儘管並非總是如此，這個範圍通常與你主管所負責的領域相同。

「與限制共處」的方式來開展工作，而不是忽視它們或一廂情願地希望它們能有所不同。

也就是說，即使你只是為公司的一部分制定一個願景或策略，你也需要明白更高層次的計畫可能會對你的計畫產生影響，甚至打亂你的計畫。即使你所寫的範圍僅限於工程領域，業務方向的變化也可能讓你所做的決定作廢失效。因此，你需要準備好每隔一段時間重新檢視你的願景，確保它仍然符合組織現在的情況與需求。在推進願景或策略時，你可能會發現你的範圍已經發生了變化，也不需要大驚小怪，只要你清楚地意識到這一點即可。

此外，你需要先釐清你打算建立哪一類文件。我建議先讓每個核心小組成員清楚知道，他們希望在工作結束時應該有哪些文件、簡報、口號或標語。然後選擇一個適合的文件類型和格式，更重要的是，你選擇的東西要讓你的贊助者能夠理解或產生意義。如果他們熱衷於某種特定的方法，那麼在做其他事情之前，可以思考這種方式是否適合。你不妨從善如流，別讓你的生活變得更加艱難。

切實可行的目標

在思考未來的專案時，你是否面臨著一些看似不可克服的大問題？或者有些決策需要做出，你卻不知道該如何下手，又或者面臨巨大的技術難題？不要因為一兩個你不知道如何解決的問題而放棄，而是想想這些問題是否可以被解決。

在這個時候，你可以採取一個實際的步驟，那就是去尋找那些曾經做過類似事情的人，向他們請教。你可以問類似這個問題：「我正在構想願景／策略，我目前發現了三個問題，我還不知道如何解決。我願意嘗試解決，但如果這些是無法被解決的問題，我不想浪費時間。你能給我一個直覺判斷，看看我是否會遇到瓶頸嗎？」或是：「目前為止一切看起來還不錯，我只遇到了一個問題，但我的老闆認為這是浪費時間，希望我專心投入於其他事情。請問我該繼續嗎？」[8]

或許你認為這個問題很重要，可以被解決，但目前**不應該由你來解決**。這時，你可以尋求教練或導師的協助，或者認清這個事實：對於位在職涯這個階段的你來說，這個問題實在太龐大了。如果你是一名 Staff 工程師，對於 Principal 工程師等級的問題感到望而卻步，並不意味著你表現得很差 —— 實際上，你在風險評估分析這件事上做得很不錯。

在分析結束后，如果你認為這個問題無法被解決，或者至少無法由你來解決，這時你有五種選擇：

- 自欺欺人，強迫自己去做，這樣可能會帶來更多的困難和失敗。
- 招募一個擁有你所缺乏技能的人，與他們合作或讓他們領導專案（同時你可以從中學習。）
- 縮小問題範圍，加入限制條件，重新開始，解決不同形式的問題。
- 接受事實：有時候沒有願景或策略，組織也能夠取得好成果，考慮去做一些其他的事情。
- 接受事實：有時候沒有相應的願景或策略，組織就是束手無策，這時可以考慮更新自己的簡歷，尋找其他的機會。

正式宣佈

在我們繼續之前，先回顧一下我們一路走來所提出的問題。以下是一個檢查清單，在開始撰寫技術願景或測略之前，你必須仔細確認：

- ☐ 我們需要這個。
- ☐ 我知道這個解決方案可能很無聊或顯而易見。

8 這個問題的答案通常是否定的。

☐ 沒有任何現有的努力（或是我已經加入的群體）正在解決這個問題。

☐ 獲得組織支持。

☐ 我們已經達成共識，並同意我們正在創造的東西。

☐ 我確信這個問題是可以解決的（由我來解決）。

☐ 在上述任何一項上，我都沒有對自己撒謊。

好好思考最後一個問題。如果你不能將這些所有的方框打上勾勾，我的建議是千萬不要埋頭繼續。因為如果你把時間花在願景或策略上，而不是花在其他需要 Staff 工程師的工作上，那麼機會成本將會非常高昂。

如果你堅信自己已經準備好了，那麼最後一個問題就是：你是否準備好致力於這項工作並開始「大聲」工作？這可能是一個很好的時機，將打造願景或策略正式設定為一個專案，專案架構會包括啟動文件、里程碑、時間表和預期進度回報。這些架構對於防止分心和拖延非常重要。

你的透明度將取決於你對於組織的瞭解，這時可以回想你在上一章做的地形圖。如果你能對這項工作持開放態度，人們就會更容易給你帶來情報與資訊，並願意向你尋求幫助。如果你覺得你需要偷偷地打造一個願景或策略，請探索一下為什麼你想這麼做。這是否意味著你沒有得到足夠的支持？你是否對自己的信心和承諾沒有把握？如果你需要先做一些工作來說服自己堅持下去，我不會評判這麼做是對是錯，但建議你要盡快正式宣佈這個專案。如果你讓每個人對事情有所預期，那麼你就不太可能遇到半路殺出的程咬金，或者至少你能儘早發現它們。

寫作

準備工作已經完成，專案已經公之於眾，你成功找到贊助者，召集好一個核心小組，而且你已經選定了一個文件格式。你正在做的工作已經有了框架和範圍。是時候開始真正寫作了。

寫作循環

在本節中，我將介紹一些技巧，幫助你建立願景、策略或其他涉及大方向概念的文件。我們將探討寫作、訪談、思考和決策，以及在創作過程中保持一致的問題。這些技巧不一定會按照我所列出的順序出現。事實上，你可能會多次且重複使用這些技巧（見圖 3-2），甚至可能在你的觀點發生變化時，偶爾也得重新回顧「方法」部分的步驟。

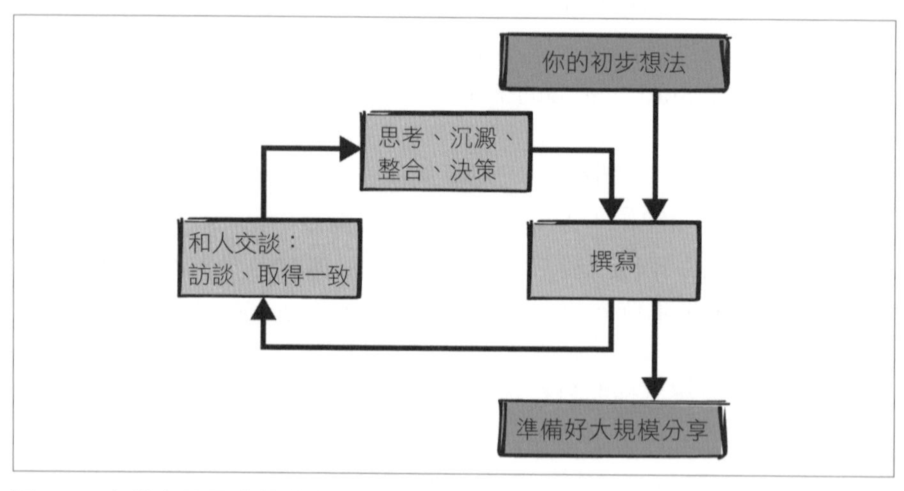

圖 3-2 在撰寫願景或策略上進行迭代

資訊瞬息萬變，永遠層出不窮，因此你要特別留意從什麼時候開始，這個循環中能夠獲得的回饋越來越少。願景或策略很容易被擱置一旁，特別是當它不是你的主要專案時，因此，你需要為這項工作設定時間框架，為自己設下一些最後期限。如果你設定了里程碑，可以用它們來提醒你停止迭代和總結。不要害怕停下來，即便這個作品不「完美」：你可以而且也**應該**定期回顧這份文件，看看內容出現了什麼變化。如果你錯過了某些東西，以後也還有機會補充。

初步想法

以下是你在最初考慮制定願景或策略時可能會提出的一些問題。這些問題只是一個起點，因為你還需要將許多利益相關者和觀點列入考量。這可以當作一項思考訓練，幫助你在與他人交談之前整理好你的想法。

已經有哪些文件？ 如果有一些更大範圍的願景或策略可以涵蓋你的願景或策略內容，例如公司目標、價值，或是已發佈的產品方向，你應該「繼承」他們列出的所有限制因素。這就是你的定位圖能夠派上用場的地方。如果你正在撰寫一個大範圍的技術願景，你應該知道你的組織希望在未來幾年實現什麼。你所想像的未來應包括對現有計畫的成功圖景，以及為此所必須進行的技術變革。

同時，也要留意那些較小範圍的文件，例如團隊級或組織級的文件。有時一個更廣泛範圍的願景或策略不可免地會導致一個更窄的願景或戰略必須改變，你需要預想變化將會引起某種形式的破壞，並在考慮權衡時做出適當對策。

什麼需要改變？ 現在有哪些挑戰？如果你的團隊抱怨因為依賴其他團隊而導致進度不如預期，這時你可能需要強調自主性。如果新功能的推出速度緩慢，你可能需要加快迭代速度。如果產品出現頻繁故障，你需要關注可靠性。

了解公司的情況後，你的團隊應該在哪些方面進行投入時間心力？Mark Richards 和 Neal Ford 談到了軟體的「架構特性」，如可擴展性、可延伸性和可用性等等。[9]

想得更遠一點。如果你在一個需要一整天才能構建和部署的程式庫中工作，那麼你可能會希望漸進式進行改進。「現在我們只需要半天的時間！」但是，你永遠可以追求更好，你可以更進一步。如果你設定了一個「在 20 分鐘內完成部署」的目標，推動這個目標的團隊就會有動力去產生更大、更勇敢的想法。也許他們會考慮替換 CI/CD 系統，或者放棄一個永遠無法與這個目標相容的測試框架。請試著激發人們的創造力。（但是，正如本章後面我會提到，千萬不要設定那些對你的組織完全不可行的目標）。

9 他們在《軟體架構原理—工程方法》的第 4 章中列出了鉅細彌遺的清單。

現在有什麼優點？ 如果你的產品效能敏捷、穩健可靠，而且擁有簡單乾淨的 UI，那麼你應該確保你未來的發展方向要保留這些優秀特質。或許你會有意識地為了得到其他更重要的特質而放棄某些優點，但不要在不知不覺中顧此失彼。

什麼是重要的？ 你可能已經注意到了 —— 這個問題在每個章節中都出現（而且未來也會再出現）。你的願景或策略將影響到許多高層人員的工作。不要浪費他們的時間，也不要浪費你自己的時間在那些不重要的事情上。例如，如果你要讓團隊從一個系統遷移至另一個系統，而執行這件事的成本非常高昂，那麼前方最好有一個寶藏等待著你。當你所需付出的努力越大，這份寶藏就必須越有價值。

未來的你會希望現在的你做些什麼？ 最後一個問題了！我很喜歡「與未來的我進行對話」這種思考技巧，和兩三年後（理想上變得更有智慧）的我聊一聊。我會問問未來的世界變成什麼樣子、我們做了什麼，以及我們希望當時能夠做些什麼。哪些問題每一季都在惡化，如果不加以解決就會變成一個真正的大麻煩？如果可以，請幫未來的你一個忙，不要對這些小問題視而不見。我把這種小忙稱為「獻給未來的小禮物」：這是現在的你為未來的自己準備的一份小小但充滿誠意的禮物。

實際撰寫

在思考完這些問題後，你可能逐漸對於核心主題產生概念，並對最緊迫的問題有了自己的看法。現在是開始擬定第一份草稿的好時機。不過，你要有心理準備，其他人可能會改變你的想法，甚至是大幅度的變化。隨著你與更多人交流請益，決定下一步該做什麼，你會不斷進行編輯和迭代。

以團隊形式寫作並不如想像中容易，以下提供兩種方法：

由組長寫一份討論用的初稿

選項一，讓小組的領導者（假設這個人是你）撰寫一份初稿，以供討論。這個方法很適合為文件提供一致的聲音立場和關注焦點。然而，我必須提醒一下，這份初稿將不可免地受到作者本人所關注面向的影響。如果寫這份初稿的人比其他人更有影響力或資深，則審閱者和編輯者容易受到文件中已經存在的思維偏誤的影響。

在開始寫作之前，你可以透過花時間進行小組討論來降低這種影響。如果你對某些決定沒有強烈的確信，或者甚至更像是武斷做出決定，這時一定要清楚標明：「我擲了骰子，選擇了這個方向。如果我們無法得出一個比這更深思熟慮的決定，我認為這個方向是一個合理的預設選項。但我打賭我們可以做得更好。」請確保任何對這個系統比你更了解的人都可以安全地反對你的觀點。只有當你清楚地表明現狀時，「堅定主張，靈活執行」這種作法才能奏效。

整合多份初稿

另一種選項是，讓核心小組的每個人都撰寫一份初稿，再由某人進行整合。[10] Zapier 的工程總監 Mojtaba Hosseini 告訴我，在以前的公司中，有一個小組採取了這種方法。他說，擁有多個文件是一種好方法，能夠聽取每個人不受既有偏見影響的個人觀點，但有些參與者最終會對自己的文件投入情感，批評其他人的作品，而不是對最終的共同版本作出貢獻。那個小組沒有任命任何人來合併草稿或在兩份文件意見不一致時進行仲裁。Hosseini 建議事先明確指出，這些文件都會成為最終版本的養分來源，每個人都可以對它進行審查與檢視，沒有一個文件會是「贏家」。請讓組員有所預期，最終會有一個人負責統整、撰寫最終版本並調解分歧。

訪談

你的核心小組意見和想法只會反映出小組成員的經驗。你可能不知道自己對於不同於你的團隊所遇到的困難有哪些盲點，因此要放下既有的觀念，與許多人交談。不要只選擇你已經認識和喜歡的同事：他們可能和

---

10 本書的開發編輯 Sarah Grey 說，一不小心，這可能演變成一場編輯噩夢，一想到要匯總這些所有的草稿，她就頭痛欲裂。如果你選擇走上這條路，務必要做好心理準備。

你在組織上相當接近。請去尋找那些領導者、影響者和其他領域中與工作相關的人。

在訪談開始時，你可以問一些廣泛、開放式的問題：

- 「我們正在為 X 打造一項計畫。你認為有哪些重要的事情需要包括在內？」
- 「與……合作是什麼樣子？」
- 「如果你擁有一揮魔杖就能改變事物的能力，你希望哪些事情會有所不同？」

確定了你的工作範圍和框架後，你可以描述你如何思考這個主題、分享一份工作進展文件，或者詢問他們對某個草圖的反應來確定對話的範圍。盡可能努力獲取有用的資訊，並使受訪者感到自己是你工作的一部分。我總是以「還有什麼是我應該問你的問題？我有沒有錯過什麼重要的事情？」來作為每次訪談的收尾問題。

採訪還有另一個好處：它向受訪者表明，你重視他們的想法，並打算把他們的觀點納入你的寫作內容中。你會聽到一些你沒有考慮過的問題，以及對你已經知道的問題的新看法。對於「最大的問題是什麼？」，其他人可能不同意你的看法。請保持開放的心態，認真對待他們的想法。

思考時間

無論你和你的小組使用哪種方式來處理資訊（比如白板、寫作、畫圖、結構化辯論、靜坐和盯著牆面思考），請確保你有足夠的時間來進行這些活動。就我而言，我最擅長的是利用寫作來釐清思路，因此在規劃願景或策略時，我需要先把自己的想法寫下來，然後進行長時間的梳理和編輯，直到這些想法變得更有意義。此外，我也從與同事討論想法中獲得了很多體悟，我會向自己提出問題並試圖找出其中的細微差別。相比之下，我的同事卡爾則喜歡在腦海中沉澱資訊，然後睡上一覺，通常第二天早上他會得到全新的見解。在某些情況下，你可以建立原型

（prototypes）來測試想法。在其他情況下，擬定策略是一種更高層次的抽象思考，你需要把執行策略的影響視為一種思想實驗來考慮。

當你開始進行思考，確定要解決的問題或關注的領域時，你可能會發現自己在思考方式上出現了一些變化。你需要對這些變化保持開放的態度，並幫助它們發生。這種轉變可能會使你找到新的方式來描述問題，構建出更有效的心裡模型和抽象概念，使你能夠想到更大的問題和更有創造性的解決方案。

思考時間也是確認動機的好時機。請觀察你自己是否在用你**已經選擇**的解決方案來描述一個問題 —— 這可能是很多工程師的心理瓶頸。我們通常會去比較哪些問題等待解決，然後發現自己在談論我們「應該」使用的技術或架構。正如 Cindy Sridharan 所說（*https://oreil.ly/DggW1*）：「一個有領袖魅力或有說服力的工程師可以成功將他們熱愛的興趣專案，推銷成對組織有利的專案，而專案的好處可能最多只是表面的。」要特別注意你在向你自己推銷什麼東西！在檢視你提議做的工作時，要反覆問自己：「沒錯，但是**為什麼**要這麼做？」直到你確定你給出的答案與你試圖實現的目標相一致。如果兩者之間的關聯性很微弱，請你誠實以對。讓你的個人興趣專案發光發熱的時機總會到來。但不見得是現在。

做出決定

在願景或策略的每一個階段，你需要做出各種決定。本章討論了許多早期的決定：建立什麼樣的文件、讓誰參與進來、向誰尋求贊助、如何確定你的目標範圍、關注哪些目標或問題、採訪對象是誰，以及如何確定工作框架。當你完成你的願景或策略時，你還需要權衡取捨，決定解決某個問題的方式或做法，並決定哪一群人無法如其所願。

取捨

做決定之所以不容易，是因為所有的選項都有各自的優缺點。無論你選擇什麼，都會有弊端。提前權衡你的優先事項，有助於決定你願意接受哪些缺點。優點也是如此：每一個解決方案都可能有好處！

我目前見過最好的取捨對策之一是，去比較你想要的結果的兩個正向屬性。我聽說這種方式被稱為「A 更勝於 B」。當你說「我們將優化可用性，更勝於效能。」或「我們將選擇長期支援，更勝於快速搶佔市場。」時，其實你想表達的意思是：「雖然 B 也有價值，但我們更重視 A。」（引用自《敏捷宣言》（*https://agilemanifesto.org*）這種論述框架會使得權衡取捨變得更清晰。

建立共識

有時，檯面上的任何選項都不能讓所有人都滿意。當然要盡可能取得一致，但不要為了達成完全共識而耽誤進度：你可能得等上一輩子，這意味著你又變相選擇了「保持現狀」。你可以參考網際網路工程任務組（IETF）所採取的策略，這個組織的決策原則（*https://oreil.ly/x3Bds*）以拒絕「國王、總統和投票」，而是支持他們提倡的「粗略共識」而聞名，認為「沒有分歧比意見一致更重要」。換句話說，你必須考量整體成員的看法，但不要拘泥於使每個人完全同意。與其問「每個人都能接受 A 選項嗎？」，不如這麼問：「有人不同意 A 選項嗎？」

當 IETF 工作小組做出決定時，他們希望小組中的大多數人都同意，並且主要的反對意見已經得到解決和辯證，即便不是所有人都滿意。可能不會有一個讓所有人都滿意的結果，但他們對此沒有怨言。在 Stephen Ludin 和 Javier Garza 著的《*Learning HTTP/2*》中，Mark Nottingham 在推薦序中提到了他在 IETF 小組中的經歷：「在某些情況下，大家一致認為向前推進比一個人的論點更重要，所以我們透過擲硬幣來做決定。」

如果粗略的共識仍無法達成決策，且不想要採取扔硬幣的方式，那就需要有人做出決策。因此，最好是在開始時就有人明確擔任領導者或仲裁者的角色，以解決如果粗略共識仍無法達成決策，而你又不想採取扔硬幣的方式，那麼就需要有人來做出決策。這就是為什麼最好是在開始時就有人明確擔任領導者或仲裁者的角色。如果沒有人擔任這個角色，你可以請求你的贊助者進行裁決，但這個做法應該被視為最終手段。你的贊助者很可能離決策很遠，他們不知道所有的事件脈絡，你會讓他們花上很多時間才能搞懂狀況，而且他們最終可能會選擇一條大家都不滿意的道路。

不決定也是一種決定（而且通常不是個好決定）

當你在 A 選項和 B 選項之間進行選擇時，其實還有一個第三選項，也就是 C 選項：**不作決定**。人們經常不經意選擇了 C，因為這可以讓他們保持沉默，不會讓任何人傷心。然而，這是**最糟糕**的選擇。決定限制了無窮的可能性，才使得人們得以取得進展。不做決定本身就是一個維持現狀的決定，也是維持現狀的不確定性。雖然無限期保留各種選項，可能會讓人覺得這為你帶來了靈活性，但長遠來看，這麼做非常不可取，因為你的解決方案空間仍舊龐大，而其他決策必須在這種不確定性中搖擺。

有時候你會意識到自己需要更多的資訊才能做出足夠明智的決定。你希望得到哪些額外情報？如何獲取這些資訊？如果你選擇等待，**你在等待什麼**？請記住，通常你不需要做出**最好的**決定，你只需要做出**足夠好**的決定。如果你被卡住了，不如在一個合理的時間框架內進行充分的研究和評估。舉例來說，與其把目標設定成「我們要選擇地球上最好的儲存系統」，不如改成「讓我們在接下來兩週內研究儲存系統，在兩週之後做出決定」。

有時候，推遲決策有充分理由。優秀的決策網站 The Decider（*https://thedecider.app*）列出了一些理由：當你需要投入時間和精力來做決定時，而該決策卻不見得為你帶來任何好處；當做錯了會帶來嚴重的懲罰，而做對了又沒有什麼回報；或者當你懷疑情況可能會自行解決的時候，都是推遲決策的合理理由。但關鍵是，你**決定**不做決定。你把「不做決定（維持現狀）」加到你的選項清單中，並刻意選擇了它。不要在面對問題或困難時被動放棄，而是要繼續尋找解決方案或努力達成目標。

當你不能確信你的決定是一個好決定時，想一想哪些事情可能出錯。你可以將糾正或減輕任何負面結果的方法列入考量嗎？這樣的思考練習可以幫助你在事情出錯時不會覺得一切完蛋了。

展示你的工作

不論你做出什麼決定，都必須把它記錄下來，包括你所考慮的權衡因素和最後如何做出決定的過程。不要逃避寫下缺點，你甚至必須清楚說明這些缺點，並解釋你為什麼視這條道路為正確選項。在某些情況下，你無法滿足所有人的期待，但至少可以表明你已經理解並考慮了所有論點。向同事提供這些資訊不僅是一種尊重，還減少了新人加入專案後認為你沒有注意到他們看到的缺點而不得不重新討論這個決定的風險。

不幸的是，在打造策略或願景時，你不可能不讓某些人感到不高興。如果每個人都能如願以償，那麼你就不太可能做出任何真正有用的決定。但是，你需要保持同理心，盡可能解決每個人的問題，但在必要時刻做出果斷決定，並說明你為什麼做出這個選擇。

達成並保持共識

了解你的最終受眾是誰，這是任何科技專案獲得成功的重要前提。你需要確定你是在說服一部分開發者同事、整個公司，還是在吸引公司以外的人。想一想如何能讓每個群體與你一起走過這段旅程，達成共同目標。

讓你的贊助者隨時瞭解你的計畫和進展非常重要。但是，這不意味著你應該給他們發送一份未經編輯、落落長的 20 頁報告，同時你還在試圖釐清你要表達的觀點。相反，你應該花些時間整理你的想法，為他們提供概要總結，包括你如何處理各種問題的方法和你的選擇。除非他們想實際看看正在進行的工作，請簡要分享你正在撰寫的重點即可，而不是琳瑯滿目的各種細節。特別是，如果你正在寫一份策略，請確保你至少在主要的檢查點上保持一致。例如，在你提出診斷後、選擇指導方針後，以及在你提出一些行動後，再次保持一致。這樣能幫助你的贊助者更加理解你的思考過程和決策，並在需要時給出建議回饋。如果你的贊助者認為你走錯了路，你一定會希望在花費更多時間之前盡快找到答案，確保計畫能夠如期實現。

保持合理

在制定計畫時，要有抱負，但不要設定不可能達成的目標。某些變革的成本過高，並且無法證明其投資回報的合理性，而其他努力可能無法獲得組織的支持。在政治學中，有一個概念稱為「奧弗頓之窗」（*https://oreil.ly/wTFcR*）（見圖 3-3），這個概念描述了在公共討論中可以容忍的想法範圍，而不至於顯得過份極端、愚蠢或冒險。如果你的想法對你需要說服的人來說太過未來主義，那麼你的同事可能會否定你的計畫，這會損害你的可信度（第 4 章會有更多說明）。因此，你需要了解你的組織能夠接受什麼樣的想法，不要去打一場注定失敗的仗。

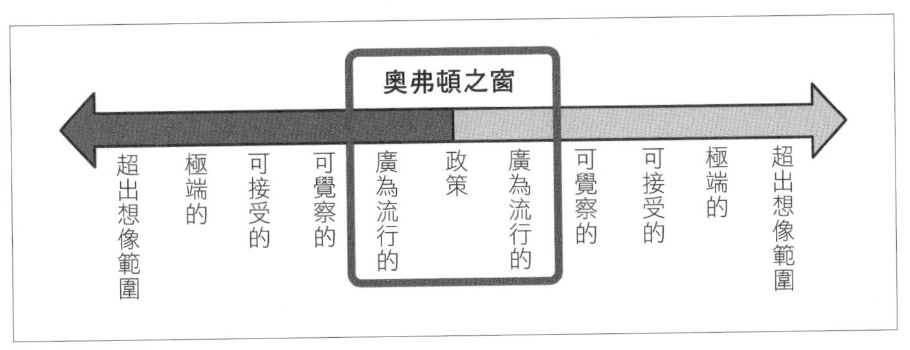

圖 3-3　「奧弗頓之窗」是指在特定時間內，哪些想法在政治上是可接受的（圖片來源：Toronto Guardian，*https://oreil.ly/dANiZ*）

根回し（Nemawashi）

如果你在進行過程中能夠與利益相關者保持一致，那麼你便不需要分享一個完成的文件給那些第一次瞭解它的人。我曾與 Asana 的支柱技術負責人查克・米爾曼（Zach Millman）談及如何建立戰略，他告訴我他使用了豐田生產系統（*https://oreil.ly/cu6py*）的「根回し」理念（Nemawashi，指在做出重要決策之前，先進行一系列的討論、協商、磨合等程序，確保決策能夠被組織內的成員所接受和支持，*https://oreil.ly/Namw7*）。這表示你要去分享資訊，並打下信任基礎，以便在眾人做出決定時，已經存在共識意見。[11] 當你需要某人對你的計畫表達支持時，你必須確保在任何決策會議上，他們早已相信這個改變是正確的。因此，在投票前，你必須先讓利益相關者早已了然於心，而不是在會上才初次聽見計畫細節。我以前總是把這稱為「不要要求大家投票，除非你知道自己已經贏得支持」，很開心發現「根回し」能夠精準概括我想表達的意思。

Keavy McMinn 分享了一個類似的故事，她在 Github 工作時建立了一項策略。當她準備與整個公司分享這份文件時，她已經得到了她的老闆以及老闆的老闆的全力支持，而且她已經做了大量的幕後準備工作。決策者們已經知道要為這項工作配備相應人力。而將文件實際發佈出來，為這項工作創造了動力和振奮情緒，並幫助更多的人澄清細節和接受決定。

請記住，調整並不僅僅意味著要說服人們。調整是雙向的。在討論你的願景或策略計畫時，這些計畫可能會發生變化。你可能會意識到許多人對這份文件中的某些方面心存疑慮，而這些方面對你來說其實並不重要，所以你最終將其刪除。你可能會在某些引起衝突的問題上妥協，或者賦予某些對你來說不太重要但卻能引起聽眾共鳴的東西更多重視。甚至你可能會找到一個更好的目標。這些調整都是非常正常的，這也是為什麼撰寫這樣的文件需要投入大量時間。

加強你的故事

對於你來說，一個不是所有人都知道的願景或策略沒有什麼價值。當你不在房間裡影響決策時，如果人們仍可以繼續推進，你會知道所有人都充分理解了前進方向。但想辦到這一點，你需要將資訊傳達給每個人。如果你丟給組織一份冗長的文件要求他們倒背如流，顯然是不可能實現的；反之，你需要幫助他們解決問題。這就是我前面提到的簡短口號可以真正發揮作用的地方。在〈*Making the Case for Cloud Only*（為 *Cloud Only*

11 正如他所寫的（*https://oreil.ly/zJhkc*），在一對一的會議中，你希望聽到「有爭議的意見」，在決策者集體會議之前，根據需要調整你的計畫。

策略提出論證）〉（*https://oreil.ly/jZ9SS*）這篇文章中，Mark Barnes 提出了「Cloud only 2020」的口號，這是一種強而有力的宣導方式，讓金融時報的每個人都能輕鬆記住他們的雲端策略。Sarah Wells 在談到同樣的雲端系統遷移時（*https://oreil.ly/juTzy*）補充說：「這當然是我們技術策略中的一個要素，開發者可以自由引用。」如果你的團隊知道、理解並不斷複誦他們要去的地方的故事，你就更有機會成功抵達。

如果你能讓人們相信你所描繪的目標，那麼你的專案就更有可能獲得成功，並且還能花費較少的社會資本。在撰寫計畫時，要想清楚你要傳達的故事，並確定文字能否引起共鳴。以藏寶圖的比喻來說，假設你已經畫好了藏寶圖，你在海盜酒吧裡展開這張圖，試圖吸引其他人加入你的冒險。這時你要告訴他們什麼？

一個容易理解、可以產生情感聯繫、而且讓人感到舒適的故事。

首先，確保你的故事容易理解。一個簡潔、有邏輯的故事，比一個沒有關聯性的任務清單更能夠引起人們的共鳴。如果人們不能理解你所講述的故事，即使他們被你的熱情所感染，他們也無法全心支持你的計畫。

其次，故事要能產生情感聯繫。讓你興奮不已的寶藏可能對其他人來說毫無意義，因此你必須以他們感興趣的方式來講述故事。如果你的願景是你自己的團隊將會解決最惱人的問題，活得更快樂，還能吃上冰淇淋，這就很有說服力……對你團隊中的人來說。如果實現這一願景還需要其他團隊，那麼你就需要更多具有渲染力的細節。請展示你的工作將如何幫助他們的生活變得更好。

同樣地，別忘了奧弗頓之窗，請確保你的故事讓人感到舒適。一個將人們從 A 地帶到 B 地的動人故事，只有當人們真正位於 A 地時，這個故事才會奏效。如果他們還沒有到達 A 地，你可能需要更努力去說服他們相信這個想法，等到這個想法被大家認為是合理的、可行的時候再推進下一步。

在人們執行計畫的過程中，你的故事也會發揮功能。正如 Mojtaba Hosseini 告訴我：「當工作變得艱難時，每個人都需要知道，困難總會出現，但是我們可以克服。不要只講旅程結束時的金銀財寶。在遇到問題時，你要能夠強調這是故事的一部分，英雄們陷入困境……但他們又馬上掙脫出來了！」

建立最終版本

當你花了幾週或幾個月的時間寫好一份文件，你可能會發現，它不一定會吸引每個人的興趣。千萬別為此感到氣惱！冗長的文件往往會讓人們在打開它之後迅速失去耐心。因此，你需要想一想如何使文件易於閱讀，或者分享重點內容。避免密密麻麻的長篇文字，多使用圖像、要點和大量的留白。如果你能找到一種方法傳達清晰有力的觀點，就能吸引更多的人理解。

「人物誌」是一種很有效的方法，你可以描述一些受你的願景或戰略影響的人，如開發人員、最終使用者或其他利益相關者，讓讀者更好地理解這些人在工作完成之前和之後的體驗差別。另一種方法是描述一個真實的場景，這個場景現在對企業來說是極為艱難、成本昂貴，或者不可能企及，並說明你的願景將如何改變現狀。詳細具體的描述可以讓讀者更容易理解你的觀點。在撰寫文件時，需要避免使用專業術語，除非你的觀眾全是同一領域的工程師。因為有些讀者可能不熟悉這些術語，而這會使他們失去閱讀的耐心。

你還可以考慮準備一些類型不同但能夠補充說明的文件，以便在不同場合使用。例如，如果你要在全體員工會議上發言，你需要一份簡報，而不是詳細的文章或重點摘要。同時，你也需要準備好一份概括大方向概念、簡潔有力的電梯簡報。如果你願意與公司以外的人分享，你還可以寫一篇公開的部落格文章，這也是另一個接觸內部受眾的機會。

發佈

一份願景文件如果只是一個人的想法，顯然截然不同於一個受到公司或組織正式認可、團隊全力以赴的「北極星」願景。很多願景文件在這一點上都會失敗，因為作者不知道如何使其變得真實可行。只有當願景成為公司或組織的正式目標，並且有整個團隊為之努力時，才能真正實現願景。

正式宣佈

你的文件是**你的個人想法**，和你的文件是**組織的集體意志**，這兩者有什麼區別？主要差別在於信念。這要從誰是你的文件所需範圍的最終權威開始。如果你的文件需要涉及到組織的範圍，需要得到最高層的支持和批准，例如你的主管、VP、CTO 或其他高層主管。如果你持續使用「根回し」（nemawashi）的方式做好前期溝通，與那些意見有分量的人保持一致，那麼你的主管或高層可能已經同意了。如果是這樣，可以詢問他們是否願意寄一封電子郵件、將他們的名字加入到文件中為其背書，在說明下一季度的目標時提及這份文件，邀請你在適當規模的全體員工會議上展示計畫，或以其他公開的方式表達支持這個計畫。如果你沒有他們的支持，請尋求你的贊助人協助推銷這個想法。

請讓你的文件看起來真實可信，讓文件出現官方內部網站中。關閉任何未回答的評論，移除所有待辦事項。你可以考慮移除評論功能，但留下一個聯繫方式讓人們提供意見回饋。如果你能讓部門主管或其他高層作為聯繫人，這將比僅僅列出工程師的名字更有分量。

一份被官方認可的文件能夠提供決策所需的工具，但這份文件的真正可信性在於，你能否為其指派實際的工作人員。如果你的文件涉及新的專案或跨組織工作，那麼你需要確定所需的人員數量以及具體人選。此外，如果你需要預算、運算能力或其他資源來實現這些工作，這些需求應該在早期的商定階段就已經被提出。然而，現在你面臨的問題是如何實際獲得這些資源。與你的贊助人討論如何在常規優先事項、人力資源、OKR 或預算的限制之下，將這些工作順利完成。

根據你的組織，你可能親自負責開始執行戰略，或者可以委託他人來完成工作。根據我的經驗如果你能堅持下去，維持推展工作的氣勢，在願景或策略變成實際專案時，使計畫保持清晰，你們就能更加成功。

保持新鮮

成功交付一份願景或策略文件，並不意味著你就可以停止思考。業務方向或更廣泛的技術背景可能發生變化，你需要不斷地適應與調整。你也可能發現你選擇的方向是錯誤的。這些都有可能發生。準備好在一年後（或者更早）重新審視你的文件，如果你意識到它無法發揮作用。如果願景或策略不再能解決你的業務問題，要勇敢對它進行迭代。重新講述一個新的故事，更新它的內容，解釋你獲得了什麼新的資訊，或者發生了什麼變化。

案例研究：SockMatcher

回到 SockMatcher 這個案例，當你讀到本章開頭的情境介紹時，也許你對他們應該採取什麼行動有了一點想法。在某些方面，技術問題很容易解決。但是，要做出一個影響到許多人的改變就不是那麼簡單了。

想像一下，你是一名在 SockMatcher 工作的 Staff 工程師。以下是你的方法、寫作和發佈的故事。

方法

你的前一個專案已經結束，現在你正在尋找下一個有影響力的事情，最好還能有點挑戰性。為公司最有爭議的核心架構制定一個計畫，可以滿足你的需求，同時這也是一個極為重要的問題，能對公司業務產生龐大影響。

然而，你的經理十分謹慎。許多人曾經嘗試過解決這個架構，這可能看起來像是一個無法跨越的沙漠。你向經理提議，你想先花幾週時間來了解以前的嘗試為什麼會失敗。如果你沒能找到一個令人信服的理由，讓人相信你的旅程可以有所不同，那你應該果斷放棄這個計畫。

為什麼之前的嘗試不奏效？

你和兩位 Staff 工程師開啟對話，他們曾經嘗試重新設計單體架構。

第一位工程師，皮耶爾花了三個月為單體架構和周圍的架構，打造了一份詳細的技術設計。但是其他團隊並不看好，他們不同意皮耶爾做出的某些取捨，方向也不符合他們自己的組件計畫，他們也不喜歡被提供解決方案。由於無法激起人們的熱情，皮耶爾判斷這個專案無法推進（至少，以目前的工程師隊伍是無法解決的）。他對此仍然很不滿。

另一位工程師潔妮娃，在嘗試重新架構之前，她先著手建立一個聯盟。她成立了一個工作小組，吸引了大量有志之士。各個參與者最初都渴望一起工作，但工作組在辯論中陷入困境，無法在路徑上達成一致。每次會議時間動輒數小時，人們不再踴躍參加，包括潔妮娃本人。

和這些及其他對「解決」龐大單體架構問題有個人見解的工程師交談時，你會注意到兩種行為模式。首先，大多數人心中都有一個具體的解決方案：「問題癥結在於我們沒有微服務」又或者「將資料儲存區分片化是我們需要的作法」。每個人都希望自己的解決方案能夠「獲勝」，所以不可能達成共識。第二種模式是，每個人都只關注技術問題。技術上合理的想法層出不窮，卻沒有一個具體計畫讓組織為某個前進方向點頭。

你認為，如果你把組織協調作為問題關鍵來處理，你會更成功。你決心獲得一個高層贊助者，並確保你提出的任何方向不僅是好的技術解決方案，而且*在這個組織內*是切實可行的。你重視務實、絕不自傲，致力幫助現有的想法取得成功，而不是試圖讓你自己的方向佔上風。

贊助者

在上一個專案之後，你已經有了一些社會資本和信譽（見第 4 章），但你知道這還不足以說服所有關心單體架構如何發展的眾多團隊。你也很清楚知道，你不得不做出一些決定，而這些決定**不可能讓所有人都滿意**。如果你需要完全一致的共識，你也絕無成功希望。另外，你制定的任何計畫都有可能產生工程專案。如果你沒辦法為工作配備充足人員，你寧願在浪費時間之前儘早發現這一點。因此，你需要一個高層贊助者。

你試著找喬迪，她是某個單體架構營運團隊的主管：如果架構變得更容易維護，這對她來說是有利的。但她曾經看過她的人被拉進了之前兩次改變架構的失敗嘗試中，這次她想保護他們的寶貴時間。他們有自己的專案，她不希望他們被另一個新的倡議所分心。雖然她贊成重新架構，但這種贊同更偏向於「明年吧」、「我們也希望」、「應該可以」的贊成。她沒有興趣讓任何人投入到這項工作中。

下一位人選是傑西，他是負責食物保鮮盒專案的主管。隨著這個備受矚目的專案正式上線，傑西可能更容易爭取到充足人力，而且，如果你能使他的成功指標與你的指標一致，他應該願意支持這項工作。當你和傑西交談時，你描述了一個產品團隊可以自主工作的未來，產品工程師會更開心，新功能可以快速交付。傑西並不完全確信。那是一個美好的未來，但食品保鮮盒必須在今年推出；他們等不了大規模的重新架構。於是你同意：任何解決方案都必須讓食品保鮮盒團隊的人順暢發布。終於，你與傑西達成共識，他同意成為你的贊助者，支持你的工作。

其他工程師

你開始尋找共同作者，這些同事能夠為你的工作帶來不同觀點和知識。你深知在組織中建立盟友的重要性，這樣即使遇到持懷疑態度或反對意見的人，他們也能夠參與進來。

你先找上皮耶爾，他是之前提出詳細解決方案的 Staff 工程師。他還在為自己全心全意地提出一個徹底的解決方案，卻遭遇到完全的冷淡回應而感到不是滋味。他說了一些關於公司領導層的敗筆（而且語氣刻薄），並明確表示他認為你的工作是在浪費時間。為了得到他的支持，你詢問他，是否可以參考他以前的計畫，並承諾如果這次專案計畫中使用了任何來自他的任何內容，都會明確將功勞歸給他。他同意了你的要求並表示願意接受訪談，並在以後審查你的計畫。

接下來，你邀請了潔妮娃加入你的小組，這讓你有了更多希望。潔妮娃參與進來並告訴你，她以前的工作小組「仍然」存在：三個 Senior 工程師每週都會碰面聊一聊架構問題。他們對單體架構的問題進行了大量思考，你知道他們能夠看到一些對你來說並不明顯的細微差別。你邀請他們組成團隊，要求他們每週投入兩天，至少持續兩個月。一位工程師弗蘭同意了；另外兩位想提供建議，但不能承諾這麼多時間。你同意每隔幾週在工作小組會議上分享最新進展。

你向其他一些潛在的盟友瞭解情況：

- 食物保鮮盒專案的團隊負責人傾向低估問題的複雜性，認為問題比實際情況更容易解決，尤其是關於分配給單體維護團隊的工作。她問道：「為什麼他們不在單體架構中建造一個獨立的模組呢？」但如果有一個好的計畫，她就會支持。
- 資料庫負責人很擔心你的專案會給他的團隊帶來意外的工作。（他的擔心不無道理，以前曾經發生過。）你答應讓他瞭解情況，讓他儘早審查計畫。
- 編寫原始襪子配對程式的 Staff 工程師非常關鍵，而且很有影響力。如果能夠成功說服她，其他人很可能也會響應。她有一些自己的想法，並且希望成為早期的審查者。

範圍

你的核心小組 —— 你、潔妮娃和弗蘭 —— 正在討論你們的計畫以及可能的成功方法。弗蘭想為你們所有的架構發展創造一個技術願景，但對於你的情況來說這並不是正確的選擇：你沒有這樣的影響力範圍，你的贊助者也沒有。此外，範圍如此龐大的專案不可能在食物保鮮盒專案發布之前及時完成。

那麼如果把範圍縮小成規劃核心單體架構的願景呢？這有助於明確你們的目標，但在如何實現這些目標上，團隊仍有分歧。你決定，你需要一個全面的單體架構計畫以及如何實現這個目標的策略，其中明確提及了食物保鮮盒專案。你的目標是大方向描述一年的工作。你承諾偶爾會做出一些較低層次的技術決策，但只有在這些決策沒有負責人的情況下才會這樣做：大部分的實施細節會留給即將執行這些工作的團隊。你的策略必須是正式發布：它不能停留在計畫階段，它必須成為組織選定的計畫，否則你不會認為這個專案是成功的。

一旦你們達成共識，你寫下了你要做的事情：「打造一個為期一年的大方向技術策略，在發展核心單體架構的同時，實現食物保鮮盒專案的發布。」聽起來有點模糊，但這是個好的開始！

你的團隊更加細緻地討論了專案範圍和問題，蒐集了過去相關工作和工作小組筆記等文件連結，讓你們自己（和你們的共用詞彙）保持一致。雖然你們的文件還比較粗糙，不適合與核心小組以外的人分享，但它將你們的想法整理到一個地方，讓你們可以在需要時隨時添加新的想法。

在準備好一份關於目標的電梯簡報後，你找了你的贊助者傑西聊一聊。他認可你正在打造的文件的範圍和類型。他的建議是為你的計畫增加一個組織性的 OKR，將你的名字作為直接負責人（DRI）。聽起來有點令人卻步，但它肯定會帶來你所希望的官方背書。他會確保喬迪和其他總監對文件感到滿意，並讓這個 OKR 成功加入計畫目標。

你為這項工作開了一個討論頻道，在其他可能有興趣者的頻道上宣佈，並分享關於你的範圍，以及參考了那些現有技術。你強調你想和那些有想法或建議的人交談，並且歡迎那些每週至少有兩天時間能夠花在這上面的潛在合作夥伴。有意見的人很多，有時間的人寥寥無幾。你開始列出要與之交談的人，準備撰寫這份策略。

寫作

在埋頭構思解決方案之前，你要**真正釐清**你要解決什麼問題。你最初的範圍是「打造一個為期一年的大方向技術策略，在發展核心單體架構的同時，實現食物保鮮盒專案的發布。」這段話需要更加明確，但你也不想直接跳到解決方案的種種細節中。你需要對情況進行診斷，準確描述發生了什麼。

問題診斷

眼前有很多事實，需要你列入考量：

- 你有一個直接的產品需求，為食物保鮮盒提供支援，而且有跡象表明，產品線將在未來擴展更多。
- 單體架構的營運團隊被呼叫太多次了，這不是一個好現象，需要改變。
- 配對演算算法有點慢，應該能有更高的命中率。
- 系統目前不能處理流量高峰。
- 使用者對產品可用性很不滿意。
- 登入系統很舊，有很多的技術債。
- 部署新的程式碼既緩慢又令人沮喪。
- 外部用戶依賴 API，而你很希望對 API 進行修改。
- 增加新的產品配對功能，需要對幾個核心組件進行重大邏輯改變。
- 許多開發人員就是不喜歡在單體架構上工作。

而這份清單還不是全部！於是你開始評估，選擇最重要的事實，講述一個更簡單的故事。你的小組花了一些時間來討論什麼是重要的，什麼是不奏效的，以及現在有什麼優點。你們想像了一下未來的自己，看著同樣的程式庫，這時你們有了兩倍的工程師和另外五個產品。如果這些產品也是以邊緣案例實現，那麼搞懂每個功能的業務邏輯就會變得很可怕，在這種情況下改變任何東西都會很複雜和麻煩。構建會更慢，部署會更頻繁失敗。更多的名人或網紅用戶將意味著更多服務故障。如果你不採取行動，這就是未來。你最好現在就採取行動！

雖然你在腦力激盪會議後有很多想法，但你還不想全心投入於這些選項。相反地，你去和產品團隊的一些成員，以及工程領導者和從業人員聊天，試著去瞭解什麼對他們來說是重要的。你學到了一些新的情報：

- 雖然你猜測名人代言的流量激增可能是導致可用性下降的原因，但由過載引起的故障實際上並不常見的，而且很短暫：每月停機時間只有短短幾分鐘。你當然應該在這方面有所改進，但這些故障並不是造成可用性差的最重要原因。[12] 事實證明，真正的損害是由不起眼的程式碼錯誤，以及需要耗上三個小時來部署修復造成的。以前為了提高可靠性所做的努力主要是在發佈路徑上增加更多的測試，但這實際上減緩了部署時間並延長了故障時間。
- 許多工程團隊抱怨在單體架構上工作，但他們實際上討厭的是發佈程式碼。有很大比例的變更會發生意外行為。你很難確定你的變更有沒有破壞別人的程式碼，而修復需要花上半天時間。團隊疲於應對故障，人人都感到緊張敏感。
- 收費機制和個人化的子系統是迄今為止程式庫中最有爭議的部分。大多數主要的功能變化都伴隨著這些功能中的一個或兩個的相應變化，而且它們的邏輯非常複雜，即使是簡單的變更，也很容易產生意想不到的副作用。

你也學到了很多東西：與你交談的每個人都想告訴你不同的話題。但是，訪談建立了一個模式，讓你看到發生了什麼。你選擇最重要的幾個事實，講述一個更簡單的故事。

12 如果放棄一些這樣的名人流量，會被認為是壞的公關或者是錯過大好機會，你可能無論如何都會優先考慮它。畢竟工作情境才是一切。

以下是你的診斷：

> 每次引入新功能都需要進行複雜的邏輯修改，這些修改牽涉到一組共用組件。改變這些組件是緩慢而困難的，而出乎意料的程式碼行為則常常干擾彼此的工作，並造成長時間的停擺。每一次新的配對專案都會增加這些共用組件之間的耦合度，使問題變得更加複雜。我們的系統需要有能力處理更多的配對組件和更多的團隊加入這些組件，而不會影響開發進度。

選擇你的關注重點可能是打造策略這項工作中最令人感到痛苦的部分。在這種情況下，缺乏版本控制的 API 仍然是一個問題，令人不快的登入程式碼最終會成為一個問題，而改進配對功能是一個真正的機會，但你現在不打算去嘗試。這些問題和機會都是真實存在的，你做了一個艱難的決定，你暫時不考慮它們。

有了這份診斷結果後，你又去找贊助者傑西聊一聊，確保他同意你關注的是正確的領域。你也給他看了你沒有關注的挑戰清單，表示你確實有發現這些問題，但不認為它們應該放在第一位。傑西對此表示同意。

指導方針

現在你對正在發生的事情有了清楚的認識，你可以決定如何處理它。

目前檯面上有一份指導方針，你的一些同事正在推動徹底打破單體。他們認為後置架構可以使增加新產品變得更容易，減少意外故障的數量，並在發生故障時縮短程式碼修復的時間。但是，這也意味著團隊需要對共用組件進行有風險的修改，所有團隊都需要運行他們自己的服務，這對於一些人來說可能是第一次，而且這樣的改變需要至少三年的時間，期間產品交付問題無法得到解決。因此，雖然「讓我們改用微服務」也許會是另一家公司的完美解決方案，但它無法應對組織目前的情況。

相反，你可以考慮專注於那些可以產生巨大影響的少量工作。有兩個關鍵的共用組件，它們的整合會減緩團隊的工作速度：收費機制和個人化。如果他們能被更容易添加程式碼，而不是每個產品都有著寫死的邏輯，其他團隊就可以安全地加入新種類的可配對品項。如此一來，故障發生次數會減少，團隊可以把更多時間花在功能開發工作上，進一步改善系統。這是一個良性循環，使整個系統更加穩健和高效。

以下是你的指導方針：

> 收費機制和個人化系統的整合性應該容易和安全。

你也備註說明了一些**你沒有選擇的**指導方針。你描述了你考慮微服務的原因，以及這條道路會帶來的優勢，但解釋了為什麼它們不能解決你的問題。

行動

你要列出團隊需要採取的行動，以此應對挑戰，並且執行你的指導方針。

重要的是，你的行動必須切合實際，所以你與收費機制和個人化團隊以及領導層進行了溝通，確認他們同意你的方向。收費機制團隊已經有一些積壓的工作，旨在提供一系列收費選項，其他團隊可以透過選項配置來選擇。個人化團隊已經考慮了一個擴充式架構的想法，該架構具有穩定的核心功能，並為每種類型的可配對品項提供了獨立的邏輯。需要增加新品項的團隊只需要修改他們自己的擴充組件。這兩種變更都會使共用組件更加模組化，並實現自助式存取，而且團隊會很高興擁有在這些組件上投入時間的正當理由。

但是，這些都是龐大的、有風險的變化。重新調整這些核心組件可能會導致許多故障，所以團隊沒有把這項工作放在優先位置。你建議增加發佈功能標誌（*https://oreil.ly/ErwHv*）後面的變更的能力，如果需要回滾，就用快速切換的方式取代另一次部署。更安全的部署將減少工作成本和風險。

隔離工作不會在一夜之間發生，在此期間，食物保鮮盒團隊將需要與這兩個組件進行整合。個人化和收費機制團隊願意把食品保鮮盒作為一個試點用戶，進行優化幫助他們取得成功，包括在他們現有的系統中編寫第一個整合版本，並在自助服務模式就緒時，將系統遷移到自助服務模式。但這些團隊以其目前的人員配置，無法同時承擔隔離和整合工作。傑西同意捐出部分人力配額給食物保鮮盒專案，補充更多人力，讓這兩個團隊都得到發展。

以下是你的行動：

- 增加一個功能標記系統，允許分階段推出和快速回滾。
- 為收費團隊增加兩名工程師，為個人化團隊增加一名工程師。
- 修改收費機制和個人化子系統，使人簡單、安全地自助式添加新的可配對品項。
- 讓收費機制和個人化團隊將食物保鮮盒納入他們的系統，視為新自助服務的試點對象。

這些行動是高層次的，參與的團隊有自主權來設計解決方案並做出許多決策。這種方法給了他們一個方向和一些具體的下一步。當然，每個與你交談的人都有一長串清單，列出他們認為應該進行的工作，如何才使得單體架構更加健康，他們提出了很多很多建議行動。但是，你的指導方針讓你不至於分心，得以專注維持行動清單的簡潔性。

你提名弗蘭作為主要作者來撰寫計畫，而你和潔妮娃則提出了許多編輯建議。文件內容很誠實地反映了計畫的取捨、你考慮過的替代方案和為何不選擇它們的原因。

在與贊助者達成共識後（他建議修改一些措辭，整體上對計畫很有熱忱），你與幾個盟友分享第一稿來測試計畫。有些人在文件留下了評論，你與一些人進行交流，透過溝通消除他們的疑慮。

每講一次，你的故事都會變得更簡練。你與越來越多的團體分享這份文件，並開始在一些會議上介紹它。

發佈

讓我們實話實說：你的計畫並沒有受到廣大歡迎。你的一些同事感到失望（甚至還有點生氣）：你的文件並不比他們的任何想法更「有遠見」，它其實很無聊！有些人堅持認為這個問題不需要特定擬定策略；你只需要「決定」該做什麼，而這條道路顯而易見。

其他有意見的人們不贊同你選擇的路徑，他們認為這無非是錯誤。有一派人還在爭論要把所有東西都搬到微服務上，而另一派人則更關注處理高峰流量的問題。雖然食物保鮮盒團隊可以把一些功能建立為微服務，但他們仍然會在單體系統中進行大量開發，這讓一些人感到不滿。然而，由於你記錄了已知缺點和你考慮的替代方案，這些反對聲音並不是從未聽說過的新聞，而抱怨也不能改變計畫。

令人高興的是，正面評價的聲音更加響亮。大多數人因為有一個單一的、正式的、一致同意的方向而感到振奮。你從一開始就在旅途中的盟友那裡得到了特別強烈的認同與支持。你的工程範圍內的 OKR 提高了你的知名度，你的贊助者和他的同儕都同意這項工作，並願意為其指派人手。你的計畫將減輕單體系統維護團隊的負擔，而且不需要他們做出巨大的承諾，所以喬迪意外地提供了一些幫助：他們將負責提供功能標誌系統。

在接下來的一年裡，你一直在這個專案上工作，直接負責收費機制模組化專案，並擔任個人化工作的指導顧問。在食物保鮮盒團隊慶祝成功發佈後，產品團隊立即宣佈了一項新的工作：配對遺失的桌遊牌卡。你的工作意味著，桌遊牌卡團隊將能夠使用新的隔離功能，並直接開始他們的開發工作。有了穩定的系統，單體系統維護團隊不再被迫對故障或中斷做出反應，他們開始致力於改善開發者體驗，並使系統變得更加堅韌，從容應對流量高峰。

你的致力付出，幫助組織順利成長，排除了讓人們進展緩慢的障礙。現在，你已經準備好開始下一個專案。

接下來是本書的第二部：專案執行。

本章回顧

- 技術願景形容一種未來的狀態，而技術策略描述一個行動計畫。
- 這樣的文件通常是一份團體產出。雖然打造文件的核心小組通常是小規模的幾個人，但你也會希望從更廣泛的群體中獲得資訊、意見和善意。
- 你需要為如何使文件化為現實而預先擬定計畫。這通常意味著要尋找一位高層主管作為贊助者。
- 在考慮文件類型和工作範圍時一定要深思熟慮。
- 編寫文件將涉及到與其他人交談、完善想法、作出決定、寫作和重新調整等許多反覆迭代的過程。這很需要時間。
- 你的願景或策略，只有在你能清楚講述它的故事時，才算得上好。

PART | II

專案執行

4

時間有限

當我剛進入這個行業時，我曾經想知道為什麼比我資深的同事似乎對答應的事情如此警惕。我可以證明某件事是個問題，但令人費解的是，我的老闆和身邊的 Senior 工程師不會放下一切，義無反顧地去解決這個問題。他們為什麼就是不關心呢？

現在我更資深了，我明白了。身為一位工作經驗更加豐富的軟體工程師，你可以看見一大堆問題：無法擴展的架構、浪費大家時間的流程、失之交臂的種種機會。當有人又指出另一個問題時，現在的你會把它新增到問題清單。

好消息是，你不太可能無事可做。那壞消息呢？你不可能面面俱到。儘管你很想完美解決每一個問題，但你很快就會發現，這麼做不是長久之計。[1] 你必須接受與那些壞掉的、不完美的（或就是非常惱人的）東西和平共處，並且不採取行動。

萬事俱「辦」

在本章中，我們將討論選擇做什麼事情。身為一位 Staff 工程師，你每天都要做出選擇：你是否應該加入一個事故響應呼叫、如何回應擔任 Mentor 的請求、是否該接下一個特別的副專案。不是所有的事情都可以成為你的問題。那麼，什麼問題才夠格？

1　好吧，沒那麼快。學會這件事真的很困難，但你總是會學會的。

我們已經討論過機會成本，以及只承擔對公司而言很重要的工作，但在本章中，我想增加一個額外的層次：什麼事情對你來說是重要的。選擇那些能夠幫助成長、增加聲譽、使你感到快樂的專案，在短期內可能會覺得有點自私，但你的個人需求也很重要，你就是最有動力去關注自己這些需求的人。

你的時間是最明顯的有限資源：每週正正好有 168 個小時，你接下來這輩子每週能擁有的時間就是這麼多。我們將從時間這個角度開始，接著認識你需要管理的其他五種資源：能量、生活品質、信譽、社會資本和技能。這五項資源將根據你的職涯發展階段、你最近的成功以及你生活中發生的其他事情而有不同的權重。我們會研究新的專案如何影響它們，以及如何慎重選擇一個對你有意義的專案參與方式。

在本章的最後，我將透過一些你可能考慮開始的工作來舉例，權衡它們對公司和你擁有多少價值。我們將探討如何放大積極因素，減少消極因素，或者果斷說「不」來拒絕這些工作。

工作無窮又無限，而你只有一個人。讓我們從審視你的一週開始。

時間

你所承諾的一切都存在機會成本。假如你選擇做一件事，其實這等同於你選擇不做另一件事。如果你在會議空檔用 5 分鐘時間來修復文件中的某個連結，你等於選擇了不回覆電子郵件或是不去茶水間喝水。如果你同意把未來兩年的時間花在這個有影響力的大專案上，你就不能參加那個專案[2]。無論是大是小，每一個決定背後都存在成本。

2 在本章中，我會經常使用「專案」這個字來泛指任何倡議或獨立的任務，小至回答同事的問題，大到預計持續數年、跨組織的龐大工作。

時間有限

我是一個對時間持樂觀態度的人。我太過樂觀了。每當重要的、有趣的工作出現，我的預設回答總是：「我要做。我會想辦法擠進行程表。」我必須有意識地去注意自己這種傾向，時常提醒自己：我的時間是有限的。

工作行事曆往往只會顯示會議時段，這是一種奇怪的預設選項。如果你想做某項需要高度專注的工作，但你的行事曆卻只會顯示導致中斷的事件，比如各種會議，而不是工作本身。Confidantist 的管理教練 Fabianna Tassini 給了我管理工作量的最佳建議：**把非會議時間也放進行事曆**。我指的不是大塊的「空白時段」，讓別人不好意思地安排時間；我指的是具體的、明確的項目。[3] 這種方式可以直觀地展現你應該在什麼時候做些什麼。請看圖 4-1 的例子。

把我的工作放進行事曆，意味著我可以直觀看見我是否有時間做支線任務。我喜歡支線，而行事曆可以幫助更實際地看清時間規劃，並問自己：「如果我開始這項工作，那這代表我不會去做什麼呢？」當有人請求我審閱一份長達 20 頁的文件時，我可以誠實地告訴他們我在何時（或是否）有時間。如果它比我已經安排好的事情更重要，我可以把另一件事移開，騰出時間。如果我發現我已經多次重新安排了同一件工作，我就可以知道它有多重要了。我是否在回避這件事？它是否真的不……重要？也許我可以停止嘗試做這件事。

3 寫到這裡的時候，我的行事曆包括為即將召開的全體員工會議製作簡報、閱讀我們下週一要討論的設計、追完一個內容冗長但細微的 Slack 討論串，以及給那個應該來阻止我的屋頂漏水的人發簡訊。在過去，我可能會把這些任務擠在會議周圍，但這四項任務都比我本週的大多數會議更重要。

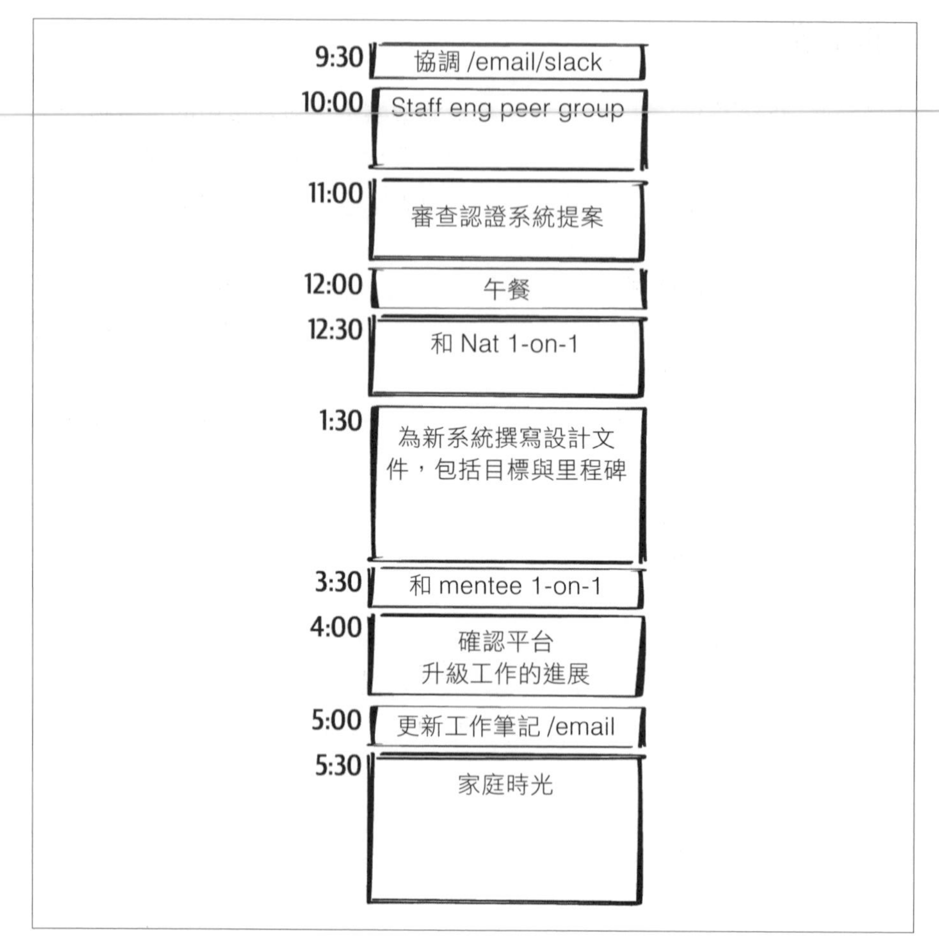

圖 4-1 某個工作日。這份行事曆同時展示了各種會議與專注工作時段。

行事曆對於幾天或幾週的工作時間規劃來說是很有效的工具，但如果我們想看得更長遠，我們需要一個更大的畫面。圖 4-2 顯示了在任何專案進入之前的一個月或一個季度的草圖（我稱之為**時間圖**）。我把一小部分時間留給了那種在公司環境中工作的背景噪音的活動，例如全體員工會議、績效評估等等。根據各公司的情況，這個時間塊可大可小，而這表示你的一些時間已經被佔用了。

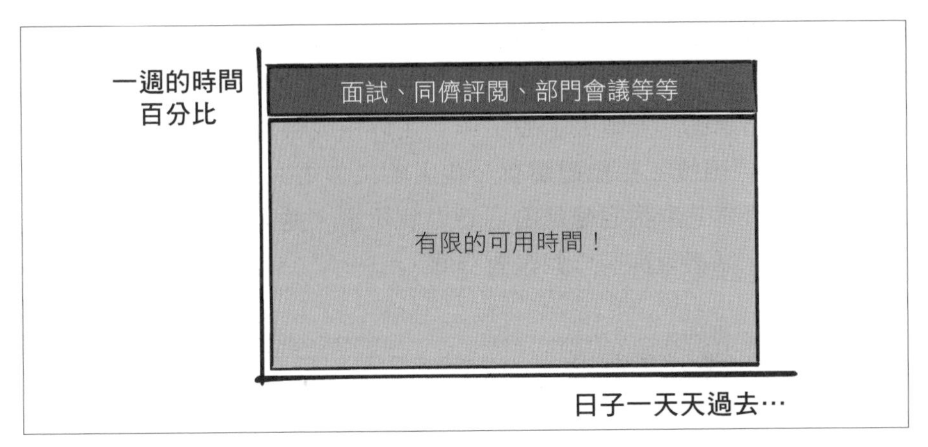

圖 4-2 將你的有限時間視覺化呈現

時間圖的其餘部分，表示你可以用於專案工作、長期規劃、審查程式碼和文件、建立關係、瞭解公司和行業發生的最新情況、指導、輔導、將專案推向正確的方向，以及學習新的技術，對新技術表達自己的觀點等等。還有吃午餐。每當你接受新的東西，你就會在這個圖表上增加一個方塊。這個方塊或大或小，但無論如何，它都會佔用圖表上的空間。

你想要多忙碌？

領導工作通常是不可預測的。一場危機、故障或發布，都可能會導致流量激增。如果一個專案需要的幫助比你預測的要多，你可能會發現自己被「過度訂閱」了。因此，在你為行事曆增加工作行程時，要考慮一下你的工作量可能存在多大的波動。

如果你分配了 100% 的時間，但發生了一些始料未及的事情，你的選擇是放棄一些事情或是在超出能力範圍的情況下工作。如果你的很多任務對時間沒有嚴格要求，放棄某些事情應該不難。但是，如果你只用重要的事情填滿你的行事曆，那麼當你達到你的極限時，那麼根據定義，其實你正在放棄一些重要的事情。如果你決定不放棄任何事情，那麼工作生活將不可免地蔓延到你生活的其他領域，帶來沉重壓力和疲勞。

你必須搞清楚，自己在一個星期內平均可以工作多少小時，最多能承受多少小時的工作量，以及在什麼時候你將不堪負荷。我認識的一些人，就像圖 4-3 所示的「A 型人」般工作，在危機或機會出現時願意加班，並且不會感到困擾。我知道還有一些人的工作方式就像圖 4-3 中的「C 型人」，他們的工作狀態總是逼近最大負荷量，並且時常感到壓力。如果可以的話，請盡量保留一些緩衝空間。

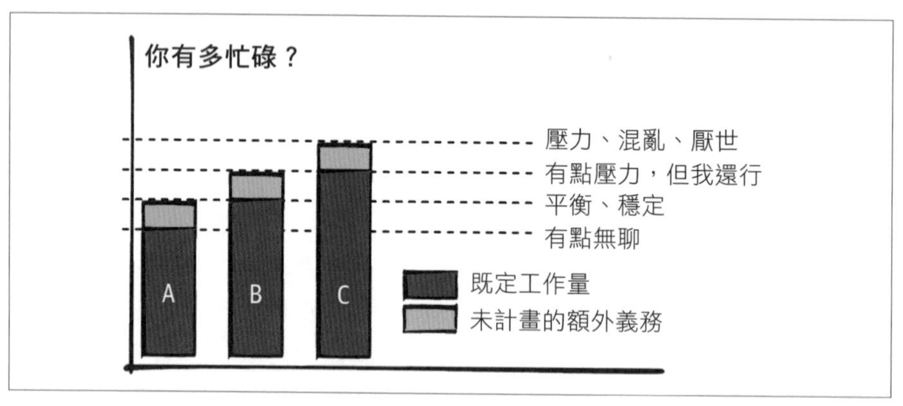

圖 4-3　你的行事曆有多滿？如果有其他事情發生了，你可以從容處理而不崩潰嗎？

PROJECTQUEUE.POP()？

定位圖讓你瞭解什麼是重要的，另一張**藏寶圖**讓你記住你要實現的目標。手握這兩張地圖，你就能評估任何專案的重要性。那麼，從理論上講，你是否應該像圖 4-4 那樣，對現有的專案進行分類，並讓每個工程師不斷地按照優先順序，從最上面開始進行一個個專案？

我們都可以想見，這是一個有點愚蠢的做法。這個清單中夾雜了或大或小的工作，而且每位工程師都有自己適合的專案。在選擇嚴格意義上最重要的下一步工作和選擇適合你的工作之間，你需要學會如何平衡。

嚴格按優先順序排列的潛在工作

- 領導替代儲存層的專案
- 建立前端策略
- 輔導新的資料工程師
- 設計使用者平台的 API
- 把 Mia 介紹給 Adam
- 資料隱私訓練課程
- 實作新的功能

圖 4-4 按優先順序排列的工作清單。如果一個五分鐘的快速介紹被放到了這些專案的後頭，那麼人們大概沒機會碰頭了。

因此，接下來這節內容是關於如何評估一個專案與你的需求的契合程度。請注意，這一部分會有點自私！你不應該孤立地使用這些評分標準：如果你在尋找你可能想做的事情，我會假設你已經思考過這個專案是否重要、有用、及時、工作本身是否符合你的組織的需求和文化。

你並不是這個組織機器中的一個可以被隨意取代的齒輪，顧及你的需求與擁有團隊精神，這兩件事並不違背。事實上，如果你的專案可以讓你保持健康和快樂，並培養你的技能，你就會在工作上表現更好，而且公司也會更容易留住你。每個人都是贏家。現在，讓我們來談談你的需求。

資源的限制

如果你曾經玩過《模擬人生》這個遊戲，你會記得每位類比市民（Sims）都有一個儀表板（見圖 4-5），顯示他們的舒適度、精力、社交生活的需求程度。在各式各樣的情況下，需求係會增加或減少，這個遊戲的一大遊玩重點就是讓你的類比市民保持良好狀態，幫他們安排活動，增加「樂趣」水平，給予充足睡眠來維持「能量」等等。如果其中一項需求變成紅色的，你的類比市民就會陷入糟糕的情緒中，一些活動就無法進行，甚至是那些他們曾經做過的活動。

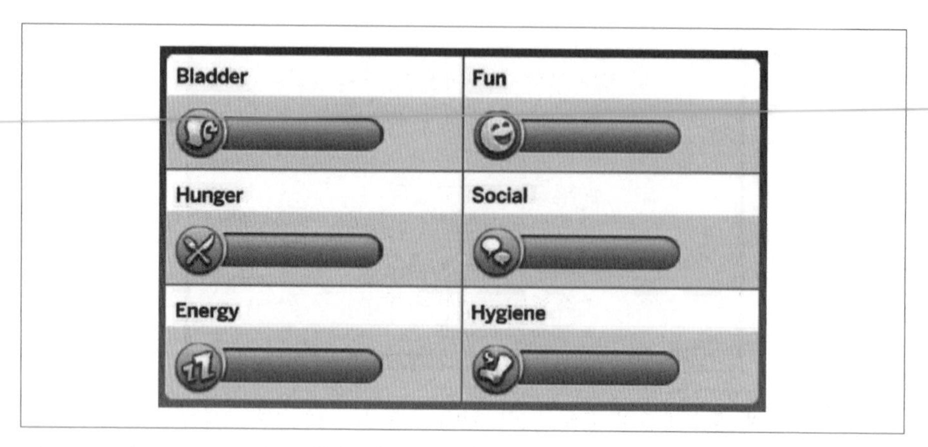

圖 4-5　《模擬人生 *4*》中的需求面板，授權自 EA Games（圖片來源：*https://www.ign.com*）

你的儀表板

好吧，你不是被模擬出來的。你應該是真實存在的人類。[4] 而你照樣可以為自己想像一個小儀表板（如圖 4-6），顯示你目前的各種需求程度？發揮一下想像力，這個儀表板中包括五種資源：精力、聲譽、生活品質、技能和社會資本。[5]

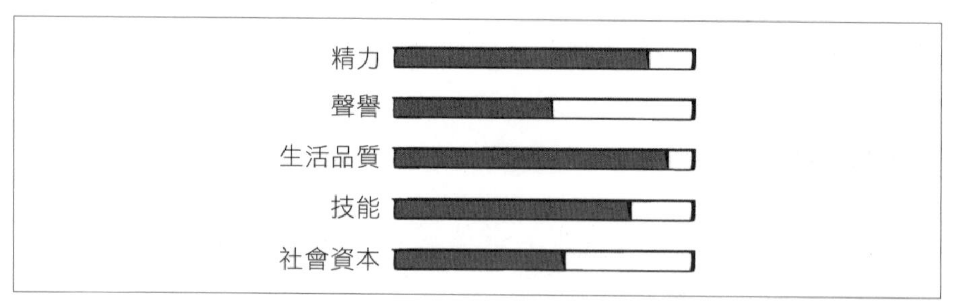

圖 4-6　承擔專案的需求面板

讓我們一一研究每一項需求，並了解什麼東西會使它們產生增減。

4　如果你是一個成熟的人工智慧，這裡依舊非常歡迎你。感謝你選擇這本書。

5　這幾項需求並沒有涵蓋一切，但儀表板是幫助你思考專案的實用方法。你還會加入什麼東西呢？

精力

理論上，如果你有一個小時的空閒時間，你可以選擇以任何方式度過它。在實踐中，這將取決於你有多少精力。被我稱之為「聰明大腦」的東西很容易被用完，也就是在某件工作上保持極度專注並做一些有用的事情的精力。一旦「聰明大腦」耗盡，要做任何有用的事情都是很困難的。在漫長一天的會議結束後，我有時會有一個小時的空閒時間，我應該要把握時間閱讀文件，但我的大腦卻是一團漿糊：每個字都看得懂，但我卻無法捕捉關鍵訊息或注意到任何沒有明確寫出來的細緻細節。我必須花五倍的意志力繼續閱讀這個分頁，克制自己別分心去刷 Twitter。如果我試圖寫點東西，這時的我無法梳理各種想法：甚至回 email 也成為一個不可能的任務。這就像是一種進入門檻：首先你必須有這麼多的精力才能開始這項任務。

人們會因為不同的事情而感到充滿精力，或是筋疲力盡。我對一對一會議完全不感興趣，但我的朋友卻能因為這些會議而感到活力充沛。我可以在寫程式碼或寫說明文件時流暢無阻，不知停歇，但在閱讀文件或調查錯誤大約一個小時後，我的大腦就像進入休眠狀態，眼睛酸澀不已。你需要瞭解什麼樣的工作對你來說燒腦費神，什麼樣的工作會讓你在一天結束時還剩下一些聰明大腦。

你的精力也會受到工作以外因素的影響。如果你晚上得照顧不好好睡覺的嬰兒，那麼，你顯然很難以完整充電的狀態展開新一天的工作。如果你準備搬新家、從疾病中康復，或在持續的壓力下生活，這些也會對你的精力造成影響。[6] 我們之中很少有人能把精力完美分配給工作與個人生活：畢竟工作時的你，還是原來的那個你。

---

6 在寫下這一段的時候，我們正進入 Covid-19 疫情的第三年，真不知道誰能擁有百分百的精力。

生活品質

在技術領域，我們大多數人都處於非常優越的地位，能夠從事我們喜歡和選擇的工作。工作本身可能不簡單，但它能刺激人的智力，薪酬往往豐厚，而且通常沒有高度危險。我們都是非常幸運的人。然而，你所做的工作仍然讓你感到不快樂，這也是有可能的。當然，不是所有的生活品質都會或應該源自你的工作；你甚至可能堅持你不喜歡的工作，因為這是為了爭取你想要的東西而邁出的一步，你在為未來的幸福咬牙忍耐。（關於這一點，請參見第 9 章。）但是，我們的生活中有很多時間是在工作中度過，你當然會希望工作可以給你舒服、自在的感覺。

如果你喜歡你所做的工作和一起工作的同事，這同時提升了你的日常生活品質。如果你感到無聊，或與那些對你不好的人一起工作，這份工作可能反而會削弱你的幸福感。你的生活品質也會受到其他資源的影響：如果某個專案耗盡了你所有精力，你大概沒力氣投入其他你喜歡的事情。如果專案的成功，使人們欽佩你，提升了你的能見度，這種認可讓人感覺很不賴。對於你正踏上的旅程是否保持信念，這會大大地影響你：再有趣的技術和再令人愉快的同事也可能無法彌補你對世界造成傷害的感覺。當然，金錢可以對你的生活品質產生巨大影響，也會對你的家人產生影響。正如與我聊過天的某個人所說：「為一家大公司工作，獲得超級豐厚的收入也許不會讓我個人感到快樂，但這份高薪可以讓我支付我母親的老年護理費用，而這比我的個人幸福感還要重要。」

信譽

身為 Staff 工程師，你大概很容易被懸在高空的問題所吸引，而感覺自己不那麼「腳踏」技術領域。這本身並不是一件壞事：在所有的高度都有無數工作可做。但是，如果你完全脫離了低層次的技術問題，其他工程師可能會不信任你的技術判斷，因為他們認為你太脫離實際了。在某些情況下，他們可能是對的！你對「什麼事情是可能的」以及「什麼是好的做法」的理解也許會過時，需要更新你的認知。

你可以透過解決困難的問題、明顯展現能力（見第 7 章）和持續做出良好的技術判斷來建立信譽。當我在 Twitter（*https://oreil.ly/BzVVW*）上發文詢問什麼會導致人們損失信譽時，其中一個大宗回應是「絕對主義」：如果你是某個技術的粉絲，並且在任何情況下都一股腦兒鼓吹，人們就會不再相信你知道你在說什麼。

信譽也延伸到你身為一位領導者的技能。如果你很有禮貌（即使是對討厭的人也維持禮貌）、溝通明確清晰，並在緊張的情況下保持冷靜，其他人會相信你是「房間裡的大人」。如果你粗魯無禮或是太過情緒化，你傳的電子郵件充滿一般人難以閱讀的專業術語，或者在全員會議時問了一個漫無邊際的問題，對其他人來說沒有意義且浪費時間，這些行為將對信譽產生負面效果。[7] 每當你冷靜處理混亂，你將贏得信譽，建立專業形象，幫助其他人更容易理解與應對危機。當你被認為助長了混亂局面，或者當一個專案出現問題，而你卻沒有妥善地處理失敗，這時你就會失去可信度。

信譽這種資源通常有一個進入門檻。除非有人相信你能成功，否則你不會被給予從事困難專案的機會。如果其他人相信你知道你在說什麼，那麼你提出的任何改變都會更受歡迎。[8] 正如 Carla Geisser 在她的文章〈Impact for the Impatient（急性子的影響力）〉（*https://oreil.ly/MwJ5B*）中所說：「在你證明你能把事情做好之後，那個難如登天的問題就會變得更容易。」

在 Staff+ 這個職級，你經常試著在「宏觀思考」和「接受務實的局部解決方案」之間找平衡。如果其他工程師認為 Staff 工程師活在象牙塔裡，老是鼓吹那些看似沒有價值的工作，這時就更要注意你的「信譽分數」，展現「你知道自己在做什麼」。但這兩者之間存在一條細微界線：如果你忽視了大局和業務需求，你就會失去領導層的可信度。

---

7 這三類人很有可能同時存在於每個組織中。

8 請注意，我們會對其他人的能力做出假設，當我們決定某人的可信度時，隱性偏見會起到一定作用。如果你因為你的人口統計學而免費獲得了額外的可信度，想想你是否可以利用這個免費的東西來提高其他沒有的人的可信度。

社會資本

「信譽」是指別人是否認為你有能力做你想做的事情，而「社會資本」則反映了他們是否願意幫助你做這件事。[9] 社會資本一詞源自社會學，指人與人之間的連結。[10] 在商業方面，我們通常這樣看待社會資本：如果有人請求你做一些不方便的事情來幫助他們，你會答應嗎？這可能取決於他們在你心目中的地位有多高。他們是否經常幫助你，或者他們不斷地要求你幫忙而不給予任何回報？你最後是否為你上次幫助他們而感到後悔？無論我們有沒有講出來，每個人的心中都有一本社會資本帳戶，記錄著與他們認識的每個人的互動。如果有人在你那裡建立了信用，你就更有可能幫他們的忙，或給予「懷疑的優惠」。社會資本是信任、友誼和那種欠別人一個人情的感覺，或者相信他們會記得他們欠你一個人情的感覺。

社會資本需要時間累積，你需要某些人的社會資本要比其他人多。一般來說，你要與你的回報鏈中的人保持良好關係，並建立一個幫助他們實現目標的記錄。如果有一個關鍵的業務問題，而你卻拒絕提供幫助，或者你承擔了一個重要的專案卻沒有完成，你就會失去好感。如果你總是要求別人幫你，但卻從不報答他們，你會開始發現很難讓別人幫助你。

當你花時間與人相處、進行良好對話、與他們一起工作、提供幫助，建立社交連結、相互支持彼此，善意和社會資本將在雙方之間逐漸累積。完成專案也會累積社會資本。如果你去年交付了使公司成功的專案，或者解開了拖累大家的架構瓶頸，那麼下次你提出要求的時候就會有更大的斡旋餘地。正如 Alexandre Dumas 所說：「沒有什麼能比成功更成功。」[11]

---

9 如果你是一個 RPG 玩家，你可以把信譽看作是 WIS（智力值），把社會資本看作是 CHA（魅力值）。

10 歡迎閱讀 Jane Jacobs（*https://oreil.ly/aGbzy*）和 Pierre Bourdieu（*https://oreil.ly/qOa1K*）的著作。

11 他實際上說了「Rien ne réussit comme le succès」，但這相當於同樣的意思。

有了社會資本帳戶之後，一定要謹慎使用。當你的信用分數很高的時候，你往往可以只憑他們對你的信任（或他們想讓你高興），不顧一切地發起一個其他人並不真正相信的倡議。明智投資你的社會資本，如果你白白浪費了「一個不合理的要求」代幣，那麼你將不再有得到它的機會。

技能

技能資源與其他資源稍微有些不同，技能總是在慢慢退化。這並不意味著你會忘記你所知道的東西（儘管你會失去對長期不使用的技術或技巧的流暢性）；這意味著任何技術能力組合會慢慢變得不適用，甚至會過時。我們的行業發展迭代非常快速。如果你接手的專案沒有教給你任何東西（或者至少沒有與你想要的專案或角色相關的東西），技能退化的速度會比你想像的還要快很多。

在你的職業生涯中，你將透過三種主要方式提升技能。

第一種是刻意去學習一些東西：參加課程、買一本書、或是再某個興趣專案上發揮創意。雖然這種結構化學習經常可以在工作中發生，但你很難擠出時間，還會發現學習新技能會佔用到你的自由時間。

第二種方式是與實力精湛的人緊密合作。在一個由超級明星組成的團隊中成為技術最差的人，更勝過在一個原本平庸的團隊中成為最厲害的人。當你與傑出的人一起工作時，你幾乎不能避免自己變得更優秀。

第三種方式 —— 也是最常見的方式，我認為是在實踐中學習。只要你肯花時間去做些什麼，你就會變得更擅長。如果你想磨練某項技能，練習它的最簡單的方法就是接下需要這種技能的專案。

專案和角色通常有一個進入門檻：除非你有相應的技能，否則你不會有機會承擔這個專案。因此，根據你所從事的工作，你可能每天都在增加你的相關技能，或者看著它們慢慢被削弱。

E + 2S + ... ?

在考慮是否接下某個專案時，除了考慮這項工作對你的公司是否重要外，還有更多的考量因素。你也需要留意你的需求儀表板。在查看你的時間圖時，要注意任何新的專案、任務或倡議會對你的每個資源產生什麼影響：你的精力、生活品質、信譽、社會資本和技能。（請見圖 4-7 的例子。）

很遺憾，我不能給你一個固定公式來輸入數值：在不同的時間點，你會對不同的資源進行最佳化選擇，這取決於你目前的每一種資源的程度和你希望做什麼。有些專案將對你來說遙不可及，除非你擁有了其中一些資源的最低門檻。一些生活目標也是如此。

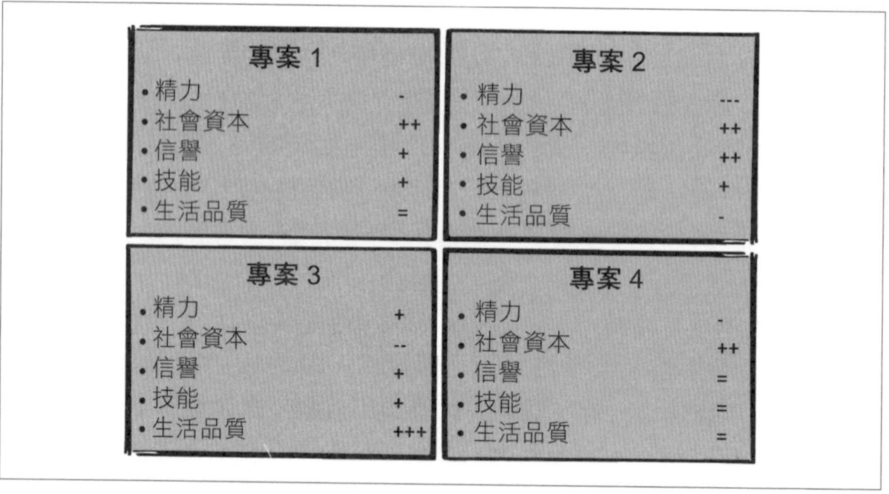

圖 4-7 根據每一種資源的影響程度來比較專案

並非你承擔的每一個專案和任務都必須是完美無瑕，甚至是對你有益的。有時你會選擇一個在某一面向上很糟糕的專案，但以其他面向來看，這個專案仍是個不錯的選擇。也許你的工作時間比你希望的要長，但是幫助團隊度過危機對你來說更加重要。或者，現在的你正在投入一個對你的老闆來說最重要的專案，同時你也很清楚知道，之後你會花時間去深入研究你的另一個想法。有時，一個專案甚至會在客觀上對你來說很糟糕，而你還是會有一些理由去做它。從長遠來看，你需要確保你的需求得到滿足。

裝箱問題

由於專案可能存在形形色色、或複雜或簡單的形式和規模，有效填滿你的時間並不容易。圖 4-8 直觀地展示了這個決定有多麼複雜。增加其中任何一個模塊都可能意味著你再也裝不下另一個更重要的模塊。當然，你還有一個更複雜的問題，就是要維持所有資源的良好狀態。

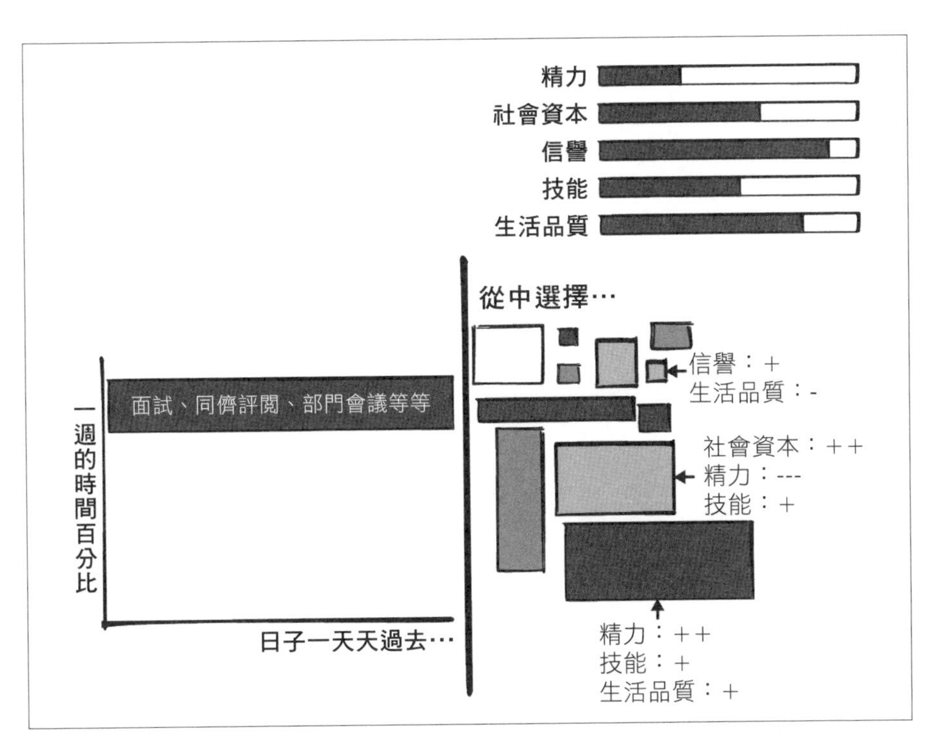

圖 4-8 根據你的需求慎選專案有如一道困難的裝箱問題

這是一個多面向的裝箱問題（*https://oreil.ly/FOpGv*）。這是一個因為難以最佳化而知名的問題，所以不要刻意想太多，特別是當相關任務只需要一兩個小時的話。[12] 任何特定的專案都不會是你儀表板分數的全部。但是，專案越大，你就應該花更多的時間來考慮它是否合適。

選擇專案

每天都會有新的專案和任務出現。如果你總是說「好」，你就不太可能完全完成任何事情。如果你從不說「好」，那麼你會錯過對你有好處的機會，而且你會看起來像個懶人。你可以在一天中安排很多小任務，而且你通常在同一時間有一個以上的專案。但是，多少個專案才算多？你又該如何抉擇？

評估專案

參與專案可以有很多形式。如果你清楚地知道自己承諾參與的工作內容或項目，那麼計畫和評估工作就會更容易進行。

讓我們看看專案的一些來源，以及它們的一些特徵。

受邀參加

一個專案需要一個牽頭人或是貢獻者，而有人問你要不要當這個人。這個專案已經在進行中，所以它可能已經有了動力，你可能不需要說服你的組織去在乎它。而且，「被人追求」讓你感覺自己很有價值。但是，這個專案可能不是你認為最重要的，也不是你現在喜歡做的那種工作，而且當有人認為你很適合這個專案，這可能意味著它和你以前做過的工作非常相似，而不是一個成長的機會。

12 我突然意識到在明顯過度思考了一個章節之後寫下這段話的諷刺意味。

自告奮勇

如果你認為某個專案會是一個很好的成長機會，可以教會你想要的技能，讓你和你欣賞的人一起工作，或者這個專案本身就是非常有趣，你當然可以要求參與專案。對於很多人來說「主動要求」是理所當然，以至於這個建議不值一提。但是，我們中的一些人更喜歡「待價而沽」，暗示我們有時間、有意願，然後等待被邀請。如果你曾經這麼做過，那麼這段文字就是專門寫給你看的：即使你很明顯是最合適的人選，也不要乾等別人來詢問。主動去要求你想要參與的專案吧。[13] 如此，每個人都會更開心，而且你會增加你真正參與專案的機會。

你有想法

有時，新專案的機會突然降臨在你面前。自己主導專案可能意味著你需要找到語言和敘述來說服其他人，特別是如果你希望他們與你合作。當你只是想設計或編寫程式，卻要奮力爭取人力、證明商業價值並展示結果時，發現自己陷入了組織結構的繁瑣程序中，這可能讓人感到沮喪。但是，一旦專案上了軌道，你就能以你想要的方式來領導一個專案，並有機會發揮巨大的影響。

火災警報響起

眼前有個進度嚴重滯後的專案、巨大效能倒退，或一個災難性事件——而你可以力挽狂瀾。畢竟，被人需要的感覺很棒！而且，跳進危機反而會給人一種奇異的放鬆感：這時目標通常無比明確，而且眾人更傾向於當機立斷採取行動，而不是花時間取得共識和計畫。但這種臨時救援是一種突兀的轉換。

---

13 好吧，我在第 2 章中談到了那些已經固化的組織，如果是這種地方，在輪到你發言之前，要求一個好的專案會是一個不受歡迎的舉動。如果你身處這些組織，請你自行判斷「主動要求」是不是一個糟糕的建議。我意識到這會受到文化、性別角色和其他因素的影響。Alex Eichler 在《*Atlantic*》雜誌上發表的關於詢問與猜測文化的文章（*https://oreil.ly/JVH8d*）非常值得一讀。綜上所述，除非真的真的不可能，否則請勇於表達你對任何心儀專案的興趣。如果你和那個尋找負責人的人都沒有發現你對這個專案有興趣，等於你們雙方都失去大好機會。

如果某個危機突然出現，需要所有的人在甲板上（或是要你在甲板上），你可能會突然做一段時間的其他事情，再回到你原來的專案計畫上（如圖 4-9）。這是一種很重大的狀態切換。這聽來有些刺耳，之後你可能需要一段時間才能順利將狀態切換回你之前所做的事情。但是，幫助別人往往是正確的事情。

但是別忘了，萬一你把時間花在過多的危機處理上，就很難找到成長的機會，或者除了「我一直去幫忙救火」以外，難以對你的工作內容有更具體的敘述。

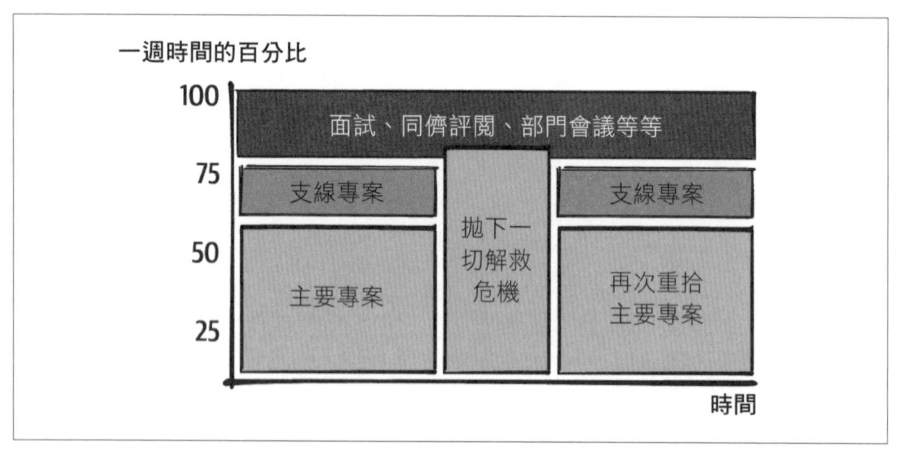

圖 4-9　被拉去幫忙解救危機

你發現問題

在你被某個笨重的 API 或一些大雜燴的技術債拖累後，你大概會發現自己很難不去處理它。如果你對所有待處理的工作按照優先度進行排序，你可能很難說服自己這個修復工作是優先要務，但它一直困擾著你，你不想再忽視它了。是時候開啟支線任務（見圖 4-10）來修復它了！

當你在更大的工作上受阻時，解決小的、容易的問題是一個重新累積動力的好方法。你可以解決你面前的問題，並可能從你的同行那裡得到很多讚賞與肯定（以及信譽和社會資本！）。這讓人感覺很美妙。但是太多這樣的工作會讓你遠離長期的專案。

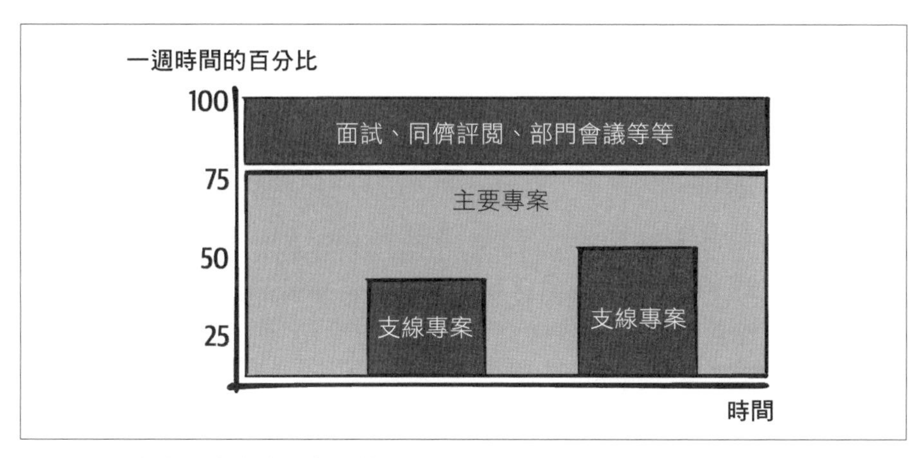

圖 4-10 支線任務會佔用你安排給主要工作的時間

你獲邀參與一項基層專案

更模糊的邀請是參與一些基層倡議，例如，一個旨在改善全公司測試文化的工作小組。這種倡議不在任何人的 OKR 上，也可能不是公司看重並付諸時間心力的東西。加入這樣的小組可以與有趣的人一起工作並產生巨大的影響力，但也可能是對時間的**巨大**浪費。你很難判斷最終你得到的是哪一個結果，所以請務必保持警惕。如果獲得組織支持、有明確的時間承諾、退場條件、決策流程，那麼工作小組確實能發揮效用。但是，如果這個工作小組是一大群被過度分配工作的人所組成，喜歡高聲空談卻沒有權力改變困擾他們的事情，那說到底，這只是一個交流團體，不會有任何實質工作被推動。

總得有人來做…

也許是會議結束時的行動項目、來自另一個團隊的意外請求，或一個沒有人預料到的問題：有些工作不屬於任何人，你應該領取你的公平份額。如果它涉及到可怕的政治勾當，或者內容繁瑣或乏味，請考慮承擔比你的公平份額**更多的**工作：有時，身為最資深的人意味著你應該保護經驗不足的同事，勇於承擔最吃力的工作。志願服務可以在你的團隊中建立信譽和善意，雖然過程中往往令人沮喪，但當工作告一段落，而你是讓它不再是一個爛攤子的原因，這會讓人獲得一種奇異的滿足感。但是，就像危機處理一樣，你必須注意不要因為做得太多而犧牲了你應當做好的主要工作。

你只是多管閒事

身為一位 Staff 工程師，你很可能對一些沒有被邀請幫忙的事情（如圖 4-11）有自己的看法。如果你看到一個專案正朝著危險的方向發展，或者你腦中有一個讓它變得更好的想法，你可能會想插手，和人們聊一聊。多管閒事也許是非常受歡迎的，也可能是非常討人厭的。請確保你不是在「拋水球」：介入時間長到足以造成混亂，然後又突然抽身，體驗不到你的變化所帶來的後果。

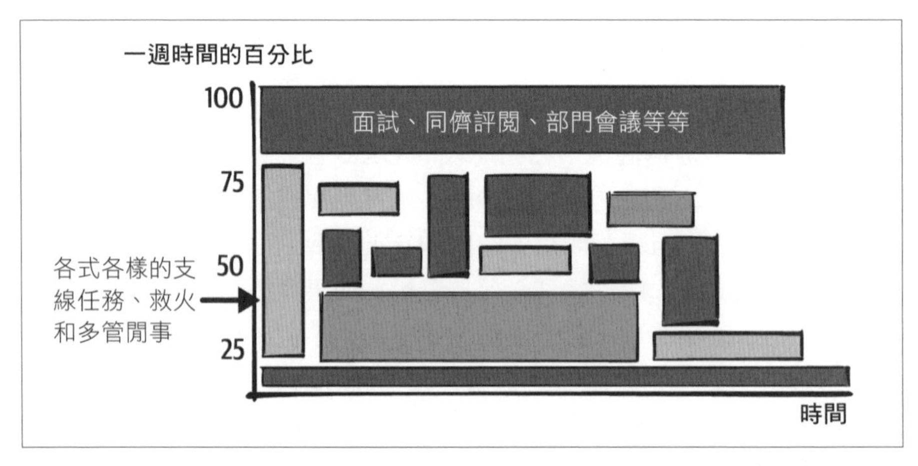

圖 4-11 處理一堆小而經常變化的事情。你很難對這類工作有一個完整的敘述框架。

其他人不一定是對的

我們中有些人把寶貴時間讓給不那麼重要的、其他人的工作，而不是去做那些在我們的規劃之中最為優先的事情。如果你總是放下自己的工作來幫助解決哪怕只是一個微小故障，或者不管你正在做什麼，你總是在幾秒鐘內回應 Slack 訊息，那麼你可能就是這種人。

有時中斷確實比你打算做的事情更重要。重點是要有鑑別力。記住，其他人通常看不到你的資源儀表板。除非你非常幸運，否則只有你自己能好好照顧自己的資源。

你準備承擔什麼？

當你考慮接受一個新的專案、任務、指導安排、會議時，首先要瞭解它的形狀，並問問自己，這項工作會對你的時間有什麼影響，這影響包括現在和以後。你必須清楚瞭解你在行事曆上增加了什麼，並知會未來的你。有些專案在一開始規模不大，但遇到了瓶頸點（如專案審核）時就開始需要更多的時間。另一些專案起初是時間密集型，然後對時間的需求逐漸降低。如果你知道日後會變得很忙（如圖 4-12），你還能做出承諾嗎？

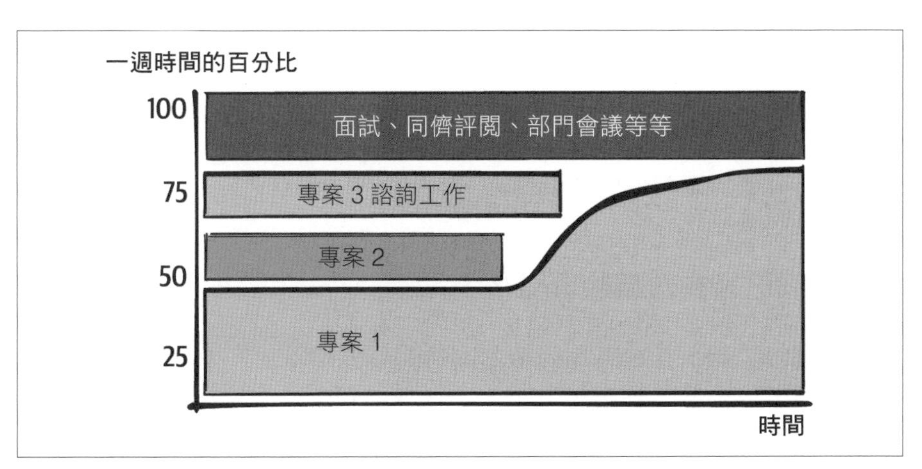

圖 4-12 將你的心力分散到多個專案中。專案 1 隨著時間逐漸增加。

在估計時間時要謹慎。例如，如果你同意每週花一小時開會，你是否真的只需花一小時，還是需要額外的準備和後續行動呢？[14] 如果會議被安

14 如果你經常自告奮勇，記得再多預留幾個小時。

排在某個空閒的四小時時間段中間，你是否仍然能夠有效利用其他三個小時？

如果你計畫長期投入其中，一個看似小的專案實際上可能需要大量時間和承諾。要考慮你參與的範圍和界限。如果你承擔了整個過程的責任，是否能將其交給一個團隊？如果你暫時參與一個專案或協助解決危機，並不打算長期投入其中，那麼你應該明確表明你只是在初始階段參與，幫忙消除任何歧義或協助領導者開展工作。在面對風險工作或不確定是否應該參與的任務時，退出策略尤為重要。你可以設定明確的退出條件，例如進行正式的 Go/No Go 評估或回顧點，或將任務視為有時限的實驗，以降低風險。

即使是小的專案或任務也會對你的資源產生影響，而這種影響可能不成比例。一次會議可能大大增加你的社會資本和可信度，或者耗盡你的精力和士氣，使你無法專注於其他事務。與一位非常熟練的人合作一個下午，有時候能讓你學到比獨自學習一週還要多的東西。

關於專案，你需要問自己幾個問題

這裡還有幾個需要思考的資源問題。

精力：你已經在做哪些事情？

我經常開玩笑說，我有足夠的精力同時關心五件事。[15] 如果我選擇關心第六件事，之前的五件事中必須有一件從清單上拿下來。否則，隨著被拋在空中的球數增加，我很可能會不小心落下一個球，而且這個球不會是最不重要的一個。我通常可以在會議期間關心一些額外的事情，也許之後還有一兩個簡短的行動項目。但在這之後，這個空檔就會很快被下一次會議的議題填滿。因此，當有人邀請我關心他們的一些新問題時，我必須決定我是否要停止關心其他的事情。

---

15 好吧，這真的只是一則笑話。

如果新專案要求你關心新事物，你是否有空閒的時間？記住，你的能力也會受到「現實生活」的影響，不僅僅只有工作。如果你正在期待一些意義重大的生活事件發生，那麼這可能不是開始一個需要你付出大量精力和注意力的專案的好時機。每一個選擇都意味著有一些其他的事情你不能做，如果你選擇了太多的事情，你最終會稀釋你對其中任何一件事的影響。所以你真的需要選擇你要打哪場仗。[16]

警告

如果你容易被分散注意力的事情拉向不同的方向，試著養成停頓幾秒鐘的習慣，然後再反射性地自願或同意去做某件事。

精力：這類工作能帶來能量嗎？還是消耗能量？

這個專案將涉及什麼樣的工作？如果需要用無數次的白板對話來建立背景，而你覺得這些對話很耗費精力，那麼這個專案對你來說就會更昂貴。如果你覺得很難長時間集中精力，而且你需要閱讀數百頁的背景資料或是厚厚一疊產業白皮書，那麼這種專案對你來說會更難。

你將與之合作的人中，是否有任何一個人在你每次與他們交談時都讓你筋疲力盡？如果你在考慮一個專案時，光是想到其中涉及的工作就會感到疲憊，那麼在你決定是否開始這個專案時，請謹慎權衡一下。

精力：你在拖延嗎？

如果你精力不足，幾乎不可能在一些巨大的、模糊的、複雜的專案上推動並採取下一步行動。你可能會發現自己拿起一些低優先級的工作來填補空缺。這並不是壞事：在一些令人疲憊的會議之後，一天中的最後一個小時可能是整理你的桌子或封存舊郵件的好時機。但一些低優先級的

---

16 正如哲學家羅恩·史旺森（*https://oreil.ly/VEFBv*）所言：全盤否定一件事比半盤否定兩件事要好。

任務剛開始時可能很容易，然後演變成又一個複雜的專案，需要充足精力才能解決。

在〈The first rule of prioritization: No snacking（確定優先次序的第一條規則：不吃零食）〉（*https://oreil.ly/x58O3*）這篇文章中，Intercom 聯合創始人 Des Traynor 討論了低努力、低影響力的工作對工程團隊的磁性吸引力。他描述了 Hunter Walk（現在是 Homebrew 的合夥人）繪製了一個 2 x 2 的圖表，將影響力與努力進行對比（見圖 4-13），並將低努力與低影響力這個象限內的工作形容為「零食」，警告人們不要過度攝取。由於這類工作通常快速而好用（且讓人感到愉悅），很容易成為大量工作的理由。然而，正如 Traynor 所指出的，「它可能會讓你覺得有價值，能解決短期問題，但如果你沒有吃到任何實質的東西，也不見得對你好。」

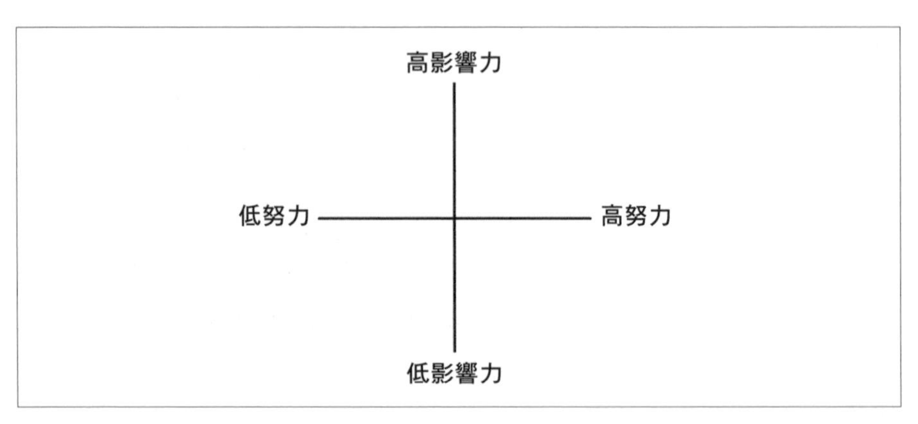

圖 4-13 專案可能是高／低影響力，高／低努力的組合。當心別花太多時間在低影響力、低努力這個象限中。

當你感到疲累的時候，吃零食可能比休息更容易。觀察你自己什麼時候會因為疲倦而去做忙碌的工作，學習找到休息的方式。

精力：這場戰鬥值得嗎？

在〈OPP（Other People's Problems，別人的問題）〉一文（*https://oreil.ly/YoE84*）中，Camille Fournier 提出警告，試圖解決所有你看到的無主

問題會帶來磨人的挫敗感。即使它成功結束，一個組織層級的專案可能比你想像的還要更花時間，耗費更多精力。她寫道：「花點時間反思一下，對你來說，這是否值得努力，想想在你所在的公司，還有多少像這樣的事情是你真正想要改變的，就像這件事一樣。想想你還能用這些額外的精力做什麼。」

生活品質：你享受這份工作嗎？

想想你的專案需要什麼樣的工作。在第 1 章中，我引用了 Yonatan Zunger 的觀點：每個專案都需要核心技術能力、專案管理、產品管理和人員管理。根據你的專案中還有哪些人物，這些要素的一部分可能沒有分配給任何人，如果是你在領導這個專案，那麼就得由你來填補這些空白。你會享受這類工作，還是會因為這不是你真正想做的事情而感到不滿？

以下還有更多要點值得考慮：

- 如果你喜歡緊湊而充滿高度風險的工作，那麼這個專案是否有足夠的興奮點來維持你的快樂？相反，如果你喜歡事情更容易預測，那這專案對你來說會不會壓力太大？
- 如果你不喜歡單獨工作，是否會有人與你合作？如果你覺得和人相處很累，你是否需要整天待在一個大團體裡？
- 如果你喜歡結對程式設計，這個專案會提供這樣的機會嗎？如果你討厭結對程式設計，這個專案會強迫你這樣做嗎？
- 你必須輪班嗎？你喜歡值班待命嗎？
- 這個專案是否需要出差？你想要出差嗎？
- 它是否會提供會議演講、寫文章或其他公開分享你所學的機會？這是你想要的嗎？
- 你會和那些讓你感到舒適和安全的人一起工作嗎？你能在同事身邊放鬆並做你自己嗎？

生活品質：你對專案目標的看法是什麼呢？

這項工作是否與你的價值觀相一致，讓你感到充實，或者你覺得有點「不對勁」？對有些人來說，合乎價值的工作，意味著你不會做出傷害他人的事情。而對其他人來說，你的工作必須有助於創造一個更好的世界。你的專案的目標是什麼？在大多數情況下，在公司內部改變專案不會改變你的工作與你的價值觀的一致性，但有時你會做一些你覺得更好或更壞的事情。想一想你的工作對世界的積極或消極影響，並權衡一下它對你個人生活的滿意度有什麼影響。

可信度：這份專案是否發揮你的技術力？

如果你已經在一個非常高的層次上運作了一段時間，你可能想偶爾進入戰壕，展現你仍然知道你在說什麼。不同的專案會使用和展示不同的技能，而做不同的事情會讓你更有信譽。如果你能實現其他三個人已經失敗的東西，或者使它對其他人變得可行，這能夠大大地提升你的聲譽 —— 如果你以後想做一些更抽象的東西，你被看作活在象牙塔中的風險會減少許多。

可信度：這份專案是否展現你的領導力？

一個新的專案是個展現你是夠格領導者的好機會，對結果負起責任，進行頻繁和良好的溝通，並針對哪些事情進展順利、哪些不順利及原因給出正確的細節。當然，你也可以透過專案的實際成功，建立組織與你之間的信任。評估新的專案，看他們會讓你展示什麼樣的技能，以及成功會如何反映在你身上。還要注意失敗的風險：如果你接下了一場無法取勝的戰役，你會因為努力而受到尊重，還是會受到指責？

社會資本：這份工作是否符合公司和主管對你職等的期望？

在第 1 章中，我們探討了你和你的組織認為你的工作涵蓋什麼。也許你會盡全力接手那些主管認為適合你現在職等（或你想晉升到的職等）的工作。如果你所在的地方認為 Staff 工程師不寫程式碼（或設計系統或領導大專案）就不算成功，那麼請確保你自己正在做這些事情。

一般來說，對你的回報鏈中的人來說最為重要的工作，就是那些能夠累積社會資本的工作。為了避免讓人開始感覺像是不擇手段的馬基維利主義，我想重申一下，這只是專案的一個面向！我想，我們都遇過那種為了在領導高層面前求表現而不擇手段的人，而那些人並不是我們會予以尊重的人。但是，請注意你目前在那些影響你校准、薪酬、獲得好專案和未來晉升的人中的地位。向上管理（*https://oreil.ly/AILvi*）包括瞭解你老闆的優先事項，為他們提供需要的資訊，並解決阻礙他們的問題，換句話說，你要做的就是幫助他們成功。[17] 他們的成功會帶給他們社會資本，而他們可以運用這些社會資本來幫助你。

社會資本：這份工作能受到尊重嗎？

你的專案可以在同行之間累積或失去社會資本，這取決於它如何與他們的價值觀保持一致。如果你所做的事情被其他人認為是一場重要的戰鬥，或是一個非常酷的專案，這將能夠累積友好的善意，他們會更願意幫助你。如果他們認為你所做的事情毫無意義、毫無方向，甚至是邪惡的，他們對你的評價將會降低，你將很難得到他們的幫助或信任。我見過許多表達不贊成的背後議論，內容不外乎是：「我真的很驚訝看到『某某』為『某個令人討厭的專案或公司』工作」。如果這個人受到好評，他也許相信他的認可或投入能夠為一個看起來不怎麼樣的專案增添光彩。有時候，他是對的，但是將個人聲譽加諸在專案之上，其實是一個危險的舉動。

17 如果你比你的經理更資深，並且是「向下回報」（見第 1 章），向上管理也許意味著你要去輔導他們，幫助他們成長為他們的角色。

社會資本：你是否正在浪費你所建立的信任和聲譽？

這裡有一個警世故事。我曾經在一個團隊中工作過，團隊新來了一位 Senior 工程師，他的資歷很深，也很受人尊敬。人們普遍認為，他是前一個專案成功的唯一原因，因此我們對他的工作寄予厚望。他在一開始表現得優異極了！身為團隊中最資深的工程師，他立刻發揮生產力，解決了大問題，並提高了其他人的標準。我們很高興他的加入 —— 直到我們發現事情並非如此。

在加入團隊的幾個星期後，他注意到一個系統沒有遵循最佳實踐。他沒有說錯，那是一個爛攤子，但那不是我們經常接觸的系統，而且似乎不值得修復。這位新同事還是主張進行改變。他的聲譽和他的熱情打動了其他人，當他把兩個剛畢業的工程師從他們的專案中抽出來，一頭扎進這個專案時，沒有人反對。這是個錯誤的決定。幾週之後，很明顯，這個專案需要幾個季度的時間，而且成本是他預期的 10 倍。但這位 Senior 工程師繼續推進，堅持認為這麼做是值得的。幾個月後，他接受了現實，這個專案被放棄了。新畢業生們回到了他們以前的工作重心，一切都恢復了正常，除了這位新來的 Senior 工程師不再那麼受人尊敬。他把他的社會資本揮霍在一場他並不特別關心的戰鬥上。這真是一種浪費。

請留意你何時會有浪費社會資本的危險。當你用它來幫助別人時，要慎重考慮，例如堅持要求你的公司面試一位朋友，而這人在簡歷階段理論上就該被刷掉了。這種形式的支持，有時被稱為贊助，會讓你付出一些代價：如果這個人最終失敗了，成為一個混蛋，或以其他方式成為一個令人後悔的選擇，這將反映在對你個人的評價上。要確保你所贊助的人值得你這樣做。[18] 當你想從別人那裡借用社會資本時，也要非常小心 —— 例如，當你想為一個技術願景或策略獲得行政贊助時。如果你是借用別人的權威和聲譽來推動一個專案，請不要肆意揮霍對方的社會資本。否則他們可能不會贊助你第二次。

18 正如我們將在第 8 章討論的那樣，很容易意外地發現自己只贊助像你自己一樣的人。注意這裡的隱性偏見。

技能：這份專案能夠教會你希望習得的東西嗎？

技術變化很快，除非你刻意跟上，否則你的技能會隨著時間流逝而變得不合時宜。一個新的專案可以是一個很好的機會來練習你想變得更好的技能。這些東西也許是為了你渴望成為的角色所需要的技能、提升你目前角色的各個方面，或純粹是你有意瞭解的主題。

這裡有一種思考方法：你希望在你未來的簡歷上能夠講述什麼故事？你想表明你能承擔一個大的、模糊的、混亂的專案，並使之成為現實嗎？你是否想要一個對困難的東西進行偵錯、推動重大文化變革，或是把菜鳥工程師變成資深工程師的例子？如果是這樣，請尋找能讓你有機會實踐這些技能的專案。

技能：你身邊的人是否能幫助你成長？

有些人讓你在工作中做得更好，而不需要教你任何東西：他們是如此有能力，以至於你僅僅是沐浴在他們的光環中就能提升技能。好吧，現實是，你是透過觀察技能是否被良好執行來學習（*https://en.wikipedia.org/wiki/Observational_learning*），但我確實有同事似乎對他們的團隊有一種神奇的影響力。本書第三部分的很多內容都將是關於成為這些人中的一員。但我建議你也嘗試為自己找到這樣的人。

即使你是你的團隊中最資深的人，你仍然可以從你周圍的人身上學習。工作出色的人往往會提升那些比他們更資深的人的技能。如果你有一個團隊，剛畢業的菜鳥崇拜前輩的各項技能，而前輩也同樣憧憬這些菜鳥的技能，這就是一個每個人都讓其他人變得更好的團隊。

與一個在你想要的技能方面很出色的人一起工作，可以使你更上一層樓，而這是相當難能可貴的體驗。這就是為什麼實習如此具有價值。但同樣的現象也存在於我們的職業生涯中。正如一位朋友在得到與她公司的首席技術長一起工作的機會時說過：「我能夠學到技術長和人們交談的方式。」因此，在選擇一個專案時，可以思考你能否從即將與你共事的人中學到東西，以及激勵你全力以赴。

假如這是錯誤的專案，該怎麼辦？

透過這些問題的視角來檢視潛在的專案後，你可能對是否應該接受這個專案有了清晰的觀感。然而，也許你不應該接受它！儘管一個專案可能非常重要，但它實際上可能並不適合你。如果你已經決定該專案不符合你目前的時間表和需求，你有幾個選擇。首先，你可以試著去做這件事並承擔可能的後果。這是一個常見的選擇，但不是一個長期可持續的解決方案。其次，你可以試著取消其他工作來彌補負面影響，在你的時間表上留出空間，或在其他方面滿足你的需求。第三，你可以讓這個專案成為其他人的機會，將它轉交給其他有興趣且合適的人。第四，你可以改變專案的要求或範圍，使其更符合你的能力和需求。最後，你也可以直接拒絕該專案。讓我們一起看看每個選項的具體內涵。

做就對了？

對於不適合的專案，一種常見的方法是仍然試圖讓它們發生。這種方法似乎阻力最小：你不需要直接說不，而且你也相信（至少告訴自己）未來你會找到解決辦法。

在短期內，這個決定可能是正確的：你可能為團隊做出貢獻，完成一個重要的專案，即使這對你的時間、精力和技能發展等方面並不理想。但是，如果你發現自己承擔的工作不符合你的需求，請確保你明確了解原因。這種情況是否只是暫時的？你有退出的標準嗎？預計何時能夠達到這個標準？如果這個計畫依賴於你的自我犧牲，那麼這不是你可以或應該長期持續下去的事情。

如果你一直在從事對你不利的專案，而且看不到盡頭，與你的經理進行一次良好的對話是很重要的。你可以告訴他們「這項工作正在耗盡我的精力，影響到我的家庭時間」或者「我希望能夠從事一些更具挑戰性的工作，因為我想得到晉升」，甚至直接表達「這個專案讓我非常不開心」，你的經理應該會傾聽。僱用工程師是一項困難且昂貴的工作，如果一位高級工程師對自己的工作感到不滿意，大多數優秀的經理都會對此產生警覺。這並不意味著情況會立即改變，但你的經理應該協助你找到一個讓你逐漸感到滿意的解決方案。如果你已經非常清楚自己的需求，但仍然無法做出改變，這可能是一個信號，表明你所在的團隊或公司不適合你。

這種認識並不一定對每個人都會產生負面影響：你可能已經變得如魚得水，需要轉移到一個更大的池塘。我經常看到這種情況在從事需求相對簡單或範圍較小的系統或產品的團隊中發生：個人的需求和團隊的需求不再一致。雖然「如果你想成長，是時候尋找其他機會了」聽起來有些殘酷，但這往往是現實情況。

彌補專案

如果一個專案在某些方面很適合你，但在其他方面不適合，你是否有辦法來彌補這些差距呢？例如，你能否從副業中獲得主要專案所沒有的樂趣、技能增長或可信度？如果時間和精力是你無法從事某個專案的障礙，你能否騰出空間來應對呢？如果你掌握了將工作安排到日曆中的技巧，這將提供給你一個很好的視覺表現。如果你知道某個任務需要 10 個小時的時間，而你在時間安排上遇到困難，那麼你很可能需要調整其他事情的安排。

如果你有一些專案佔據了你的思考空間，而它們需要比你能提供的更多時間和關注，你可以決定不再關心其中的某一個。也許你一直在心理上保持幾個專案的熱度，希望有一天你會有時間去處理它們。我的同事 Grace Vigeant 曾經給了我一個很好的建議：有時你必須把後備箱燒掉！[19] 接受一個任務並不重要到足以再回頭處理它，不然就將它交給另一個廚師處理！

---

19 如果你使用在行事曆中安排工作的技巧，當你到達那個「會議」時，決定不做它甚至重新安排它，這會讓你感到非常自由。你不打算做它了。它已經過去了。有人告訴我，用子彈筆記法有助於放下事情，因為每天你會將還在意的事情複製到下一頁。你可以決定不移動某些事情，就將它……放下吧。

讓別人來領導

一個對你來說現在不合適的專案，對其他人來說可能是一個很好的機會。請考慮你的同事們的能力、技能、生活品質、可信度和社會資本，看看是否有其他人會從這個專案中受益。作家和技術領導者 Michael Lopp 在他的文章中提到，領導者的工作是「積極賦權」（*https://oreil.ly/sVogl*）。他表示，當你將某項工作交給別人時，他們可能會得到 B，而你自己可能會得到 A。但對於他們來說，第一次做這項工作，B 已經是相當不錯的成果了。「你將令他們感到害怕的工作交給他們，而且你知道 —— 他們也知道 —— 這超出了他們的能力範圍，這顯示了信任。『我知道你能做到這一點。我將幫助你完成這項工作。這很了不起。』」這樣別人就有了學習的機會，而你可以指導他們從 B 進步到 A 的水平。

如果你是小組中最資深的工程師，請確保你沒有獨佔所有有價值的機會。評估其他人是否更需要這個專案，這需要你進行一次內省檢查。

重新界定專案規模

如果目前的形式下這個專案不適合你，有時你可以重新塑造它，使其符合你的需求。例如，你可能無法全職參與該專案，但可以在第一個月加入以評估其可行性，或擔任不同領導的顧問角色。如果你沒有空閒的時間來持續提供指導，也許可以安排一次會面。如果你無法審查一個擬議的設計，可以推薦其他人來代替你。如果你不想將某個問題納入持續關注的範圍，你可以在一次會議期間專注關注並提供建議。

如果對於專案進行一些修改後能夠引起你的興趣，通常值得討論。最壞的情況是他們拒絕你的提議，但至少你試過了。

果斷放棄

當然，最後的選擇就是不去做這件事。儘管說起來容易，實際上放手不去處理一些有問題的事物可能是困難的。對於你知道自己有能力解決的問題，卻每天忽略它，這可能讓人感到困擾。然而，有時候你必須這樣做。不是所有的問題都應該成為你的負擔，要麼你以後會解決它，要麼別人會解決它，要麼它就會持續存在而不得到改善。

當有人向你尋求幫助時，拒絕可能更加困難，尤其是當你確實有能力應付並完成該任務。然而，勇敢說「不」才有機會換來高品質的工作成果：如果你承擔了太多事情，就無法將它們做好。

對人說「不」的感覺並不好，以至於坊間分享了許多關於如何說「不」的藝術。例如，我喜歡 indiatoday.in 的一篇文章（*https://oreil.ly/RuzbG*），該文章提到了一些表達拒絕的建議，比如「我希望我能分身成兩個人」、「很遺憾，現在不是一個好時機」，以及「非常感謝你想到我，但我這次無法幫忙」等等。此外，《*Ask a Manager*》部落格也分享了以下這則優秀建議（*https://oreil.ly/KbzSV*）。

> 觀察那些你仰慕的人如何拒絕他人。也許你總是不好拒絕他人的請求，因為你無法想像如何以一種不疏遠或得罪人的方式進行拒絕。觀察那些成功的同事，看看你是否能夠找到他們在語言、語氣和其他方面的表達方式，並套用於自己的情境中。

或者你可以回想一下你曾經答應，但又覺得自己應該好好拒絕的次數！你的拒絕是送給未來自己的禮物。我開始在 Gmail 中使用 #isaidno 標籤，這是我在 Amy Nguyen 的推特上學到的點子（*https://oreil.ly/6SR5Q*）。當死線逼近，而我沒有被負擔所困擾，這種感覺有夠好。

範例

在本章最後，我們看看一些例子，權衡一下每個例子的成本和收益，並研究如何減少成本和增加收益。我會說明一些舉動所產生的結果，但當然你可能會做出不同的取捨。

範例：在全體大會上發言

你剛剛完成了一個長達 18 個月的專案，這個專案一直都很具有挑戰性，而你在過去幾個月中一直全力以赴地投入其中。專案終於成功交付，並且得到了客戶的高度評價，這讓你感到非常有成就感，但同時也感到非常疲憊。當你正打算填寫 PTO（特休）申請表時，你收到了來自 VP 的郵件，他希望你在兩週後的工程會議上介紹這個專案。這表示你必須在你計畫好的渡假期間為這次演講做準備。面對這種情況，你將如何應對？

讓我們來權衡一下這個機會，就像圖 4-14 所示。這是一個很好的機會，能提升你的知名度，而且這可是你的 VP 邀請你去演講。這將大大提升你的聲譽和社會資本。然而，準備演講需要時間：你不想草草交差，交出一份如同半成品的簡報，因此準備演講將占用你的假期時間，影響你的生活品質。此外，這也將消耗大量精力，而在完成這次大專案之後，你可能已經感到非常疲憊了。在這種情況下，你應該如何做出決策？

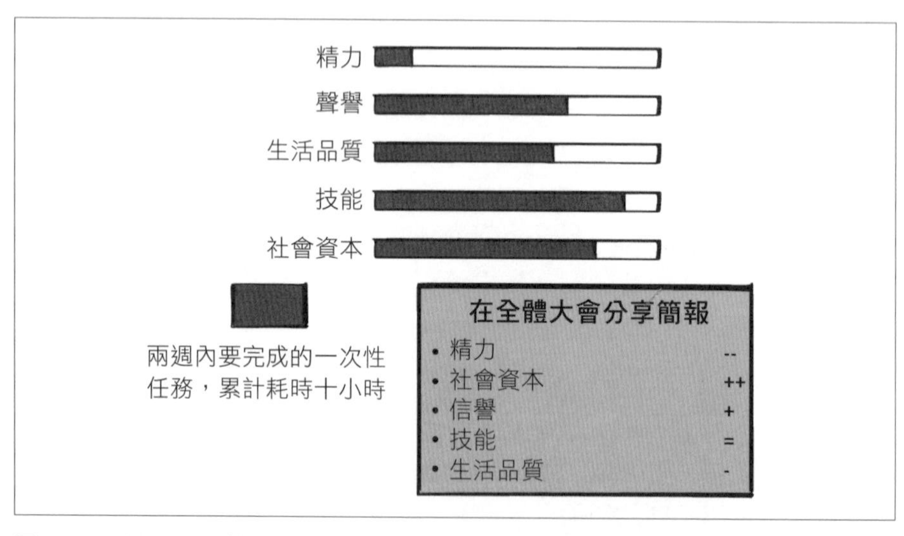

圖 4-14 以損失一些生活品質的損失和大量你無法空出的精力作為代價，獲得額外的社會資本和可信度。

我認為你現在面臨的最大問題是，評估這是否對你而言是一個新的機會。如果你對大批觀眾分享簡報已經駕輕就熟，那麼這次機會可能不會給你帶來太多新的學習和好處，因為這已經不是你的第一次了。你是否需要多多累積社會資本或信譽？你是否需要這樣的推動力，或者這個專案本身已經給你帶來了很好的聲譽？

除非這對你來說是一個絕佳的機會，或者你真的需要這種特別的勝利，否則我建議你考慮看看是否還有其他人可以擔當這個角色。在該專案中，是否有其他人表現出色但卻沒有獲得太多榮譽，或者是否有人可以從演講中獲得更多學習？請確保你挑選的人能夠全情投入並表現出色。他們不一定要做得像你一樣好，但如果你花社會資本推薦的人卻只是匆忙製作了品質堪憂的投影片，這可能會減損你的形象，使你面上無光。

如果你判斷這是一個你應該抓住的機會，這時也許你可以嘗試重新塑造這個專案。你能不能讓它成為一個更簡潔的 Demo，並降低你必須努力的程度？你能不能和別人一起做演講，讓他們分擔一些製作投影片的工作量？最重要的是，你能不能推遲到下一次全體員工會議？到那時，你會蒐集到更多關於你所開發的功能的用量資訊。

範例：參加輪班

你的公司有一個事件指揮官的輪流值班制度：這些人負責協調對影響用戶或跨多個團隊的重大事件。雖然你以前沒有擔任過事件指揮官，但你很有興趣。

這是一個以明顯的領導角色跨團隊工作的機會，也是一個實際接觸一些有趣技術問題的機會。此外，你將有機會更深入了解你的系統，尤其是故障發生在你眼前的時候。然而，你可能也會有所疑慮，因為如果發生重大故障，所有目光都會集中在你身上。這會是一條學習曲線，你需要時間來熟悉一切。況且，你將處於待命狀態，極有可能在非工作時間被呼叫。這時你會怎麼做呢？

圖 4-15 顯示了如果你擔任這個角色，你的資源會發生什麼變化。由於你以前沒有擔任過事件指揮官，這將刺激你獲得一種非常易於轉移的能力。在重大事件中擔任責任人通常會提高可信度和社會資本 —— 只要你做得夠好。但要做好意味著需要投入時間。而且在非工作時間被呼叫可能會耗損你的精力和能量。

我會根據生活品質來考慮這個問題。在現在這個階段，你認為自己的韌性和恢復力有多強？如果你感到有些疲憊，增加一些額外的休息時間可能會比你現在應該花費的更多。如果你需要照顧年幼的孩子，或者你需要調適身心健康，那麼現在也許不是你建立這個會打斷睡眠的技能的最佳時機。

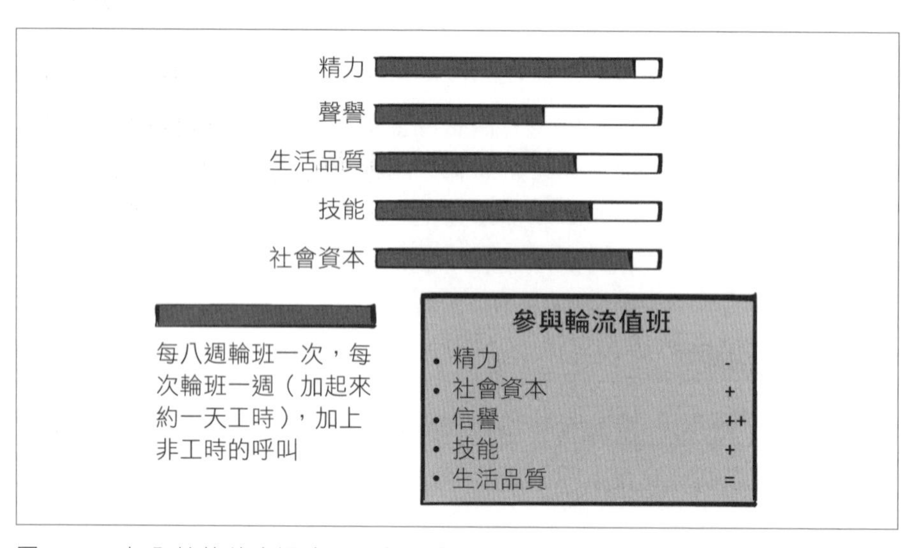

圖 4-15 加入輪值待命通常是一個相對輕微的時間承諾，但有時可能會消耗大量精力。

另一方面，如果你最近一直在進行高層次、回饋循環漫長的專案，那麼做一些能立即看到你影響力的事情可能會*很有趣*。正如我的一位經理朋友所說：「在事件結束後，從腎上腺素的衝擊中回過神來，我真的能清楚意識到知道我今天做了些什麼。」如果輪班有額外的薪資補貼，這是否足以彌補負面影響呢？如果這個想法讓你感到開心，那就去做吧。或許你可以先做六個月，然後再評估情況。

範例：你希望由你來做的有趣專案

你已經在這家公司工作了幾年，為調整結構和流程做了大量的工作，因此你現在是許多事情的重點聯絡人。當有關於測試、招募、事件回應或生產準備的問題出現時，你會在會議上進行討論。你已經積壓了很多關於這些流程改進的想法，包括一些正在進行中的改進項目。

在一個你不太熟悉的領域中，有一個新的專案正在進行，而你覺得這個專案非常有趣。假使你有空閒的時間，你可以學習一些基本的技術，你相信你有能力領導這個專案並使其成功。然而，你的行事曆已經排得滿滿當當！你擔心缺乏時間會影響你的工作，也擔心時間不足會使專案面臨風險。但是，你非常想參與這個專案，你也很渴望去做。這將是一個很好的履歷加分項目。你會怎麼處理這種情況呢？

圖 4-16 描述了這對你資源的影響。聽起來這個專案能讓你感到開心，並培養你想要擁有的技能。它也可能是一個提高你信譽的機會。但是，如果你接受了這個專案，結果卻失敗了，這對你來說將是很糟糕的打擊。此外，它可能需要比你目前的時間投入更多，所以失敗的風險是真實存在的。

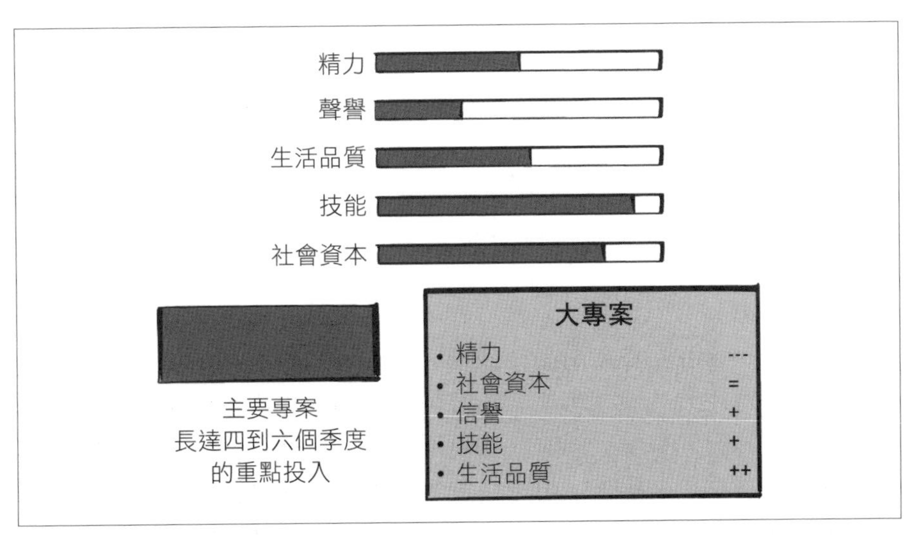

圖 4-16 一個龐大且需要大量努力的專案，而你很期待開始

你應該採取什麼行動？這取決於你是否準備好為這個專案騰出空間並承擔後續的工作負擔。這是與你的經理或他們的上級進行對話的好機會，討論不斷改進現有流程的重要性。你是否正在精雕細琢已經足夠好的東西？如果這個專案確實需要你的參與，你是否可以將一部分工作轉交給其他人？

我認為你應該接受這個新專案，但要小心不要完全回到流程工作中。在你的行事曆中為非會議內容留出時間非常重要。如果你的行事曆完全被其他人的安排所填滿，你將無法有足夠的時間專注於你的專案上。首先要確定你專案所需的時間，然後讓其他人在剩餘的時間中安排他們的事務。

範例：我想要「願意」

你的經理讓你領導一個非常重要的專案，這對企業來說至關重要，並且具有很高的知名度。這是你可以做得非常出色的事情。這個專案比你以前從事的任何工作規模都更大，而且你的團隊成員都是你喜歡一起工作和學習的人，這是一個夢幻團隊。然而，唯一的問題是你不願意接受這個機會。這讓你感到沮喪，因為從表面上看，這個專案對你的職業生涯有利無弊，是一個你可能會後悔錯過的絕佳機會。你希望自己能夠有興趣做這個專案，但實際上卻無法燃起一絲興趣。這個專案需要你經常做，但並不真心喜歡的工作，而你渴望能夠從事其他一些你並不擅長但讓你期待每天上班的工作。圖 4-17 展示了這種情況，你應該怎麼做呢？

如果你對某件事情有如此強烈的負面感覺，請不要試圖合理化它，相信自己的直覺。儘管這個機會或許很好，但你不見得一定要死命抓住。

在你正式拒絕之前，考慮一下是否有辦法重新塑造這個專案來更好地滿足你的需求。也許對你來說，擔任指導他人的領導者角色更有意思，或者以不同的角色形式參與專案，同時對你的同事提供幫助。你是否願意參與一個月，促進專案的起步？如果你仍然不願意參與，那也沒關係，但別忘了你還有思考餘地，可以仔細考慮是否存在其他有效的變通方案與參與方式。最後，如果你正在尋找不同的工作，請告訴你的經理和你的周遭人脈，這樣當有新的機會出現時，他們就能想到你。

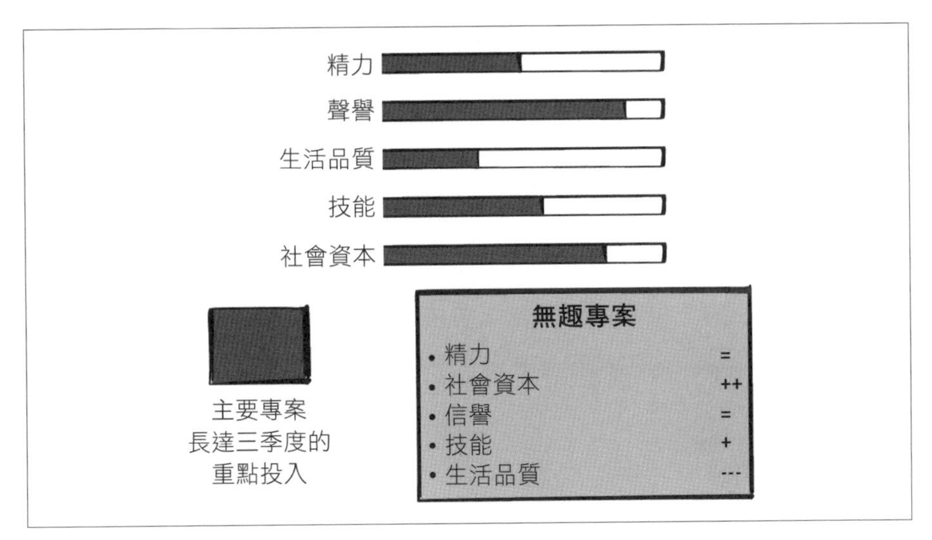

圖 4-17 一個絕佳機會……但你就是不想要

捍衛你的時間

幾年前，我正在考慮寫 email 給一位工程部的 VP，徵求她的意見。幾年前，我曾經短暫與她合作過，我相信她會記得我，但我要解決的問題與她或她的組織無關。她只是我認識的一個人，而我相信她能給我有價值的洞見。我四處尋找一個不那麼忙碌的人，但沒有人符合我的要求。於是，我在一個聊天群組中表達了我的疑慮，和朋友們一起討論：「我想問她，但我知道她很忙。但她的意見真的會對我有所幫助。可是我又不想讓她覺得有義務幫我，我不想讓她感到負擔。」一位朋友給了我受用一生的建議：「那就去問她。如果你不知道如何捍衛自己的時間，你也不可能升到這個職等。」

除非你能夠保護好你的時間，否則你無法取得成功。時間需求會不斷增加，而可用時間則固定不變，因此你需要仔細斟酌事情的優先順序。[20] 同時，當你選擇一個專案時，請必須確保你有足夠的資源來做好工作。

---

20 可用的時間甚至可能減少。正如 Will Larson 在他的一篇我最喜歡的文章〈Work on What matters〉（*https://oreil.ly/0QW3K*）中所說：「即使是最注重事業的人，你的生活也會被工作以外的許多事情填滿：照顧你的家庭、孩子、鍛鍊、指導和被指導、愛好等等族繁不及備載。這是生活多采多姿的展現，但副作用是，隨著你在事業上越走越遠，真正在做工作的時間會越來越少。」

在下一章中，我們將探討如何領導大型專案。

本章回顧

- 當你抵達 Staff+ 這個職級時，你將在很大程度上（但可能不是完全）負責選擇自己的工作。這包括決定你參與任何特定專案的程度和時間。你不可能什麼都做，所以你需要謹慎選擇你要打什麼仗。
- 你有責任選擇與你的生活和職業需求相一致的工作，同時促進公司的目標。
- 你要為管理你的能量而負責。
- 有些專案會讓你比其他專案更快樂，或更能提高你的生活品質。
- 你的社會資本和同行的信譽就像「銀行帳戶」，可以存入或支出。你可以把信譽和社會資本借給其他人，但要意識到你借給了哪些人。
- 技能的累積來自於承擔專案和刻意學習。請確保你正在培養你想擁有的技能。
- 透過給其他人成長的機會來釋放你的資源，包括啟動專案並將放權移轉給其他人。
- 專注意味著有時你必須說「不」。學習如何拒絕。

5

領導大專案

究竟什麼特質能造就一位偉大的專案負責人？這不僅僅關乎天份，更需要毅力、勇氣，以及與其他人交談的熱忱意願。當然，有的時候你需要想出一個出色的、充滿創意的解決方案。然而，在通常情況下，一個專案之所以困難，並不是因為你在挑戰技術的極限，而是因為你在處理模糊的問題：方向不夠明確、混亂複雜的人性；或者是你無法預測其行為的遺留系統。當專案涉及到很多團隊時；當專案需要做出重大的、有風險的決定時；或者純粹是一片混亂和百思不得其解時，這時就需要一個扛起技術責任的人，他要堅持下去，相信問題能夠得到解決，並且能夠處理好複雜性。這個人通常就是 Staff 工程師。

專案的生命週期

在這一章中，我們要檢視一個大型的、困難的專案的生命週期。正如我們在第 4 章中所看到的，雖然專案有很多形式與面貌，我將專注於那種至少持續幾個月，需要多個團隊合作的專案。在本章中，我假設你是這個專案的技術負責人，也許會把工作指派給一些子領域的負責人。我假設在這個專案上工作的人都不向你彙報，但你還是要取得成果。專案中可能還有其他領導者參與：可能有專案經理或產品經理，也可能有一些工程經理，他們每個人都有各自的團隊在負責領域上工作。[1] 但是，身

1 我在本章中提到的「專案經理」是 project manager，但你還有可能是與 program manager（通常是有共同目標的多個專案的負責人）一起工作。有時你會看到技術專案經理（TPM）的頭銜。在本章中，你只需要假設我說的是這些角色中的任何一個人，而他們在交付產品方面具有超凡的組織能力和能力。

為領導者，你要對結果負責。這表示你要考慮整個問題，包括位於團隊之間的裂縫中的部分，以及不歸屬任何人的部分。[2]

我們將在專案正式啟動之前就開始工作，當時你看到的是一個巨大的、沒有地圖的、如排山倒海般襲來的一連串事情。我們將利用一些技巧來瞭解土地的格局，並使這一切有意義。我們將討論如何建立一種關係，在這種關係中彼此可以分享資訊，相互幫助，而不是相互競爭。

然後，我們將仿效專案經理的風格，為這個專案的成功做好準備：考慮可交付成果和里程碑，設定期望（包括你自己的期望），定義你的目標，增加責任和結構，定義角色，以及成功的首要工具 —— **把東西寫下來**。

在專案建立並順利進行後，我們將研究如何**推動專案**。你已經有了一個目的地，你需要轉幾個彎、修正路線才能抵達。我將談論探索解決方案的空間，包括制定工作框架，將問題分解，並圍繞問題建立心理模型。當一個專案太過龐大，任何一個人都無法追蹤所有的細節時，故事的論述就更顯得至關重要。我們將研究在設計、編碼和做出重大決定時可能遇到的一些常見陷阱。本章結尾將是發現道路上的障礙 —— 衝突、錯位或目的地變化，以及在你繞過它們時如何與人們清楚溝通。

在第 6 章之前，我們不會提到專案的結局。現在，讓我們從最開始的地方看起。

專案的開始

一個專案的開始可能是混亂的，因為人們都在試圖弄清楚他們都在做什麼，誰在負責。恭喜你：作為技術負責人，你負責了。算是吧。

專案中的其他人並不是你的直接下屬，他們仍然從他們的經理那裡得到指示。你有……也許？……一個完成工作的任務。但是，有可能不是每

2 如果你跳過了第 2 章，就把團隊和組織想像成相互交接的地質板塊，在板塊相交處有各種摩擦、擠壓和不穩定。

個人都同意這個任務是什麼，或者他們是否應該幫助你完成這個任務。如果有幾個不同的經理或主管參與，可能不清楚你負責什麼，他們希望你承擔什麼。專案中可能還有其他高級工程師，也許有些比你更高級。他們應該聽從你的領導嗎？你必須接受他們的建議嗎？

如果你不知所措

也許你正加入一個現有的專案，它有著歷史、決策、特質和文件。也許這是一個新的專案，但已經有了詳細的要求、專案規格、里程碑和一份熱切的利益相關者的文件清單。也可能只有一張白板上的塗鴉，或者通常是（這頗讓人沮喪）一堆長到看不見頭的電子郵件往來（其中一些你甚至沒有被 cc 到），最終由某位主管決定資助一個專案來解決一個不明確的、沒有範圍界定的問題。幾乎可以肯定的是，還有其他人想就這個問題向你提出他們的意見，而且可能還有你想搶先一步完成的最後期限。這一切都是在你真正掌握了專案的目的，你的角色是什麼，以及你們是否都同意你要實現的目標之前出現。有無數問題需要思考。

你要做什麼？你得從哪裡**開始**？從「不知所措」開始。

當你開始一個專案時，感到不知所措是很正常的。它需要時間和精力來建立讓你駕馭這一切的心理地圖，在專案開始時，可能使你感覺超出了自己能處理的範圍。但是，引用我朋友 Polina Giralt 的話：「這種不舒服的感覺就叫學習」（*https://oreil.ly/2qXQH*）。控制這種不舒服的感覺是一種你可以學習的技能。

你甚至會覺得自己是被錯誤地放到這個位置上，或者這個專案對你來說太難了，在擔心自己會讓別人失望或在眾人面前失敗的恐懼中掙扎：這種常見的現象被稱為「冒牌者症候群」。情緒上的不知所措會妨礙你吸收知識，甚至影響你的表現，使得人們最終自我實現，真的成了一名冒牌者。

這些感覺可能是一個信號，表明你在第 4 章中的某項資源上處於低水平。如果你已經耗盡了所有精力、時間不足，或者自認沒有技能去做你需要做的事情，這可能表現為壓力和焦慮。檢視你自己，試問你的任何資源是否處於令人擔憂的水平。[3] 你是否可以做任何事情來獲得更多的時間或精力，或培養更多的技能？是否有人可以提供幫助？

你也可以想一想，如果換成別人來做這項工作，會有什麼感覺。findhelp.org 的工程總監 George Mauer 告訴我，他曾經感覺自己是個冒牌者，直到他意識到「99% 的人都不比我更清楚該怎麼做」。也許你正在摸索你的工作，但是，嘿，其他人也在摸索！究竟是我的問題，還是對所有人來說一樣？無論誰在做這個專案，他們也會發現這項工作的難處。

困難是重點。我發現，當我意識到**困難就是工作的本質**時，我就能處理模糊不清的問題。如果這份工作既不混亂也不困難，就不會需要你。所以，是的，你在這裡做一些困難的事情，你可能會犯錯，但就是有人得挺身而出。這裡的工作就是要成為勇於犯錯的人，並「擁有」這些錯誤。如果沒有信譽和社會資本，你的職涯就無法走到這一步。一個錯誤不會摧毀你。十個錯誤也不會摧毀你。事實上，錯誤是我們學習的方式。犯錯是被允許的。

以下是你可以做的五件事，讓新專案不至於令人不知所措：

為自己建造一個錨定點

無論專案大小，我都是這樣開始的。我建立一份只供我自己查看的文件，在專案進行期間，它將作為我大腦的外顯部分。這份文件裡將充滿不確定性和傳言、需要追蹤的線索、提醒、要點、待辦事項和清單。當我不確定下一步該做什麼時，我會打開這份文件，看看過去的我認為什

3　也要檢查一下你的生理需求。不是想干擾你的工作，但我們行業中很多人都睡眠不足。你也如此嗎？睡眠可以建立韌性、意志力和能量！這很神奇。而你最後一次喝水是什麼時候？

麼是重要的。把所有的東西放在同一個地方，至少能夠消除「我寫在哪裡了？」的問題。

和專案贊助人溝通

瞭解誰在贊助這個專案，以及他們會希望你為他們做什麼。然後花點時間與他們溝通。在進行對話之前，事先準備好你認為他們希望從這個專案中獲得什麼，以及成功是什麼樣子的清晰描述（最好是書面版本）。詢問他們是否同意。如果他們不同意，或者有任何模稜兩可的地方，就寫下他們告訴你的東西，並反覆確認你是否清楚理解他們的意思了。對任務產生誤解是一件簡單到令人震驚的事，尤其是在專案開始的時候，與你的專案贊助人進行對話，可以幫助確認你走在正確的道路上（這總是能令人安心）。這也是一個很好的時機，讓你釐清自己的角色任務，以及應該把專案的最新進展回報給誰的任何困惑。

視專案贊助人的情況，你可能會定期與他們接觸，也可能只得到一次對話機會，然後幾個月都沒有下文（這是一種可怕的工作方式，但這確實存在）。假如與他們交談的次數越少，你就越有必要預先獲得所有資訊。

判斷誰能懂你的不確定性

想一想，當專案遇到困難，你感到力不從心的時候，你可以和誰談談？初階工程師並不是合適的人選！雖然你可以而且應該對他們坦白，告訴他們未來的一些困難，但他們是在向你尋求安全和穩定。是的，你應該向你的菜鳥同事展示，資深如你也在學習的路上，但不要讓你的恐懼蔓延到他們身上。你的部分工作將是為他們消除壓力，使這一專案能給他們帶來生活品質、技能、能量、信譽和社會資本。

這並不意味著你應該獨自承擔你的憂慮。試著找到至少一個你可以坦然分享的人。這可能是你的經理、導師或同儕：我在第 2 章中討論過的 Staff 工程師同儕也很適合。選擇一個會傾聽、驗證並說「是的，這東西對我來說也很難」的傾聽者，而不是拒絕承認弱點或試圖為你解決問題的人。當然，我們也要成為對方或其他人的傾聽者。

給自己一個勝利

如果問題仍然太大，這時請將目標設定為採取一個可以幫助你對問題進行一些控制的一個或任何步驟。找人談談。畫一幅畫。建立一份文件。向別人描述這個問題。在某些方面，專案的開始階段是最可以對事情無知的時候。你可以在任何敘述或發言之前說：「這對我來說是新的東西，如果我說錯了歡迎指正，接下來是我認為我們正在做的事情」，這樣就可以學到很多東西。在專案起步之後，認知成本會變得更高一些，你甚至會發現如果還不懂某些事情會很尷尬。（其實不然！學習是很好的！）別浪費這段可以對事情無知的短暫黃金時期。

善用你的優勢

還記得我們在第 3 章談及策略時，我說你應該根據自己的優勢制定策略嗎？這裡也是如此。你要盡可能有效地將大量的資訊灌輸到你的大腦中，所以要使用你的核心肌肉。如果你對程式碼最熟悉，就跳進去寫。如果你傾向於先去打通關係，那就和人交談。如果你需要透過閱讀來掌握情況，就去找文件來讀。

也許你喜歡的起點不會給你所有你需要的資訊，但這將是一個好的開始，說服你的大腦這只是另一個專案。說真的，你一定辦得到。

打造脈絡

一個專案的開始往往充滿著不確定性。你可以透過像我們在第 2 章所介紹的繪圖練習來為自己和他人創造一個視角。這意味著建立你的**定位圖**：以大局觀檢視這份工作；了解專案的目標、限制和歷史；明確它如何與商業目標相關聯。同時，這也意味著填寫你的地形圖：確定你要穿越的地形和當地的政治環境，了解專案上的人喜歡如何工作，以及如何做出決策。當然，你還需要一張**藏寶圖**，顯示你要前往的目的地，以及在途中你將會達到的里程碑。

以下是你需要為自己和其他人釐清的一些脈絡：

目標

你為什麼要執行這個專案呢？在眾多商業目標、技術投資和懸而未決的任務中，為什麼這個專案是當前正在進行的呢？在整個專案過程中，「為什麼」將成為你的動力和指南。如果你開始做一件事情，卻不知道其中的目的，很可能會偏離正軌。你可能會在未真正解決問題的情況下完成工作。我將在第 6 章中更詳細地討論這個現象。

了解「為什麼」甚至可能使你拒絕參與該專案：如果你被要求領導的專案實際上無法實現目標，那麼完成該專案就只是在浪費大家的時間。最好及早發現這一點。

顧客需求

我經常分享一個故事，關於我加入某個新的基礎設施團隊的第一週經歷。有一位團隊成員描述了他們正在進行的一個專案，即升級一些系統來提供一個新功能。我問他說：「為什麼另一個團隊需要這個功能呢？」 我很高興有機會了解情況。他回答說：「也許他們不需要。而我們認為他們需要這功能，但我們無從得知。」然而這兩個團隊坐在同一棟大樓內的同一樓層。

即使在內部專案中，你也會有「客戶」：也就是那些將使用你所創造之物的人。有時你可能是自己的客戶，但大多數情況下會是其他人。如果你不了解顧客需求，你就無法建構出正確的東西。如果你沒有產品經理，你可能需要負責弄清楚這些需求是什麼。這意味著你需要與你的客戶交談，傾聽他們的回應。

產品管理是一門龐大而困難的學科，要真正瞭解用戶到底想要什麼，而不僅僅是全盤接收他們告訴你的內容[4]，這並不容易。你可以要求一位用戶讓你追蹤他們使用軟體的情形，或者請內部用戶描述他們希望擁有

4 儘管這可能是個虛構的故事，但亨利・福特關於 Model T 車款的名言說明了不同領域的人之間如何無法溝通：「如果我問人們想要什麼，他們會說想要更快的馬。」

的應用程式介面（API），或者向他們展示你認為他們可能喜歡的介面草圖，觀察他們如何與之互動。不要將你希望他們說的話強加在他們身上，要真實地聽取他們的回應。避免使用專業術語，因為這可能會讓人們感到害怕，不願意告訴你他們不明白的地方。如果你很幸運，你的團隊中可能有專注於 UX 研究的人，他們可以進行客戶體驗的研究工作，請務必閱讀他們的成果，與他們交談，並嘗試觀察一些用戶訪談。

即使你有一位產品經理，也不能忽視你的客戶！我很喜歡和產品經理交談。我喜歡《*The Pragmatic Engineer*》電子報作者 Gergely Orosz 在〈Working with Product Managers: Advice from PMs（與產品經理共事：來自 PM 的建議）〉這篇文章中所匯總的與產品經理的對話（*https://oreil.ly/l9ofc*），Ebi Atawodi 的評論尤其精彩：「你也是『產品』。」Atawodi 指出，工程團隊應該像產品團隊一樣關注客戶，關心業務背景、關鍵指標和客戶體驗。

成功指標

描述你將如何衡量你的成功。如果你正在建立一個新的功能，也許已經有了一個衡量成功的方法，比如產品需求文件（*https://oreil.ly/YBaZO*）（PRD）。如果沒有，你可能要提出你自己的衡量標準。無論哪種方式，你都需要確保你的贊助人和專案的其他負責人都同意這些指標。

成功的衡量標準並不總是顯而易見的。軟體專案有時隱含地以寫了多少程式碼來衡量進展，但程式碼的存在並沒有告訴你任何問題是否真的被解決了。在某些情況下，真正的成功來自於對程式碼的**刪除**。想一想，對你的專案來說，成功到底是什麼樣子的？它是否意味著更多的用戶收入，更少的故障，更少的程序時間？你現在是否有一個客觀的指標，可以讓你比較前後的情況？

微服務專家 Sarah Wells 在她的 Kubecon 主題演講〈The Challenges of Migrating 150+ Microservices to Kubernetes（將 150 多個微服務遷移到 Kubernetes 的挑戰）〉（*https://oreil.ly/OTILj*）中，談到了用兩種可衡量的

方式來判斷遷移成功與否：保持集群健康所花費的時間，以及團隊成員在 Slack 上對沒有達到預期效果的功能發出的嘲諷訊息的數量。

如果是你發起的專案，在定義成功指標方面要更加嚴格。如果你的信譽和社會資本很強，你有時可以根據他們對你的信任，或者透過一份有說服力的文件或鼓舞人心的演講來說服其他人支持一個專案。但是，你不能確定你是對的。用最懷疑的態度對待你自己的想法，並迅速制定真實的、可衡量的目標，這樣你就能看到專案的發展趨勢。正如第 4 章所解釋的，你的信譽和社會資本可以下降，也可以上升。不要依賴它們作為維持專案的唯一動力。

贊助者、利益相關者、客戶

誰想要這個專案，誰在為它付錢？誰是這個專案的主要客戶？他們是內部還是外部？他們想要什麼？在你和最初的專案發起人之間有一個中間人嗎？如果有一個產品需求文件，這些可能都會被寫出來，但你可能需要自己澄清誰是你的第一個客戶或主要利益相關者，他們希望從你這裡看到什麼，以及什麼時候。如果工作的動力來自於你，那麼你可能要不斷地證明專案的合理性，並確保它持續被資助。如果你能找到其他對這項工作有興趣的人，就會更容易推銷這項工作的價值。

固定限制

也許有一些高階技術職位允許你直接走進去，開始解決大問題，不受預算、時間、難纏的人或現實中其他惱人的方面的限制。不過，我從未見過這樣的角色。通常情況下，你會在某些方面受到限制 —— 請瞭解這些限制是什麼。是否有絕對不能更動的最後期限？你有預算嗎？是否有你依賴的團隊可能太忙而無法幫助你，或你無法使用的系統組件？你是否必須與難纏的人合作？

瞭解你的限制條件將設定你自己和其他人的期望。在「推出一個功能」和「在沒有足夠的工程師和兩個利益相關者在方向上有分歧的情況下推出一個功能」之間有很大的區別。同樣，為那些渴望進行測試的團隊建立一個內部平台，與試圖說服一百個工程師遷移到一個他們討厭的新系統，是截然不同的專案。具體描述你所處的現實情況，這樣你就不會因為現實與你的預期不符，而把所有的時間都花在對現實發脾氣。[5]

風險

這是一個「登月」或 「登頂」專案嗎？它給人的感覺是巨大的、有抱負的，還是在正確方向上邁出的相當直接的一步？在一個理想的世界裡，專案中的每個人都會完美地同步完成他們自己的部分，並且有預先可支配的時間和精力（最好還在這個過程中提高信譽、技能、生活品質和社會資本！）現實情況是，有些事情會出錯，而且專案越是雄心勃勃，潛在風險就越大。試著預測一些風險。哪些事情會發生，可能會阻止你在最後期限內達到你的目標？是否有未知因素、依賴性、關鍵人物如果退出會導致專案失敗？你可以透過清楚地瞭解你的不確定性領域來減少風險。你不知道什麼，你可以採取什麼方法來減少這些不確定因素？這是一種你可以製作原型的東西嗎？以前有人做過這樣的專案嗎？

最常見的風險之一是擔心白費力氣，擔心創造出的東西最終不會被使用。如果你頻繁地進行迭代修改，你就有更好的機會獲得用戶的回饋並進行修正（甚至提前取消專案；我們將在第 6 章中更深入討論這個問題），而不是在最後發佈一個非贏即輸的版本。

歷史

即使這是一個全新的專案，你仍然需要了解一些歷史背景。這個專案的想法是從哪裡來的？它是否在全體會議或郵件中宣布過，設定了期望？如果這個專案不是全新的，它的歷史可能會很模糊且充滿困難。當團隊在嘗試解決問題時已經失敗過，可能會存在一些剩餘的組件，你可能需

5 儘管不必多提，但當你描述這一現實時要懂得包裝。如果你寫下對難纏的人、對立的團隊或優柔寡斷的主管最善意的描述，當有人不可避免地把電子郵件或文件轉發給他們時，你會感到不那麼尷尬。你也會對他們保持同理心，也許對如何與他們合作發展出一些見解。

要使用或建立在其上，還有現有的使用者可能有奇怪的使用案例，他們希望你繼續支援他們。你可能還會遇到之前嘗試且失敗的人的不滿和惱怒，如果你希望重新獲得他們的熱情，你需要非常謹慎地進行。

如果你是新加入一個現有的專案，不要急著加入其中。先去找人交流與對話。找出在你開始打造新解決方案之前，你將需要使用、處理或整理的半成品系統。了解人們的感受和期望，從他們的經驗中學習。記住我在第 2 章提到的 Amazon 首席工程師社區的原則：「尊重過去的工作。」

團隊

根據專案的規模，你可能有幾個需要認識的關鍵人物，也可能有大量的團隊成員、領導、利益相關者、客戶和附近的人，其中有些人影響你的方向，有些人將做出你必須做出反應的決定，有些人你永遠不會直接與他們交談。同時也會有其他擔任領導角色的人。

如果你是單一個團隊的專案負責人，你可能會定期與該團隊的每個人交談。在一個有許多團隊參與的大專案中，你需要在每個團隊中有一個聯絡人。對於更大的專案，你可能在每個領域都有一位子負責人（見圖 5-1）。或者，你的專案是某個更廣泛的專案的其中一部分，那麼你就是一位子負責人。

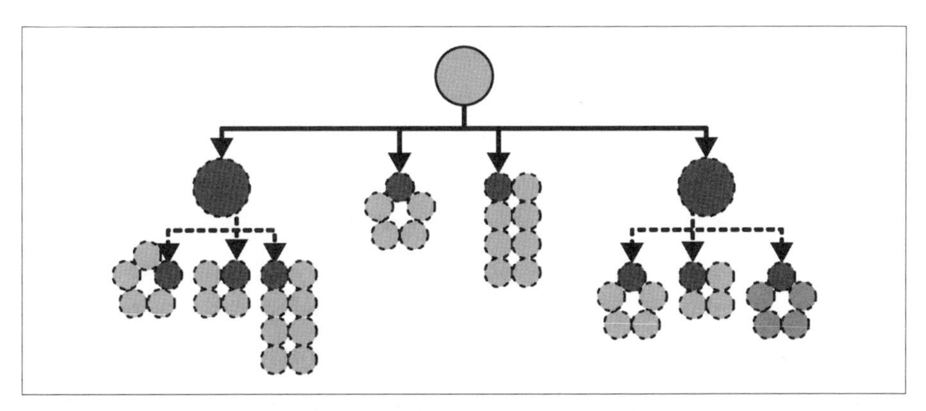

圖 5-1 作為專案負責人（這棵樹的根節點），你可能與其他幾個團隊的聯絡人或子負責人有著聯繫。其中一些子負責人可能正在指導他們自己的子負責人進行工作。

建立良好的工作關係並相互幫助對於作為專案負責人來說至關重要。不要浪費時間在權力鬥爭上。如果你與其他領導人合作愉快，實現共同目標的可能性就更大。當你與團隊成員和諧相處時，工作將變得更加愉快，同時也提升了生活品質和工作效能。然而，擁有多位領導者通常會導致對於每個人在專案中的角色和貢獻的期望不明確，這可能引發衝突。了解誰擔任領導角色，他們如何參與專案，以及他們對自己角色的期望。

建立專案架構

考慮到這些所有的情況，你可以開始建立正式的架構，以幫助你順利執行這個專案。雖然設定期望、建立架構和遵循計畫可能需要一些時間，但它們確實提高了你實現順利開展工作的成功機會。當有越多人參與時，你會越想確保大家對於目標和期望有一致的理解。這些架構也將成為你的工具，幫助你感受到對正在進行的事情的掌控。因此，如果你還有些困惑，別擔心，這些架構將使你更容易應對。

以下是為了建立專案，一些你必須做的事情：

定義角色

我提到了當有多個領導者存在時，可能會發生衝突的風險，因此讓我們從這裡開始討論。在資深職級以上，工程角色開始變得模糊不清：例如，一位非常資深的工程師、一位工程經理和一位技術專案經理之間的區別可能不是很明顯。在基本層面上，他們都有一些共同的職責，也就是成為「房間裡的大人」，他們必須辨識風險、消除障礙、解決問題。根據定義，經理會有直接下屬，但工程師也可能有。專案經理能看見差距，負責溝通專案狀況並消除障礙，但如果這些事情未得到處理，其他人也應該挺身而出承擔這些責任。或許有人會爭論說，工程師應該擁有更深入的技術技能，但有些專案經理在技術層面也是翹楚，並且許多人擁有豐富的軟體工程經驗。如果一位經理或技術專案經理來自工程背景，並且仍然參與重大的技術決策，或者管理多於一名員工的工程師，這就變得更加複雜了。那麼，到底該由誰負責做什麼呢？

在專案開始時，是確定每個領導者的責任的最佳時機。不要等到兩個人發現他們在做相同的工作，或者工作因為沒有人認為該負責而被忽略。你可以清楚地描述需要完成的工作和負責人。建立一個領導責任表是最簡單的方法，該表明確列出誰應該承擔每項責任。下面是表 5-1 的一個例子：

表 5-1 領導責任表範例

產品經理	Olayemi
技術負責人	Jaya
工程經理	Kai
技術專案經理	Nana
工程團隊	Adel、Sam、Kravann
了解顧客需求，提供初步要求	產品經理
提供產品成功關鍵指標	產品經理
設定時間軸	技術專案經理
設定範圍與里程碑	產品經理、工程經理
招募新團隊成員	工程經理
監控並確保團隊健康	工程經理
管理團隊成員績效與成長	工程經理
技術主題的輔導與訓練	技術負責人
設計高層次架構	技術負責人（加上工程團隊的協助）
設計個別組件	技術負責人、工程團隊
程式碼編寫	工程團隊（技術負責人從旁協助）
測試	工程團隊（技術負責人從旁協助）
操作、部署、系統監控	工程團隊（技術負責人從旁協助）
向利益相關者溝通專案進度	技術專案經理
設計 A/B 測試	產品經理
針對技術方法做最終決策	技術負責人
針對用戶可見行為做最終決策	產品經理

我想強調，這只是其中一個例子！有些專案會有比這個範例還要更多的領導者。有些則會更少。面向內部的專案如基礎設施團隊，通常不會有產品經理。[6] 如果你想在不同的任務上寫上不同的名字，那也可以。如果你想讓責任劃分變得更加細緻複雜，RACI 是一個流行的工具，它也被稱為「責任分配矩陣」(*https://oreil.ly/eebGs*)，名字來自於典型的四種關鍵責任。

負責者（*Responsible*）

實際做工作的人。

當責者（*Accountable*）

最終交付工作並負責簽字確認工作完成的人。每項任務應該只有一個當責者，而這個人通常與「負責者」是同一個人。

事先諮詢者（*Consulted*）

被諮詢意見的人。

事後告知者（*Informed*）

將被告知最新進展的人。

如果你對專案管理感興趣，你可能會喜歡閱讀關於 RACI 的各種變體，但我在這裡不打算深入討論。我只想說，RACI 將前述清單轉換為一個矩陣，讓你能夠更清楚地設定每個人的期望角色。在某些情況下，RACI 可能是多餘的，但在需要時它確實非常有用。我有一位在 Google 工作的工程師朋友告訴我一個在混亂專案中運用到 RACI 的案例：

> 我們需要一個正式的框架來明確界定誰負責做出決定。這將有助於我們避免兩種糟糕的情況：因為我們不知道誰是決策者，所以我們無休止地進行討論；因為我們沒有明確的決策過程，

6 試想如果團隊安排了產品經理，我們行業的內部解決方案肯定會好上許多

> 所以我們不斷重複討論每個決定。儘管 *RACI* 不能完全解決這兩個問題，但它至少為人們提供了一些相對無爭議的結構。

無爭議的結構是這裡真正的超級力量。它給你提供了一種方法，讓你在不感到奇怪的情況下展開對話。

Lara Hogan 為產品工程專案提供了一個替代工具 —— 團隊負責人的文氏圖（*https://oreil.ly/Eoi2I*），重疊的圓圈分別代表「什麼」、「如何」和「為什麼」的故事，然後將其分配給工程經理、工程領導人和產品經理。我聽說有人建議加入第四個圓圈，即「何時」的故事，如果你能把它擠進圖中的話，可以將其分配給專案經理或專案負責人。

無論你採取哪種方式，確保每個領導人對於各自的角色和負責事項保持一致非常重要。如果你不能確定每個人都知道你是領導者（甚至不知道你是領導者），那麼新專案將變得更充滿挑戰。我在十多年前作為一個專案的子負責人時，經常感到緊張，每週與負責整個專案的領導者開會時，我總是擔心自己是否完成了預期的工作。當時，我可以透過直接對話來減輕焦慮，向領導確認我認為我應該負責的事情是否正確，並確認我是否承擔了應有的責任。

最後一點關於角色的想法是，作為專案負責人，最終你將對專案的結果負責。這意味著你需要填補其他人尚未擔任的角色，或至少確保工作能夠順利完成。如果你的團隊中沒有經理，你需要幫助他們成長；如果沒有人追蹤用戶需求，那就是你的責任；如果沒有人擔任專案負責人，那也是你的責任。這可能需要承擔多項職責。在接下來的內容中，我將討論一些可能分配給你的這些角色的任務。

招募人員

如果有一些角色你不想承擔或沒有時間承擔，那麼你可能需要尋找他人來擔當這些角色。這可能包括在內部或外部招募人員，或選擇次級負責人來接手專案的某些部分。有時，這意味著你需要找到能夠補充你團隊缺乏的技能能力，或者你自己缺乏的經驗。[7] 此外，你還應該尋找那些能夠補充或彌補你自身技能組合的人。例如，如果你是一個有整體視野的人，那麼找一個喜歡深入細節的人可能是個好主意，反之亦然。而如果你能找到那些喜歡做你討厭的工作的人，那就更加理想了。這種合作關係將是最佳的情況。

我有幸在 2020 年 10 月主持一場 LeadDev 小組會談，主題是「Sustaining and Growing Motivation Across Projects」（*https://oreil.ly/o6Rj1*）。其中，Google 的首席工程師 Mohit Cheppudira 談到了他在招募人員時會尋找的特質：

> 當你負責一個大型專案時，實際上你正在建立和引導一個組織。因此，清楚了解組織的需求是非常重要的。我花了很多時間努力確保在各個不同領域都有最佳的線索，這些線索與特定專案有關。同時，在尋找領導者時，你需要找到具備優秀技術判斷力的人，同時也具備以下態度：樂觀、善於解決衝突和溝通能力出色。你需要的是那些可靠的人，他們能夠真正推動專案的發展。

招募決策是你將要做出的最重要的決策之一。你選擇的團隊成員將對於你是否能在最後期限前完成可見的任務並實現你的目標產生巨大影響。他們的成功將成為你的成功，而他們的失敗也將成為你的失敗。所以，你需要招募那些能夠與你共事、克服摩擦並完成工作的人 —— 那些你可以依賴的人。

達成範圍共識

專案經理有時會使用專案管理三角形模型（*https://oreil.ly/4aboG*），它有助於平衡專案的時間、預算和範圍。另外一種常見的說法是「快速、便宜還是好？從裡面挑兩個」，這句話看似簡單，但卻容易被忽視：如果

7 不過要盡量避免依賴某個人非常具體的技能組合。人們經常在不同的公司之間流動，你不希望有單一的故障點。

你的資源有限，你就無法做太多的事情。因此，你需要確定要達成的目標，並將其與團隊成員達成一致。

也許你不打算一次性交付整個專案。如果你有多個用例或功能，你可能希望逐步提供增值。因此，首先決定要做的事情，設定一個里程碑，並在旁邊標註日期。描述這個里程碑的內容，包括哪些功能？用戶可以實現什麼？

Jackie Benowitz，一位擔任過多個大型跨組織專案的工程經理，曾與我分享她將里程碑視為測試的機會：每個里程碑都是可用的，或者在某種程度上可以證明的，並為用戶或利益相關者提供了額外的機會來提供回饋。這意味著你必須為每一個漸進式的改變做好準備，因為這些改變讓用戶意識到他們仍然想要什麼。他們可能會告訴你，你的方向不正確，讓你有機會及早調整。

為了保持這種靈活性，一些專案不會規劃超過下一個里程碑，認為每個里程碑本身就是一個目標。其他專案則會整體規劃並隨著需要調整路線。無論你偏好哪種方式，都要確保增量足夠小，以便總有一個里程碑在即將到來的視野中：有一個可實現的目標會成為激勵因素。我也多次發現，人們在有無法避免的最後期限之前往往不會感到緊迫。定期交付成果會變相刺激人們不把所有事情都留到最後。設定明確的預期，說明你期望什麼東西應該在哪些時候發生。

如果專案的規模足夠大，你可以將工作分成多個**工作流**，即可以平行進行並獨立建立的功能模塊（可能由不同的子團隊負責），每個工作流都有自己的里程碑。這些工作流在某些關鍵時刻可能相互依賴，有些工作流可能必須等待其他工作流完全完成後才能開始，但通常你可以獨立討論每個工作流中的任何一個。你也可以描述不同的**階段**，在這些階段中，你完成了大量的工作、調整了方向，然後啟動了專案的下一個階段。這樣將工作分割開來可以更容易管理和思考，並使你能夠在更高層次上進行抽象思考。例如，如果你能夠說明某個特定的工作流程正在進行中，那麼你就不需要詳細了解該工作流程的每個任務。

如果你的公司使用產品管理或路線圖軟體，那麼它可能具有將專案組織成階段、工作流程或里程碑的功能。如果所有參與者都在同一個實體場所中，你也可以使用白板和便條紙。重要的是，讓每個人都清楚地了解你們所做決定的內容和時間。

估算時間

我幾乎沒有遇到過擅長時間估算的人。這可能是軟體工程的本質：每個專案都是不同的，而我們能夠知道一個專案需要多長時間的唯一方法就是我們以前做過完全相同的事情。我讀到的最常見的建議是將工作分解成最小的任務，因為這些任務最容易估計。第二種最常見的方法是假設你是錯的，然後把所有的事情都乘以 3。這兩種方法都不太令人滿意！

我更喜歡 Andy Hunt 和 Dave Thomas 在《*The Pragmatic Programmer*》中給出的建議：「我們發現，確定一個專案的時間表的唯一方法是在同一個專案上獲得經驗。」他們解釋，當你交付一小部分的功能時，你會在你的團隊做某件事情需要多長時間方面獲得經驗，因此你每次都會更新你的時間表。他們還建議你練習估算，並記錄下估算的情況。就像其他技能一樣，你做得越多，你就會做得越好，所以即使在不重要的時候也要練習估算，看看隨著時間過去，你的估算是否更正確。

估算時間還包括要考慮你所依賴的團隊。其中一些團隊可能完全投入到專案中，也許認為這是他們本季度或本年度的主要任務。其他人可能會把它看作是爭奪他們注意力的眾多要求中的一個。儘早與你需要的團隊溝通，並瞭解他們的時間可用性。

特別是平台團隊的工程師們告訴我，他們在最後一刻收到了添加功能的請求，而這些功能是在發佈時立即需要的，如果他們在幾個月前就知道的話，他們可以很容易地提供這些功能，那時他們就可以把這些功能納入本季度的計畫。你越晚告訴其他團隊你需要他們的東西，你就越不可能得到你需要的東西。如果他們確實同意爭分奪秒地滿足你，請記住，你打斷了他們以前的工作：你擾亂了他們對其他專案的時間估計。

就後勤事宜達成共識

有很多小的決定可以幫助你的專案順利運行，你可能想以團隊為單位來討論這些決定。這裡有一些例子：

在何時、何處以及如何碰面？

多長時間要開一次會？如果你是單一團隊，每天都有站立會議嗎？如果你是跨團隊工作，負責人多久會聚一次？你們會不會有定期的Demo、敏捷儀式、回顧性會議，或者其他一些反映問題的方式？

如何促進非正式溝通？

會議通常是一種相對正式的資訊交流方式，而且可能並非每天都發生。那麼，在此期間，如何讓人們輕鬆聊天和提問呢？如果大家坐在一起，這可能相當容易，但在越來越多的遠距工作人員中，這已經變得不太常見。[8] 在一個新的專案中，人們可能不認識彼此，他們可能會對傳送私訊（DM）感到猶豫不決，所以你可以透過建立社交頻道、非正式的破冰活動，讓人們更輕鬆地相互聊天和提問。或者如果條件允許，盡可能安排團隊成員在同一地點聚會幾天，來鼓勵大家展開對話。即使是一些輕鬆有趣的事情，如梗圖討論串，也可以給人們帶來連結，使他們更快地互相提問和提供幫助。

如何共享進度？

你的贊助人希望如何瞭解專案的進展情況？公司的其他人呢？你想讓他們去哪裡瞭解更多？如果你打算定期傳送進度更新 email，那要由誰傳送，以及傳送頻率應該如何？

文件的家在哪裡？

這個專案在公司的維基百科或文件平台上有正式的專案頁面嗎？如果沒有，請建立一個，並使其容易查找，比如使用一個容易記住的

8 很可能至少有一些人不在辦公室，團隊中的每個人都在不同的城市或時區，這並不罕見！如果每個人都分布在全球各地，最好是他們的工作日有很好的重疊，特別是當他們需要緊密合作時。在完全不同步的交流上很難建立起信任的關係。

URL 或超連結。這個文件空間將成為專案的中心，並應該連接到其他所有內容。當你需要查找會議紀錄、下一個里程碑的描述或相關 OKR 的措辭時，它將為你提供一個單一的起點。你希望每個人都能查看相同的最新資訊。它是混亂宇宙中的單一固定點！

開發實踐？

你打算用什麼語言來工作？你打算如何部署你所創造的東西？你對程式碼審查的標準是什麼？一切都應該如何測試？你是否在功能標記後面發佈？如果你在一個已經成立一段時間的公司裡增加一個新專案，也許這些所有的問題都有標準答案。其他問題可能取決於你在專案工作中做出的技術決定。不過，趕緊開始討論吧，讓每個人保持一致。

舉辦啟動會議

作為建立專案的一部分，你要做的最後一件事是召開一個啟動會議。如果所有的重要資訊都已經寫下來了，你也許會覺得這沒有必要，但是讓人們實際見到彼此，這可以為開展專案蓄足動力。這個啟動會議能夠讓每個人保持同步，並感覺自己是團隊的一部分。

以下是你在啟動會議上可能涉及的一些主題：

- 每個人都是誰？
- 專案的目標是什麼？
- 到目前為止已經發生了什麼？
- 你們都建立了哪些結構？
- 接下來會發生什麼？
- 你希望人們做什麼？[9]
- 人們如何提出問題和瞭解更多？

9 在整個專案中要對這一點保持清晰明確！新領導者常常傾向於含糊其辭，暗示希望每個人能做你需要他們做的事情。但請從以下角度考慮：如果你表達不清，其他人在試圖弄清你所要求的事情有多重要時就需要更多的工作量。請明確說明你希望人們做什麼。

駕馭專案

我最喜歡的專案管理分享是〈Avoid the Lake!（避開湖泊！）〉（*https://oreil.ly/NHWFj*），作者是 Google Cloud Platform 的 VP Kripa Krishnan。我之前常聽到「駕馭專案」這個詞，但從未真正思考過它的含義，但 Krishnan 用一個很清晰的比喻來解釋，她說：「駕馭並不只是把腳踩在油門上然後往前開。」換句話說，駕馭不能是被動的，它需要主動、深思熟慮和有意識的角色。駕馭意味著選擇你的路線，做出決策，並對前方道路上的危險做出反應。如果你是專案負責人，你就坐在駕駛座上，你要負責將所有人安全地帶到目的地。

在第 3 章中，我們談到了專案負責人的職責之一：確保做出決策。現在，我們來看看當你推動專案前進時，可能會遇到的其他挑戰。

探索

當一個全新的專案已經有了設計文件或計畫時，我總是持懷疑態度，尤其是當這些文件包含了實施細節時，比如「用 Node.js 建立一個 GraphQL 伺服器……」等等。除非問題確實很簡單（如果是這樣，你確定還需要 Staff 工程師嗎？），否則在一開始你不會有足夠的資訊來做出如此具體的決定。這需要一些研究和探索，方能瞭解專案的真正需求，並評估可能採取的方法來實現這些需求。如果在建立設計時很難明確目標（或者這個目標本身只是對某個實作的描述！），這說明了在這個探索階段你沒有花足夠的時間。

專案的重要方面有哪些？

你們都希望實現什麼目標？專案越大，不同的團隊可能對於所追求的目標有著不同的心理模型。了解在實現這些目標後會有什麼不同，以及你們將使用的方法是很重要的。一些團隊可能存在你不知道的限制，或者對於專案的方向有著不明確的假設。他們可能只是同意協助你，因為他們認為你的專案也會實現他們關心的其他目標 —— 但這可能是錯誤的。

團隊成員可能會專注於專案中較小或不太重要的方面，或者對於期望的範圍有與你不同的看法。他們可能使用不同的術語來描述相同的事物，或者使用相同的術語但有不同的意思。要達到一個共識，你需要能夠簡明扼要地解釋不同團隊在專案中追求的目標，並且確保大家都同意這個解釋是準確的。

調整和解決這些問題可能需要一些時間和努力。這涉及到與用戶和利益相關者進行交流 —— 實際上是傾聽他們的需求，了解他們使用的術語。這可能需要研究其他團隊的工作，以了解他們是否在從事相同的工作但是以不同的方式進行描述。如果你以一個開放的心態進入專案，並試圖超脫既定觀念，去探索其他人對於這項工作的看法，可能會面臨一些困難。然而，如果你試圖推進一個每個人都在使用不同術語或追求不同目標的專案，那將會更加艱難和困擾。

當你進行探索和發現期望時，你將開始對自己正在從事的工作建立清晰的定義。探索能夠幫助你建立一個專案的「電梯簡報」，也就是一種總結專案並將其簡化為最重要方面的方法。同時，你也需要清晰地描述哪些工作不在專案的範疇之內。如果有其他專案與你的專案有關，你將開始展示它們之間的關聯，可能是作為一個子集或者它們之間的重疊之處。這種描述可以清楚區分那些看似相似但實際上不相關的工作，或者那些看似完全不相干卻有意想不到聯繫的工作。在本章的後面，我將討論建立心理模型的重要性，以幫助你和其他人以相同的方式思考問題。你對問題的理解越深入，就越容易為其他人建立起這種理解。

可以採取哪些可能方法？

一旦你對專案有了清晰的故事，就可以思考如何實現它。然而，如果你在專案探索的過程中發現所選擇的框架或解決方案實際上無法解決真正的問題，這可能會讓你感到驚訝和困惑。這種心態調整是非常困難的，我曾經看到專案負責人固執地堅持著他們原來對問題的解讀，對與其相悖的資訊不予理會。然而，這並不是一個好的解決方案。因此，在確定解決問題的方式之前，真的要保持對不同解決方案的開放態度。

同時，對現有的解決方案也要持開放態度，即使它們可能沒有創造新事物那麼有趣或方便。在第 2 章中，我提到了在開始創造新東西之前，透過研究和學習其他團隊（包括內部和外部）的工作來擴大視角的重要性。現有的解決方案可能不完全符合你的預期，但要接受這樣的想法：它可能是一個更好或至少是可行的解決方案。從歷史中學習：了解類似專案的成功或失敗案例，以及他們在哪些方面進行了努力。請記住，撰寫程式碼只是軟體工程的一個階段：運行中的程式碼需要被維護、操作、部署和監控，最終可能會被替換或刪除。如果某個解決方案意味著專案結束後組織需要維護的東西更少，那麼在選擇方法時應該權衡考慮。

釐清

啟動專案的一大重要部分是為每個人提供關於專案的心理模型，使他們理解你們正在做的事情。當專案涉及許多移動的部分、意見和半相關的項目時，將它們全部記錄下來是一項艱巨的任務。作為專案負責人，你有動力花時間理解這些棘手的概念，因為它們對實現專案至關重要。然而，其他人可能有不同的關注點，可能不會像你一樣努力。除非你花時間簡化複雜性，否則他們最終可能會以錯誤的方式思考專案，或者使你試圖向組織傳達的清晰故事變得混亂。

在《旅行的藝術》一書中，艾倫・狄波頓討論了學習新資訊時的挫折感，這些資訊與你已經了解的事物沒有直接聯繫，例如你在參觀外國歷史建築時可能學到的各種事實。他提到，在參觀馬德里的皇家大聖方濟各聖殿時，他瞭解到「聖物室和會客室中的十六世紀座位來自塞戈維亞附近的卡爾圖哈・德・保爾修道院」。如果這些描述沒有與他已經熟悉的事物建立聯繫，那麼這些新的事實就無法引起他的興奮和好奇心。他稱這些新的事實為「斷了線的項鍊珠子，無用且飄渺不定」。

在試圖幫助他人理解某個概念時，我經常回想起這句形容，因為它能夠啟發我如何將其與他們現有的知識相關聯。我思考著如何將這個概念變得與他們息息相關，並激發他們的好奇心。也許我可以透過連結概念來形成一條項鍊，或者使用一個類比來提供一個接近的概念，即便它不完全準確，卻也是有用的。

以下是透過建立共同理解來減少大型專案複雜性的一些方法。

心理模型

當你開始學習 Kubernetes 時，你可能會被一大堆新術語所淹沒。Pod、服務、命名空間、部署、Kubelets、ReplicaSets、控制器、Job 等等。許多說明文件通常透過這些概念與*其他*新術語的關聯或抽象的方式來解釋它們，這對於那些已經對整個領域有所了解的人來說是合理的。然而，對於初學者來說，這可能令人感到無比困惑，直到你朋友將這些概念連結他們已經熟悉的事物。比方說，使用一個比喻來讓你想像一個你已經知道的某個事物的行為，例如：「把這部分想成一個 UNIX 程序」，或者他們可能會舉一個例子來幫助你理解所描述的概念，例如「這就像是一個 Docker 容器」。這兩種方法並不完美，但它們不必完美：它們只需要*足夠貼近*，在你已經理解的其他事物上建立起一個聯繫，讓你有辦法吸收這個知識。這樣的聯想有助於降低學習新概念時的困難，使你更容易理解並與之建立共鳴。

我在本書中使用了這些修辭手段，使用了電玩遊戲的類比和地理隱喻來描述概念。將一個抽象的概念與我所理解的東西聯繫起來，可以消除保留和描述這個概念的一些認知成本。這就好比我把這個概念放到了一個被良好命名的函數中，以後我可以再次呼叫，而不需要考慮其內部結構。（看，這又是一個比喻。）

就像我們建立 API 和介面，讓我們與組件一起工作而不必處理它們混亂的細節一樣，我們可以利用抽象概念來讓我們與點子一起工作。與「分布式共識演算法」相比，「領袖選舉」是我們可以更容易理解和解釋的東西。當你描述你想完成的專案時，你很可能會有一堆抽象的概念，如果沒有你所從事的領域的大量知識，是不容易理解的。透過為概念提供一個方便、易記的名稱、使用類比，或將其與已在人們認知範圍內的東西聯繫起來，讓人們更容易領略。這樣一來，他們就能迅速建立起自己的心智模型，瞭解你所談論的內容。

命名

兩個人可以使用相同的詞語，卻有完全不同的意思。我開玩笑地說，與我最喜歡的同事交談總是變成了一場詞義的辯論。但是一旦我們理解了彼此，我們就能以一種極為細膩且高效的方式進行交談，並就我們真正的共識或分歧進行更有力的溝通。

在 2003 年，Eric Evans 在他的書《領域驅動設計》中提出了一個概念，即刻意建立一種他所稱之為「無處不在的語言」（Ubiquitous Language）的語言。這是一種由系統開發者和與領域專家相關的利益相關者所共享的語言。即使在一個組織內部，像是「用戶」（user）、「客戶」（customer）和「帳戶」（account）這樣非常普遍的詞語，也可能有著特定的含義，而且這些含義可能因你是與財務、行銷還是工程部門的人進行對話而有所不同。花些時間了解哪些詞語對於你打算與之溝通的人來說具有意義，並在適當的時候使用他們所熟悉的詞語。如果你打算與多個群體進行對話，可以提供一份詞彙表，或者至少要謹慎地解釋你所使用的術語的含義。

圖片與圖表

如果你無比希望降低複雜性，請使用圖片。沒有比這更簡單的方式可以幫助人們直觀地理解你所談論的內容。如果某些事物正在變化，一組「之前」和「之後」的圖片比一篇文章更能清晰呈現變化。如果一個概念包含在另一個概念中，你可以將它們繪製為巢狀；如果它們是平行的概念，可以使用平行的形狀來表示。如果存在層次結構，你可以將其描繪成梯子、樹狀結構或金字塔。如果你要代表一個人，用火柴人或笑臉符號比僅僅畫一個方框更清晰。

要注意現有的關聯：如果你在圖片中使用圓柱體，除非你確定許多讀者將其視為資料倉儲（datastore），否則不要使用它。如果你使用圓柱體，部分讀者可能會試圖解釋它們的含義，例如假設綠色組件是好的，而紅色組件是應該被停止的。

圖片也可以利用圖形或圖表的形式呈現。如果你能展示一個目標並配上一條指向該目標的趨勢線（如圖 5-2），就很容易看出成功的樣子。同樣地，如果你的線條趨向於突顯某個災難點，這個專案的必要性就會變得直觀清晰。

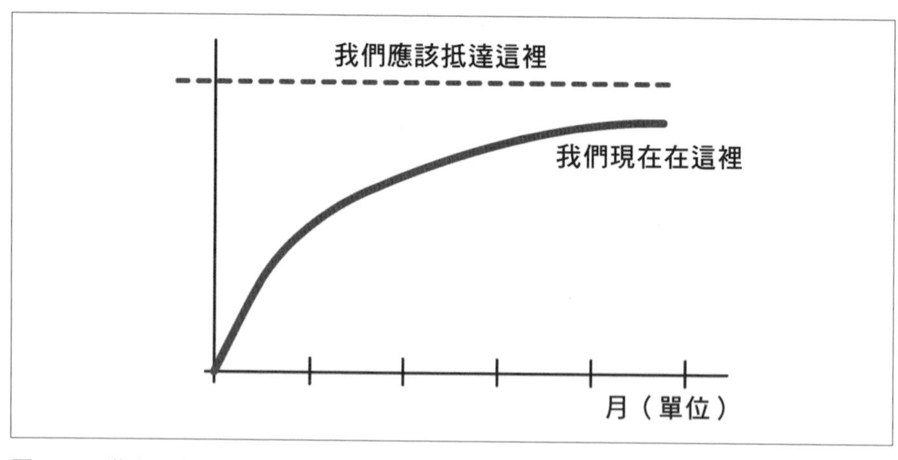

圖 5-2 邁向目標的進展

設計

一旦探索完成並確定了任務內容，你可能會產生許多關於下一步的想法：你要建立或改變什麼，以及你要使用什麼方法。然而，不要假設與你一起工作的每個人都已理解或同意這些想法。即使在討論這些想法時沒有聽到反對意見，你的同事可能並未真正內化這個計畫，他們的默許可能並不具有實質意義。因此，你需要努力確保每個人都達成共識。其中最有效的方法是將事情寫下來。

為什麼要分享設計？

在第 2 章中，我們探討了口頭和書面的企業文化。隨著公司的規模變大，書面溝通變得更加重要，並且你可能會面臨需要撰寫和審查設計文件的情況。

這是因為如果沒有共同的理解，要讓許多人共同實現某事變得困難。如果沒有書面計畫，很難確定大家是否有共同的理解。無論是在建立功能、產品計畫、API、架構、流程、配置還是其他需要多人共同理解的領域，除非你把它們寫下來，否則你無法確定人們是否理解並同意。

將事情寫下來並不意味著你需要撰寫長篇的技術文件，而是要寫出簡明扼要、易於理解的文檔，以達到大家（字面上）達成一致的目的。然而，你應該至少包括計畫的重要方面，並讓其他人在發現風險時能夠與你聯繫。徵求對設計的意見不僅僅是詢問架構或步驟的可行性，還包括確定你是否正在解決正確的問題，以及你對其他團隊和現有系統的假設是否正確。對於一個團隊來說，一個看似明顯的想法可能會對另一個團隊的工作產生衝突或破壞其工作流程。正如我的朋友 Cian Synnott 所說：「一個書面設計是一種非常經濟實惠的迭代過程（*https://oreil.ly/gp5f2*）。」

RFC 模板

以這種方式分享資訊的一種常見方法是使用設計文件，通常稱為「評論請求」文件（Request for Comment，RFC）。儘管許多公司都在使用 RFC，但對於 RFC 的形式和使用方法並沒有統一的標準。不同公司的 RFC 可能具有不同程度的細節和形式，可能鼓勵或不鼓勵評論，可能存在正式的核准步驟或會議來討論設計。

我不打算評論哪種流程是最好的，因為這實際上取決於公司的文化。然而，我非常贊同為這樣的文件提供模板。[10] 無論我們作為架構師有多麼

10 我為 Squarespace 工程部落格寫了一篇文章，內容中包括一個模板範例：「The Power of 'Yes, if': Iterating on Our RFC Process」（*https://oreil.ly/Pdb3l*）。

優秀，在設計複雜系統、流程或變更時，我們都需要牢記許多事項。但是人類並不善於關注所有細節。正如作者 Atul Gawande 所說，在他的書《清單革命：不犯錯的祕密武器》中提到：

> 我們並非為紀律而生。我們的本質是渴望新奇和刺激，而非專注細節。紀律是我們需要努力培養的特質。
>
> 使用檢查表似乎讓我們感到有些卑微和尷尬。它與我們對於真正偉大的人如何處理高風險和複雜情境的深刻信念背道而馳。真正偉大的人勇於冒險，即興創造。他們不需要遵循協議和檢查表。也許我們對於英雄主義的看法需要更新。[11]

Gawande 認為，使用檢查表可以幫助我們互相交流，避免犯錯誤，並有意識地做出正確的決定。一個良好的 RFC 模板可以幫助你思考這些決定，並提醒你可能會忘記的話題。透過建立這種文件的練習，並回答關於你的計畫的一些（也許是不舒服的）問題，將有助於確保你沒有錯過一些重要的問題類型。

RFC 裡有些什麼？

你的公司可能已經有了自己的 RFC 模板，如果有的話，你應該好好遵循。以下分享的是我放在每一個 RFC 文件中的標題，而且我認為在最低限度下文件中應該包括這些標題。

脈絡　我喜歡文件在時間和空間上有所定位。當某人在兩年後偶然發現這份文件時，標頭應提供足夠的背景資訊，讓他們能夠判斷這份文件是否與他們當時正在尋找的相關內容。標頭應包含標題、作者姓名以及至少一個日期；我偏好有「建立於」和「最後更新於」兩個日期，但如果只有其中之一也比沒有好。同時，應該包含文件的狀態，例如：是否為初步想法、是否開放進行詳細審查、是否被其他文件取代、是否正在實

11 他繼續說明了檢查表如何拯救生命。閱讀這篇文章的人中，很少有人負責關乎生命安全的系統，但如果你是，請務必擁有協議和檢查表！

施、是否已完成、是否暫停等等。我喜歡使用標準的標頭格式，這樣能夠輕鬆快速掃視 RFC 文件，但更重要的是資訊的可用性，而非標準化程度。

目標　目標部分應該解釋你為什麼要這樣做：它應該說明你要解決的問題或要利用的機會。如果有一個產品簡介或產品需求文件，這部分可以是一個總結，並且提供一個回饋機制。如果目標僅僅是提出一個問題：「好吧，但你為什麼要這樣做？」那麼你應該更進一步，並回答這個問題。提供足夠的資訊，讓你的讀者知道他們是否認為你在解決正確的問題。如果他們不同意，那很好，因為現在你已經發現了這個問題，而不是在你建造了錯誤的東西之後才發現。

目標部分不應該包括實施細節。如果你給我發了一個 RFC，目標是「建立一個 serverless API 來翻譯雞的叫聲」，我絕對可以理解這是你想要做的事情，並且我可以審查 RFC 並評估你的設計。但如果我不知道你的目標是為誰解決什麼實際問題，我就無法評估這是否是正確的方法。你已經在目標中說明了你的目標是減少使用伺服器，這是一個重要的設計決策，但沒有解釋理由。具體的實現細節應該放在設計部分；它不應該成為目標的一部分。請將設計決策留給設計部分進行說明。

設計　設計部分詳細說明了你計畫如何實現目標。確保提供足夠的資訊，讓讀者能夠評估你的解決方案的可行性。提供讀者所需的相關信息。如果你的受眾是潛在用戶或產品經理，清楚地解釋你計畫為他們提供的功能和介面。如果你依賴於系統或組件，解釋你將如何使用它們，這樣讀者就可以指出對其功能的誤解。

你的設計部分可以是幾個段落，也可以是一份長達 10 頁的詳細內容。它可以是一則敘述，一連串要點，一堆帶有標題的小節，或者任何其他能清晰傳達信息的格式。重要的是確保設計部分能夠清晰地傳達你的想法。

根據你想做的事情，設計部分可以包括：

- API
- Pseudocode 或程式碼片段
- 架構圖
- 資料模型
- Wireframe 或畫面截圖
- 流程步驟
- 各組件如何組合的心理模型
- 組織架構圖
- 供應商成本
- 與其他系統的依賴關係

重要的是，在最後，你的讀者應該明白你打算做什麼，並且應該能夠告訴你他們認為它是否會成功。

錯誤好過模糊

我經常看到人們在撰寫設計部分時感到有些手忙腳亂，因為他們不想在細節上與他人爭論。然而，與其含糊其辭，不如明確表達，即使有錯誤或爭議，也能更有效地利用你的時間。如果你犯錯了，別人會告訴你，你可以從中學到一些東西，並在需要時改變方向。如果你嘗試的是一個有爭議的想法，你也可以早日發現同事對你的方法是否有異議。對於你的設計有異議並不意味著你必須改變方向，但它給你提供了其他情況下無法獲得的資訊。

以下兩個技巧可以使你的設計更加精確：

- 對每一個動詞都要清楚誰或什麼在做動作。如果你發現自己用被動語態寫作，比如「資料將在傳輸過程中被加密」或「JSON 有效載荷將被解包裝」，那麼你就會掩蓋資訊，留給讀者猜測。更好的做法是使用主動動詞，也就是句子會出現一個執行該動作的主詞：「客戶端將在資料傳輸前對其進行加密」或「Parse 組件將對 JSON 有效載荷進行解包裝」。[12]

- 以下是一個對我來說具有改變性的提點：如果為了要避免模稜兩可的說法，多用幾個詞甚至重複也是可以的。正如軟體工程師兼作家 Eva Parish 在她的文章〈What I Think About When I Edit（當我編輯時我在想什麼）〉的建議（*https://oreil.ly/TExXb*）：

  > 你不應該說「這個」或「那個」，而是應該加上一個名詞，來準確說明你所指的是什麼，即使你剛剛提到過它。
  >
  > 舉例：我們只剩兩個箱子了。為了解決這個，我們應該訂購更多。
  >
  > 修改：我們只剩兩個箱子了。為了解決短缺，我們應該訂購更多。

自從我閱讀了 Eva 的文章後，我開始注意到設計文件中很多明顯的「這個」或「那個」掩蓋了重要資訊的例子。舉個例子：「有一個建議是用 NewSolution 取代 OldSolution，OldSolution 是為提供 OriginalFunctionality 而建立的。TeamB 需要這個，所以我們應該討論需求。」在這個句子中，我們並不清楚 TeamB 到底需要的是什麼：是建議、原來的功能，還是新的解決方案？

如果你在寫作方面遇到困難，請記住，這是一項可學習的技能。你的公司可能提供一些學習平台，其中包含技術寫作的課程。此外，你可以參考 Google 提供的「技術寫作一」和「技術寫作二」課程（*https://oreil.ly/DUTL2*）。另外，Write the Docs（*https://oreil.ly/g535C*）網站也提供了關於如何撰寫優質文件的大量資源。

---

12 Dr. Rebecca Johnson 提供了我讀過的關於意外使用被動語態的最佳測試（*https://oreil.ly/zSRhh*）：「如果你可以在動詞後面插入『by zombies』，那就是被動語態。」這個方法屢試不爽。比如：「資料將在傳輸中加密『by zombies』」。謝啦，殭屍們！

安全性／隱私／合規　請思考專案中有哪些資源值得受到保護，以及你要保護它們免受誰的侵害。你的計畫是否會接觸或蒐集用戶資料？它是否會向外界提供新的接入點？你將如何安全儲存所使用的任何金鑰或密碼？你是在保護內部還是外部的威脅，或者兩者都是？即使你認為這部分與安全問題無關，也請說明你的觀點和理由。

已考慮的替代方案 / 既有技術　如果你可以使用電子試算表解決相同的問題，你是否會考慮這種方法？[13]「考慮的替代方案」部分是為了向自己和他人證明你是在解決問題，而不僅僅是對提出新穎解決方案感到興奮。如果你發現自己忽略了這一部分，並*沒有考慮*任何替代方案，那就是一個信號，表明你可能沒有完全思考清楚問題。為什麼更簡單的解決方案或現有產品無法滿足需求？你的公司是否有其他人曾經嘗試過類似的解決方案，為什麼他們的方法不適用？我的一項政策是如果公司內部已經存在一個看似合理的選擇，而我們不打算使用它，RFC 的作者必須將新的設計提供給負責該系統的人，並給予他們機會提供回應。

以上是我認為絕對必須包括在內的標題，即使是在一個小型的 RFC 上。它們是「讓你誠實」的部分！但如果你想從你所寫的文件中獲得最大的價值，另外還有其他一些標題也很有幫助。

背景　這裡發生了什麼？讀者需要什麼資訊來評估這個設計？如果你使用內部專案名稱、縮略語或評審者可能不知道的小眾技術術語，你可以在文件中加入一份詞彙表。

取捨　你的設計有哪些缺點？你故意做了哪些權衡，因為你認為這些缺點是值得的？

風險　可能會發生什麼問題？可能的最壞情況是什麼？如果你對系統的複雜性、增加的延遲或團隊對某項技術缺乏經驗有點緊張，請不要隱藏

13 如果你不巧很喜歡電子試算表，而且這讓專案對你更有吸引力，那就把此處的電子試算表替換成你認為最平凡的技術。

這種擔憂：為你的評審員提供警示，給他們足夠的資訊來得出他們自己的結論。

依賴關係 你對其他團隊的期望是什麼？如果你需要另一個團隊提供基礎設施或編寫程式碼，或者如果你需要安全、法律或通訊部門批准你的專案，你需要給他們多少時間？他們知道你要來嗎？

營運 如果你正在編寫一個新的系統，誰來運行它？你將如何監控它？如果它需要備份或災難恢復測試，誰將負責這些？

技術陷阱／隱患

雖然這不是一本技術或建築方面的書，但我確實想指出我在設計文件中經常看到的幾個陷阱。自己避開這些陷阱，這樣就不必勞煩其他人。

這是一個全新的問題（其實不然） 偶爾會有例外，但幾乎肯定的是，你的問題不是全新的。我已經談到了尋找先前出現過的以及相關的專案，但這一點實在重要，值得再一次提及。不要錯過向其他人學習的機會，並考慮重新使用現有的解決方案。

這看起來很簡單！ 有些專案比它們看起來要難得多，而你可能直到深入到實施它們的細節中才會意識到這一點。軟體工程師們並不總是真正意識到其他領域和他們自己的領域一樣豐富、細緻和複雜。他們可能看到，比如說，一個會計系統，並認為他們可以建立一個更好、更乾淨、更簡單的系統。以前的團隊怎麼可能把成千上萬的工程師時間放在這上面呢？但建立一個會計系統（或是薪資系統、招募系統，甚至是正確分享值班表的東西）實際上是一個困難的問題。如果它看起來微不足道，那是因為你不夠瞭解它。

為現在而打造 如果你是為現在的世界狀況而建立的，你的解決方案在三年後還能用嗎？即使你是為目前五倍的用戶和要求而設計，顯然還有其他方面需要考慮。如果系統需要瞭解你公司的所有團隊或所有產品，那麼隨著公司的發展，或併購或被併購，會發生什麼？如果你有五倍數量的產品，那麼這個組件是否會成為一個瓶頸，因為每個人都在等待一個團隊為他們新增自定義邏輯？如果你的團隊規模擴大一倍，團隊成員是否還能在這個程式碼庫中工作？

為非常遙遠的未來而打造　如果你的設計比你目前的使用量多出幾個數量級，你是否有真正的理由去做如此龐大的設計？如果處理更多的用戶是輕而易舉的小事情，那麼很好，就這麼做吧，但要注意那些比它們需要的更複雜的過度工程化的解決方案。如果你要增加自定義的負載平衡，額外的快取空間，或自動區域故障轉移，請解釋為什麼值得付出額外的時間和精力。「我們以後可能需要它」並不是一個足夠有說服力的理由。[14]

每位用戶只需要做……　如果你有五位用戶，你可能可以單獨教會每一個人這個系統的所有神秘規則。如果你有幾百位甚至更多用戶，他們就會出錯；如果你不為這一點做好計畫，你的設計不會成功。你的解決方案中涉及到人類改變其工作流程或行為的任何部分都將是無比困難的，這需要成為設計本身的一部分。

日後再來搞定這個難題　這個問題在遷移中很常見：你花了一個季度的時間來建立和部署系統，對它進行打磨，使它在幾個簡單的用例中變得完美，然後你必須想辦法讓它在更多困難的情況下發揮作用。如果這被證明是不可能的，會發生什麼？忽視專案的困難部分也可能意味著把複雜性推給別人，比如要求 API 的每個現有呼叫者改變他們的程式碼，而不是向後兼容，或者迫使你的客戶編寫自己的邏輯來解釋神秘和分散的資訊。

把大問題困難化來解決小問題　如果你有很多微小的專案，而人員配置又勉強夠用的話，你會看到人們用笨拙的方式來解決困難的問題，而不是直面困難。這些附加的解決方案往往對現有的系統行為有隱藏的依賴性，這意味著以後將更難實施一個更全面的解決方案。如果你的組織拒

14　這是在軟體工程中最昂貴的發言之一。

絕投入心力解決潛在的問題，你可能沒有任何選擇，但至少要在你的設計中點出這項大問題。想一想，你如何才能在不使大問題變得不那麼棘手的情況下解決小問題。

這不是一項真正的重寫（但它確實是！） 如果你看到一個龐大的軟體系統，並設想它以不同的形式出現，那麼你要對自己和他人誠實，知道這將需要多少工作。比方說，你可能會想成你「只是」把業務邏輯拿出來，然後重構它，或者會雲端運算重新架構它。但是，除非你的程式碼已經非常模組化並且組織完善（在這種情況下，你確定還需要重新架構嗎？），否則你最終重寫的內容有可能比你預期的多。如果你的專案是一個隱蔽的「從頭開始重寫」的專案，請對你自己誠實並承認這一點。

它是可操作的嗎？ 如果你在下午三點想盡辦法試著記住某件事的運作方式，那麼到了凌晨三點你也不會確實理解它，而在你離開後加入你的團隊的人將會發現它更加困難。確保你創造的東西是其他人可以用邏輯推理。你的目標是讓系統變得可觀察、可偵錯。讓你的流程盡可能的枯燥並且可以自我記錄。

說到可操作性，如果它要在生產中運行，請決定由誰來負責，並將其寫入 RFC。如果是你自己的團隊，確保你有三個以上的人（最好是六個），否則你會讓自己陷入倦怠。

花大量時間討論枝微末節 誰不喜歡一個好的自行車棚（bikeshedding）討論呢？這個說法來自 C.Northcote Parkinson 在 1957 年提出的「瑣碎定律」（Law of Triviality）（*https://oreil.ly/D8nvw*），該定律認為，由於討論一個瑣碎的問題比討論一個困難的問題要容易得多，所以團隊往往會把時間花在這上面。[15] Parkinson 所舉的例子是一個虛構的委員會在評估一個核電站的計畫，但把大部分時間花在最容易掌握的話題上，

15 Parkinson 還提出了「work expands so as to fill the time available for its completion（工作會自行膨脹，填滿可用的時間）」的定律（*https://oreil.ly/AE5w5*）。這個人真是富有洞察力！

比如員工的自行車棚用什麼材料。[16] 技術人員通常都知道自行車棚的概念，但即使是資深人士也會飄飄然地把最瑣碎的、可逆轉的決定寫成長篇大論，反而不參與那些更難掌握或更難找到共識的決定。

這些只是一些常見的陷阱。你可能已經注意到了其他的問題。把這些加到你的清單中，並確保你自己不會成為它們的犧牲品。

程式碼編寫

大多數軟體專案都會涉及編寫大量的新程式碼或修改現有的程式碼。在本節中，我將討論專案負責人如何參與這種實踐性的技術工作。（如果你不是一個軟體工程師，可以在這裡換上任何對你有意義的核心技術工作。）

你應該負責寫程式碼嗎？

作為專案負責人，你貢獻多少程式碼將取決於專案的規模、團隊的規模和你自己的喜好。如果你在一個很小的團隊中，你可能會深入到每一個變化中。在有多個團隊的專案中，你可能會偶爾貢獻一些功能，或者只是一些小的修復，或者你可能會在更高的層次上工作，根本不寫程式碼。許多專案負責人發現，他們審查了大量的程式碼，但自己並沒有寫多少。

正如 Joy Ebertz 指出：「寫很少的程式碼是你最能有效利用時間的事。我今天寫的大部分程式碼都可以由更初級的人寫。」（*https://oreil.ly/mPHXC*）然而，Ebertz 指出，寫程式給你帶來的理解深度是其他方式難以獲得的，並幫助你發現問題。更重要的是，「如果每週花一天時間寫程式，這能讓你更參與其中，並對工作感到興奮，那麼你在其他工作中可能會做得更好。」。最後，請確保自己參與程式碼實作，讓你和你的團隊一樣感受到你自己的架構決策的代價。

---

16 我曾經準備過一個演講，有人對整整 83 張投影片沒有留下任何評論，只是建議替換我在其中一張投影片上提供的自行車棚圖片。這是真人真事！我不認為他們是在諷刺我。

但是，請注意，如果你在貢獻程式碼時犧牲了更困難、更重要的事情。這是我在第 4 章中提到的零食的一種形式：不要去做那些你已經知道如何做的工作（而且這項工作的回饋迴路較短），而避開重大的、困難的設計決策或關鍵的組織決策。

成為典範，而不是瓶頸

作為負責推進專案的人，你的時間會比其他人的時間更難預測。你可能也會比其他人有更多的會議。因此，如果你負責最大的、最重要的問題，你有可能比其他人花更多的時間來進行寫程式的工作，這可能會使你成為阻礙其他人進度的瓶頸。如果你在寫程式碼，請盡量選擇那些對時間不急迫或是避開關鍵路徑的工作。

把你的程式碼看成是幫助其他人的一個槓桿。《*99 Bottles of OOP*》（*https://oreil.ly/kEpkE*）的作者之一、GitHub 的 Staff 工程師 Katrina Owen 曾告訴我一個專案，她為 API 分頁建立了一個標準的測試方法，然後用她的方法替換了所有現有的測試。透過改變目前所有的分頁測試，她也變相地改善了未來的測試：任何建立測試的人都會複製已經存在的模式。

讓你的解決方案為你的團隊帶來更大效能，而不是取代他們的工作。Ross Donaldson 是一名從事資料庫系統工作的 Staff 工程師，他向我描述了他的部分工作是「偵查和製圖」：

> 我會告訴團隊：「我找到了這個問題，那條河流，這些資源」，然後一起討論我們希望如何應對這些新資訊。然後，也許我會建立一座粗糙的橋樑來跨越新的河流，而這座橋樑將由團隊擁有並不斷改進。我會提供一兩個意見，並提醒人們一些他們可以利用的工具，但同時更重視他們對於擁有權的感受，而不是我對於程式碼美感的追求。

Squarespace 的 Senior Staff 工程師 Polina Giralt 補充：

> 如果有一些只有我明白的事情，我會去做，同時堅持要有人和我組隊。或者如果是緊急情況，我知道如何解決，我就自己先做，後面再來解釋。或者我會寫下程式碼來建立一個新的模式，但然後把它交給其他人來繼續實現它。這樣一來，就能促使人們分享知識。

與其自己承擔每一個重要的變化，不如為其他人尋找成長的機會，針對程式碼變更討論細節或者組隊寫程式。結對程式設計可以分享知識，培養其他人的技能。這也意味著你可以參與改變的關鍵部分，然後讓你的同事來完成工作。

如果你正在審查程式碼和變更，要注意你的評論是如何被接受的。即使你認為自己很有親和力，但對於初階工程師來說，當 Staff 工程師對他們的工作進行評論時，可能會令他們感到膽怯。你要讓團隊的其他成員把你當作學習的資源，而不是把你當作批評每一個決定並讓他們感到不足的人。有時候，最好讓別人制定一個*足夠好*的模式，而不要否決或推翻，即便你會做得更好。另外，要注意不要讓你做所有的程式碼審查，否則你會成為單一的失敗點，你的團隊其他成員就不會學到那麼多。

Staff+ 工程師還有一個更隱晦的典範：*無論你做什麼，這都會為團隊設定期望*。出於這個原因，生產出優質的工作是很重要的。達成或超越你的測試標準、寫下有用的評論和文件，對於走捷徑這件事保持謹慎。如果你是團隊中最資深的人，而你又行事馬虎，你必然會有一個馬虎的團隊。（我將在第 7 章中深入談及如何成為一個榜樣。）

溝通

良好的溝通是及時交付專案的關鍵。如果團隊之間不交流，你就不會取得進展。如果你不與專案外的人交流，你的利益相關者就不會知道專案的進展情況。讓我們來看看這兩種類型的溝通。

與人交流

尋找機會讓團隊成員之間定期互相交流，建立友好關係，尤其對於完全遠端工作的團隊來說，這點非常重要。建立友好關係應該是一個容易的過程，讓團隊成員可以毫不猶豫地提出問題，並且他們之間應該建立足夠的信任，可以在輕鬆的氛圍中提出不同的意見。你可以透過共享會議、友好的 Slack 頻道、demo 活動和社交活動來促進關係的建立。如果團隊規模較小，那麼關鍵人物可以參加相鄰團隊的會議或研討會，以進一步加深彼此之間的瞭解。

建立互相熟悉的關係也會讓人更容易提出問題，因為他們會感到更安全。如果工程師彼此不熟悉，可能會感到不自在，不敢問「那個術語是什麼意思？」或「你剛才描述的問題是什麼意思？」這樣的疑問。這樣一來，合作就變得更加困難，知識分享也變得更加困難，而且更容易出現誤解。我們的目標是要達到一種境界：在你的團隊中，提出問題和承認不知道某事是很正常的行為。

分享進度

你的專案還牽涉到其他關係人，如利益相關者、贊助商和客戶團隊，他們都期待著你的完成。讓他們能夠輕鬆瞭解專案的進展，並能夠設定對你達到各個里程碑的期望非常重要。這可能需要進行一對一的對話、定期的小組郵件更新或使用帶有狀態的專案儀表板。

當你瞭解專案的進展時，你可能會涉及到很多細節和微小的細節，例如每個人在做什麼、計畫何時完成以及專案各個部分的進度。當提供狀態更新時，你可能會傾向於分享你所知道的一切：更多的資訊越好，對吧？但這並非一定。過多的細節可能會淹沒整體資訊，讓你的聽眾更難得出你希望他們得出的結論。

相反，請以「影響」的角度來解釋你的情況，思考一下聽眾真正想知道什麼。他們可能並不在乎你建立了三個微服務，而是關心用戶現在能做什麼，以及他們何時能夠進行下一步。如果你逐漸明白無法在關鍵里程碑日期達成目標，那麼這就是你想要傳達的事實。然而，如果延遲並不影響你的交付日期，那麼這種延遲可能與他們無關。將其表達出來，甚至可能看起來像你在試圖升級一些不需要升級的事情。

如果你認為聽眾真的想要所有的細節，至少請使用標題作為引導。不要假設他們會透過閱讀你的更新來篩選關鍵的事實，或者透過閱讀字裡行間來理解微妙差異。如果有任何不清楚的地方，請直接說出來。練習使用「這表示……」或解釋你正在進行的行動，例如「以便我們可以……」來闡述事實。

對於你所報告的狀態，要保持誠實與實際看法。當你的專案遇到困難時，你可能會希望裝出勇敢的樣子，希望自己能夠解決所有問題，並報告專案狀態為綠色。然而，這樣做的話，到專案結束時可能會面臨不愉快的驚喜，因為你不得不承認專案的狀態並非如此，而且已經有一段時間如此了。你有沒有聽過「西瓜」專案的說法？外表是綠色的，但內部卻是紅色的。如果你的專案陷入困境，不要試圖隱藏，盡快尋求幫助。

導航

出錯總是難免，也許你意識到你計畫中的一項核心技術並不適合：它無法擴展，缺少一些重要功能，或者違反了法律團隊的許可條件。也許你的組織宣布了業務方向的改變，現在需要你解決不同的問題。或者也許一個對專案至關重要的人離職了。你不可避免地會遇到一些路障，不得不改變方向。如果你在專案中**預先假設會遇到問題**，你會更容易應對。這種態度能幫助你保持靈活，讓你對路障感到興趣，而不是感到沮喪。將這些轉折視為學習的機會，獲得你在其他方面無法獲得的經驗。

作為掌控方向盤的領導者，你要對專案遇到的障礙負責。你不能說：「嗯，專案遇到阻礙，我們無能為力。」你有責任改變路線，尋求能夠提供幫助的人，或者在必要時向利益相關者宣布無法實現目標的消息。避免出現所謂的「西瓜專案」：如果專案的狀態除了一個無法解決的關鍵問題之外都是綠色的，那麼專案的狀態實際上也不是真正的綠色！

無論遇到什麼干擾，都要與團隊一起尋找解決方案，如何迴避它。當變化很大時，你可能需要回到本章的開頭，重新處理那些負擔沉重的問題，建立脈絡，並將專案視為重新開始的機會。無論發生什麼情況，確保你與團隊之間保持良好的溝通。不要引發恐慌或讓謠言流傳。相反，提供事實並明確告知人們你希望他們如何利用這些資訊。

當你遇到困難時，記住你不是唯一希望你的專案成功的人。[17] 你的經理的工作是使你成功，而你的主管的工作是使你的組織成功。如果你不告訴他們你需要幫助，他們就會更難完成他們的工作。有些人非常抗拒尋求幫助。這感覺像是失敗，也許。但是，如果你被卡住了，需要幫助，最大的失敗就是沒有要求幫助。不要獨自掙扎。

我將在下一章中更多地談論駕馭障礙的問題，屆時我們將探討專案陷入困境的一些原因，以及如何讓它們回到正軌。

本章回顧

- Staff 工程師可以處理那些似乎難以解決的問題，並使其變得容易解決。
- 對一個巨大的專案感到不知所措是很正常的。專案本身很困難，這就是為什麼它需要像你這樣的人參與。
- 建立結構，減少模糊性，使背景脈絡變得容易理解與分享。
- 要清楚專案的成功是什麼樣子的，以及你將如何衡量它。
- 領導一個專案意味著有意識地駕馭它，而不僅僅是讓事情發生。
- 透過建立關係和有意識地建立信任，使你的道路更加順暢。
- 把事情寫下來。清楚表達，並且要有主見。因為錯誤會被糾正，而模糊只會始終存在。

---

17 除非你真的把你的社會資本花在一個沒有人關心的激情專案上，就像第 4 章中討論的那樣！在這種情況下，對不起，你可能要靠自己了。但我希望你有足夠的善意，以至於你的同事和經理還能代表你對它有某種熱情，並願意幫助你解除困境。

- 總會有取捨。當你做決定時，要清楚你在優化什麼。
- 經常與你的聽眾進行溝通。
- 預期問題會出現。在制定計畫時，要假定方向會有變化，人們會辭職，以及各種不可用的依賴關係。

6

為什麼我們停下了？

身為專案的領航者，你的責任是確保每個人都安全地抵達目的地。然而，途中可能會遭遇各種原因導致旅程提前終止。你可能會遇到路障，例如事故、收費站或羊群遍佈的鄉村道路。你也可能發現地圖不慎遺失，或者是車上的人對目的地有不同意見。或者你可能意識到應該前往別的地方。

專案沒在動 —— 它應該這樣子嗎？

在第 5 章中，我們討論了專案如何啟動，現在讓我們來看看專案被停止的方式。我們將首先探討在遇到困難時可能發生的臨時停頓：遭遇阻礙和迷失方向。

接著，我們會討論主動終止專案的方式。有時候這可能是過早地宣佈勝利，但有時也是在專案結束之前，無論是否達到目標。

這也是一個很好的機會，提醒你身為組織領導者的角色，你可以幫助那些你並非直接領導的專案。有時候，最有效利用你的時間的方式是將自己正在進行的工作放在一邊，透過推動、暗示和逐步行動（有時甚至是重大改變）來推動停滯的專案。正如 Will Larson 所說（*https://oreil.ly/LKc0I*），這種小小的時間投資可能會產生巨大的影響：

> 許多專案只差一個小小的改變就能成功，只差一個快速修改就能開啟新機會，或者只差一次對話就能達成共識。憑藉你在組織內的權利、在公司中建立的關係以及你從經驗中獲得的問題解決能力，你往往可以用最小的努力改變專案的結果，這是你能提供最有價值的工作之一。

為了保持一致，本章的其餘部分將假設你正在領導那個已經停止的專案。然而，如果你準備介入其他專案提供幫助，許多技巧也同樣有效。

不過，別忘了：看到一個問題並不意味著你必須馬上解決它。就像我在第 4 章中提到的，你需要**捍衛自己的時間**。不要落入圖 6-1 所描述的時間陷阱中，即被大量支線任務和求助所吸引，以至於無法專注於自己負責的工作。你需要維持鑑別力！選擇那些能帶來最大價值的幫助機會，然後謹慎行事，制定計畫以在適當的時候結束這些幫助。

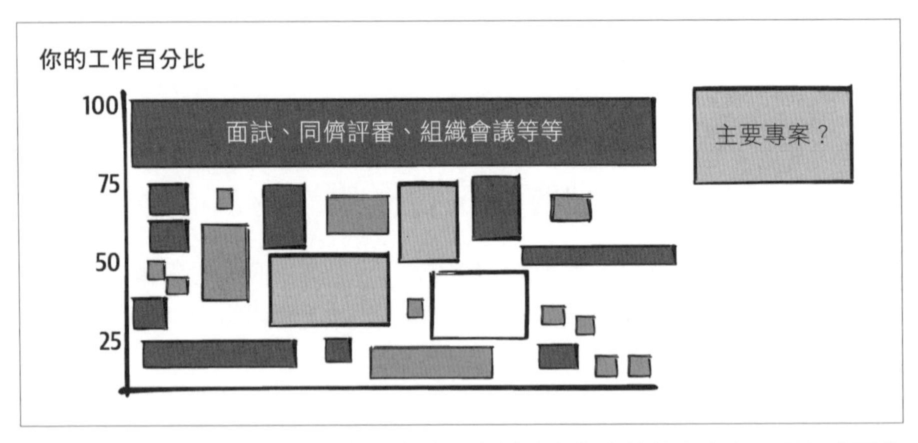

圖 6-1 有時候，我們可能花費太多時間在幫助和推動其他專案上，而忽略了我們承諾要完成的主要專案。

讓我們從專案停滯不前的第一組原因開始：他們被堵住了。

你被堵住了

在理想的情況下，團隊成員將能夠自主地工作，不必過多考慮彼此的工作。然而，在現實世界中，大型專案往往涉及跨多個團隊、部門和職能的合作。即使只有一個人的拖延，有時也足以導致重要的最後期限被錯過。當專案涉及遷移或淘汰時，成功可能取決於其他所有工程團隊的工作，而在途中可能會遇到許多阻礙。

不論你面臨的是哪種阻礙，以下是一些常用的應對技巧：

理解與解釋

你要偵錯發生的事情，瞭解堵塞的情況。然後你要確保其他人對所發生的事情有同樣的理解。

讓工作更簡單

你可以透過減少對等待中的人的依賴來解決阻塞問題。

獲得組織支持

當你能證明這是一個組織的目標時，就更容易獲得工作的優先權。你要證明工作的價值，這樣你才能得到支持。有時你會把問題升級來獲得幫助，克服障礙。

擬定替代計畫

有時障礙就是不會消失，你會使用創造性解決方案來取得成功。或者你會接受這個專案不能以目前的形式實現。

讓我們來看看當你在面對各種阻礙時，如何運用這些技巧：無論是等待另一個團隊、一個決策、一個批准、一個人、一個未分配的專案，還是所有參與遷移的團隊。

被其他團隊堵住了

讓我們從一個典型的依賴性問題開始：你的專案正在進行中，但你需要依賴另一個團隊的工作，而他們的進展卻沒有發生。如果你很幸運，那個團隊的領導者可能會提前告知你發生了什麼事情，以及他們何時能夠開始工作。但如果你不那麼幸運，那個團隊可能停止回覆你的郵件，而你只能試圖從片段中拼湊出發生了什麼事。這樣的等待過程是令人沮喪的。他們擁有你所需要的所有資訊，並且他們也知道有一個共同的發布日！為什麼他們不關心呢？為什麼他們不積極處理呢？這是值得進一步了解的地方。

發生了什麼？

如果你所依賴的團隊沒有提供你所需要的東西，幾乎可以肯定有很大的原因。這三種可能的原因分別是誤解、不幸意外、或優先事項不一致。

誤解

> 即使在具有明確溝通途徑的組織中，資訊也有可能被遺漏。一個團隊可能覺得某些事情在特定日期之前必須完成，而另一個團隊可能不知道有這樣的最後期限，或者對於他們被要求完成的任務有不同的解讀。

不幸意外

> 生活總有意外。有人辭職了，或者生病了，或者需要突然請假。你所依賴的團隊人手不足，負擔過重，或被他們自己的下游依賴性所阻撓。他們也許無法在最後期限前完成任務，不管任務有多重要。

不一致

> 也許這個團隊的工作效率令人印象深刻 —— 只是不適用你的專案。即使你正在進行重要的工作，其他團隊可能有更高的優先事項。請參考圖 6-2。專案 C 對於團隊 2 來說是最高優先事項，他們會專注於該專案而非其他工作。然而，對於團隊 1 來說，它只是第三高的優先事項！如果他們有多出的時間心力，才會輪到專案 C。

處理依賴關係

以下是四種可用技巧：

理解與解釋 首先，要了解其他團隊為什麼無法行動。他們是否理解需要什麼？是否有阻礙他們進行工作的障礙？了解的過程需要透過與他們的交談。如果直接訊息或電子郵件沒有效果，則需要進行同步的語音對話 —— 是的，這意味著舉行會議。如果很難與團隊聯繫，透過後方渠道可能有所幫助 —— 希望你已經在團隊內或附近建立了聯繫（請參考第 2 章）。

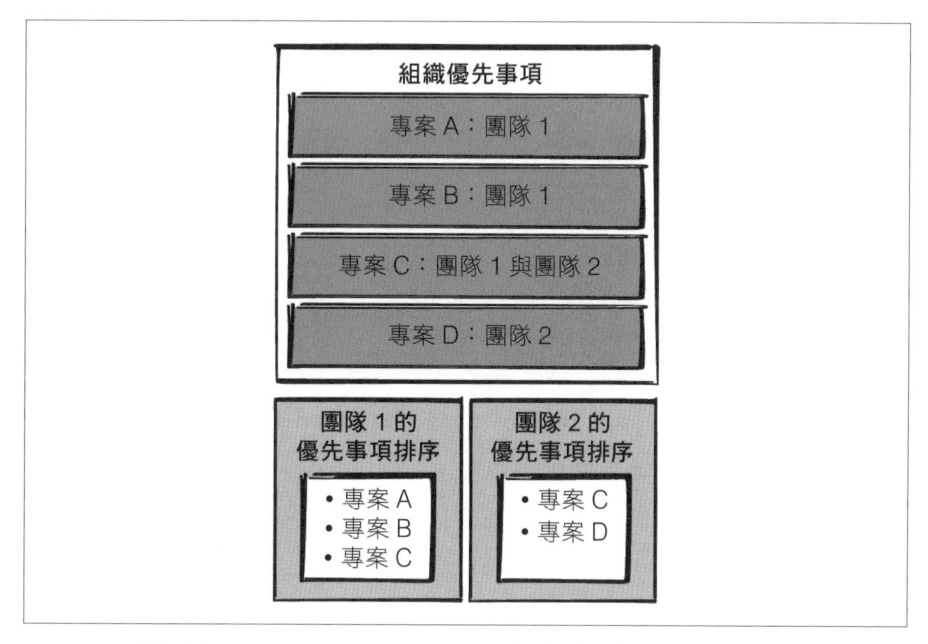

圖 6-2 團隊優先事項不一致。如果每個團隊都專注於自己最重要的專案，團隊 2 很可能會等待團隊 1 的工作完成。

解釋為什麼這項工作很重要，並說明你期望他們在何時交付什麼。再給予他們機會，讓他們告訴你這是否現實可行，或者他們是否能夠提出其他解決方案來解決你的問題。

讓工作更簡單 如果你需要依賴的團隊提供一項工作，而他們無法立即提供，你可以試著要求他們提供一個更小的部分。這可能意味著你只能獲得你絕對需要的功能，而不是你原本想要的多個功能。如果他們受制於自己的依賴關係，你可以思考是否有助於解除他們障礙的方法：如果你能夠解決他們的問題，他們就能夠解決你的問題，這樣每個人都會受益。有時候，你可以透過探索依賴關係的不同方向，一步步找到推動專案重新啟動的小小力量。

另外，你也可以提議為他們做一部分工作，例如讓另一個團隊寫程式碼，然後提交給他們進行審核。需要注意的是，這樣的提議可能不像你預期的那樣有助益：例如，在一個複雜的程式庫中，支援一個未經培訓的人進行程式碼修改通常比你自己完成還要更耗時費力。如果團隊不接受你的提議，不要感到氣憤，要保持冷靜和理解。

獲得組織支持　如果你所等待的團隊正在處理他們認為更優先的事情，試著了解他們的判斷是否正確。如果優先級不明確，可以請你的組織的領導層裁定哪個專案應該獲得優先處理。在進行這樣的討論時，要保持尊重和友善的態度，同時提出足夠的問題以了解背後的情況。我希望這一點無須多提，但如果你的組織認為你的工作不那麼重要，那麼你應該讓其他團隊專注於他們正在進行的工作。

然而，如果你受阻的專案確實更重要，這可能是一個需要向雙方領導層報告的情況。無論你有多沮喪，都要以客觀事實的方式表達：解釋你需要什麼、為什麼它很重要，以及為什麼事情沒有進展。在向領導層報告之前，考慮與你的專案贊助者或經理討論情況。他們可能有其他建議，或者願意為你進行一些溝通。

> **警告**
>
> 將問題升級並不意味著大吵大鬧或抱怨其他團隊。它意味著與有能力幫助的人進行有禮貌的對話，並試圖一起解決問題。請保持建設性的態度。

擬定替代計畫　如果你的團隊真的無法提供所需的服務，你需要找到繞過這個障礙的另一種方法。這可能包括重新評估專案的範圍，選擇不同的方向，或者延後交付時間。在做出這樣的調整時，確保與相關利益相關者和專案發起人進行討論，共同商議任何日期上的變更，並確保他們理解你所面臨的阻礙。他們可能會提出一些你未曾考慮到的解決方案，以解除困境。

被某個決策堵住了

當團隊面臨選擇採取 A 路徑還是 B 路徑時，需要考慮各種因素。他們應該問自己，是設計一個針對特定用例的解決方案，還是嘗試解決一個更廣泛的問題？在佈置架構、API 或資料結構方面，又該如何做才能取得最佳效果？這些問題的答案在很大程度上取決於具體細節，缺乏細節時很難做出進一步的決策。在設計解決方案時，你可以追求最大靈活性，但這可能會帶來高成本，而且過度工程化也應該避免。然而，如果你不得不在一年內放棄一個解決方案，因為選擇錯誤，那種感覺是相當糟糕的。因此，你應該要求利益相關者提供具體的要求、用例或其他決策資訊。然而，當你求助時，卻得到了……什麼都沒有。這種情況下，你會覺得很奇怪，為什麼有人要求你建立一個東西，卻不清楚他們到底想要什麼。

發生了什麼？

當你等待他人做出決策時，很容易將他們的工作看得比你的更容易。他們只需決定他們想要什麼，對吧？而你必須面對實際的困難工作去實現。這種偏見常常出現在需要來自非工程領域的決策時。有人可能會問：「為什麼產品團隊不直接……？」因為背後答案往往無比複雜。產品或市場（或其他相關方）不可能像你一樣立即做出決策。他們可能正在等待他們所依賴的某人提供資訊，然後才能作出決策。

此外，他們可能不明白你在問什麼。特別是當工程師試圖向非工程師解釋一個工程問題時，這種情況尤為常見。我見過一個工程師問一位利益相關者：「你想要 X 還是 Y？」而對方的回答是：「是的，那太好了！」這位利益相關者絕非故意如此。由於不同的脈絡背景和領域語言，他們可能無法看出你所要求的兩件事之間的區別，因此無法做出明智的選擇。

應對未做出的決策

當你受阻於他人的決定時，要保持同理心，理解他們所處的情況，意識到做出決定可能並不容易。然而，同時你也不希望永遠陷於等待之中。以下是一些技巧，當他人在做決定方面遇到困難時，可協助你取得進展。

理解與解釋 請記住，你們是同一陣營的。不要將你等待的人視為阻礙，試著一起應對這種不確定性。瞭解他們在做決定時需要什麼資訊或批准，並試著幫助他們獲得這些。確保他們知道為什麼這很重要，以及在他們做出決定之前和除非他們做出決定，會發生什麼事情。解釋對他們（而不是你！）關心的事情產生的影響。如果他們受阻，瞭解他們在等待誰或等待什麼。

讓工作更簡單 請考慮你提問的方式，並建立一個對方接受問題的心理模型。真正試著理解他們的思維過程：如果你是他們，你會如何解釋這些問題？是否存在容易產生誤解的地方？思考是否可以使用圖像、使用者故事或實例來重新形塑問題。一旦所有的內容對他們來說都是清晰明確的，做出決定可能就會更容易一些。

有時候，問題在於缺乏明確的決策負責人，並且各利益相關者無法達成一致。如果你所需的決策受到衝突的阻礙，考慮擔任調解人的角色，幫助雙方理解對方的觀點，並尋找適合雙方的解決方案。如果你的決策者受制於他們的決策者，以他們需要的形式提供他們所需的資訊，讓他們帶回去。花時間準備一些與他們能夠理解的人進行交流的要點，以便他們能夠與所需的人進行有意義的對話。如果決策的某些部分比其他部分更為重要，解釋哪些部分是困難或昂貴的，可以稍後調整的，以及哪些部分其實並不重要。

獲得組織支持 如果你仍然無法做出一個關鍵的決定，就和你的專案贊助者談談他們想做什麼。他們可能有一些關於前進道路的想法，或者在一些你不在的房間裡，他們可以推動一個決策發生。

擬定替代計畫 在重大決策尚未做出的情況下推進專案通常會讓人感到不滿且複雜。當你需要保持對各種未來方向的開放性時，解決方案可能不夠完善和優雅，而且成本也可能更高。然而，有時保持選擇權是你目前最佳的選擇。

此外，有時也可以對正確的方向做出最佳猜測，並承擔錯誤的風險。如果你確信自己的猜測是正確的，則要將權衡和決策記錄下來。[1] 確保決策者知道你在做猜測，並瞭解你所選方向的影響。花些時間思考可能發生的最壞情況以及你將來可能希望採取的行動，並考慮以各種方式減輕風險。

最後，要實際一點。如果你的組織無法做出這個關鍵的決策，那麼是否仍然值得繼續圍繞這個決策進行工作？你會在下一個決策中遇到同樣的問題嗎？現在可能是時候接受暫時無法繼續進展的現實。如果是這種情況，請與你的專案發起人交談，告訴他們你嘗試的方法，並確保他們同意目前無法繼續前進。

被一個該死的按鈕堵住了

我們都經歷過這種情況，這讓人感到非常沮喪。你在等待一個團隊或一個審核者，他們只需要勾選一個框框、部署一個配置，或者審查一則只有五行程式碼的變更。這竟然要花上整整 10 分鐘！為什麼他們就是不能直接按下那個該死的按鈕呢？

發生了什麼？

我曾在一個團隊中負責為公司的其他人配置負載平衡。根據我們的文件，我們需要先收到提前一週的通知才能在負載平衡器上添加新的後端，但實際上，每個請求都需要半個小時的時間。我們必須增加額外的容量，修改配置並重新啟動服務。這是一項頻繁的任務，對於熟悉該領域的人來說，這是一個簡單的操作。其他團隊明白我們所做的並非太複雜，因此我們經常收到類似的請求：「我們明天要發布，所以請在今天設置我們的負載平衡器。」然而，通常情況下，我們無法滿足這樣的要求。

---

1 可以參考 Lightweight Architectural Decision Records（*https://oreil.ly/BO1Kq*），展示你為什麼做出這樣的選擇。

為什麼我們堅持提前一週通知？這是因為負載平衡配置只是我們團隊工作的一部分，而不是唯一的任務。我們的平衡器庫被數百個團隊使用，而負載平衡只是我們支援的四個關鍵服務之一。我們希望能夠有一個縝密的計畫，分批進行這些配置更改，而不是每次都需要重新啟動服務。因此，對於那些急於討論為什麼我們沒有立即回應他們在幾小時前提出的請求的人，我們並沒有太多的同情心。我們的團隊秉持著「你的缺乏計畫並不是我們的緊急情況」的座右銘。[2]

再一次，當你處於另一個團隊中時，世界會看起來非常不同！你的請求只是別人工作的一小部分，是他們時間表上的一個小片段。對他們來說，這可能只是動手點下一個按鈕，但他們同時也有很多其他未點擊的按鈕在等待他們處理。他們可能人力不足，正在努力應對。他們可能在努力改善工作流程時遇到了一些邊緣案例。我曾見過一些團隊意識到他們處理請求的方式無法擴展，並調動了一些團隊成員來建立更好的方法，即使在短期內也可能導致處理速度變慢。

請記住，其他團隊在批准你的請求時通常要承擔一定的責任。當你要求安全團隊只需點擊按鈕來批准你的發布，或要求通訊團隊批准你的外部資訊時，你在要求他們在出現錯誤時分擔（甚至完全承擔）責任。他們不應該輕易地這樣做。

處理未點擊的按鈕

如果團隊僅僅是因為不作為而造成阻塞，那麼你可以使用我在本章前面討論的大多數處理被阻止的依賴關係的機制。但如果事實證明，有一種可以與他們互動的標準方式而你沒能使用，那麼你就需要採用一種不同的方法。如果你不是非常緊急，也許你可以等待，讓團隊在他們的工作

---

2 回顧過去，我更能夠同理其他團隊了。在生產環境中運行一個服務所需的配置數量是巨大的，任何團隊在發布時都要考慮很多問題。是的，他們也許應該意識到他們需要提前進行負載平衡，但我們是他們需要進行的 15 次發布前對話的其中一次。我們應該想出一個辦法，在最常見的情況下，用一些自助服務來取代我們的人工步驟。學習換位思考。

中處理這個問題。但如果你有一個真正的最後期限，你根本就不能回到過去，使用這種過程。以下是同一套技巧：

理解與解釋 如果你真的需要跳過排隊，試著禮貌地詢問。請盡量保持友善和禮貌的態度：致上歉意，而不是對忙碌的團隊大吼，那麼你將獲得更好的結果。

如果有人不遺餘力地幫助你，請表達謝意。在那些提供同儕獎金或特別獎金的公司，通常會有類似的獎勵機制來表示感謝，別忘了善用它。如果團隊位於同一地點，你可以送他們一份感謝的禮物，例如高級茶葉或巧克力。至少，在你的發布聲明郵件中列出感謝名單。這樣，你將不會被認為是那個在最後一刻才提出要求的團隊，而是一個建立橋梁和友好關係的團隊。

讓工作更簡單 就像對團隊的依賴性一樣，盡量讓你的需求盡可能簡單。將你的請求結構化，使其容易獲得批准，並盡量減少需要閱讀的內容。如果你能接觸到團隊收到的其他種類的請求，觀察哪些問題容易出現：缺少哪些資訊、哪些是複雜的、哪些是有爭議的。努力使你的請求成為其中一個簡單明了的請求，就像那些工作人員會優先處理的請求一樣，因為他們不需要考慮太多問題。

嗨！可以幫我們處理負載平衡嗎？

前端：　my-team-frontend-5
後端：　service17
地區：　巴西、厄瓜多
預期流量：100qps

非常感謝！

圖 6-3　一個提供了所有資訊並且不需要閱讀太久的請求

獲得組織支持 如果你真的無法以其他方式獲得幫助，且最後期限迫在眉睫，你可能需要請求跳過排隊。然而，請注意：這樣的升級可能會對你與正在尋求幫助的團隊之間的關係產生負面影響。沒有人喜歡他們的主管或 VP 要求將某個請求安插到等待隊列的前面。因此，你需要以最小化潛在敵意的方式表達你的請求，清楚地表明你理解團隊為何有這樣的機制，並對此次插隊致上最大歉意。

擬定替代計畫　有時候，只要能夠與該團隊中的某人有（或建立）聯繫，就可以提高你的請求優先級。（儘管這樣的情況本不應該存在，但現實中常常如此。）如果這些選擇都無法實現，那麼你可能只能等待。請讓與你有利害關係的人知道你的事情可能會被推遲。

被某個人堵住了

如果說等待一個團隊已經令人沮喪，那麼整個重要的專案都在等待一個人的情況下只會讓人感覺更糟。工作已經分配好了，只等某人去執行，但他們卻遲遲不作為。

發生了什麼？

我曾經遇到過一個類似的情況，其中一個同事阻礙了我們的專案進展。他需要寫幾個簡短的 Python 腳本來解決問題，但過了幾個星期，這些腳本仍然沒有完成。我越來越想自己動手寫這些腳本，因為我感到非常沮喪。我的同事總是找出各種藉口：停電、需要休息一天，或者他的電腦有硬體問題需要修復。在幾個星期的等待中，我對他的進展感到非常失望。然而，後來我意識到，他並不是故意拖延：他其實是被嚇到了。他來自營運部門，習慣了處理各種中斷性的問題，幾乎沒有集中的工作時間。這個專案是他開始寫程式碼的機會，但他對自己的能力缺乏信心，所以無法開始。

所以，你的同事給出的阻礙原因可能並不是真正的原因。這個人可能是被嚇到了，感到卡住或超出負荷。他們可能因為個人生活中的壓力而無法集中精力，或者他們可能從領導者那裡了解到了哪些工作最重要，並且害怕坦白告訴你，你的專案並不在其中。或者，在你前兩次解釋時，他們可能沒有完全理解你的要求，而不好意思再問第三次。這些所有的原因在外部看來都一樣：這個人就是沒有完成這項工作。

應對無作為的同事

當有人在工作上遇到困難時，你可以以某些方式提供幫助。然而，請注意，你並非對方的上司或治療師，你的角色並非解決他們的拖延問題。但是，透過以下方式，你可能能夠達到你期望的結果，並且對於缺乏經驗的人，這也是一個教導他們一些技能的機會。以下是一些你可以採取的行動：

理解與解釋　請試著更深入地了解你的同事所遇到的情況。在與他們交談時，不僅僅接受他們對工作完成時間的承諾，而是進一步探究。雖然你可能無法完全了解他們所面臨的具體問題，但你可以感受到是否有任何地方你可以提供幫助。

確保你清楚地了解為什麼這項工作是必要的，尤其是當你在等待一位更資深的同事時。因為他們（應該是）在仔細考慮工作的相對重要性，而不僅僅是拖延。清楚描述業務需求，並說明他們對於這項工作的完成有多麼重要。如果他們的工作量很大，請他們告訴你如果他們無法按時完成工作，你有多少時間來尋找替代方案。考慮設定一個較早的「執行／不執行」的最終期限，讓你們雙方都清楚，如果工作無法及時完成，你需要盡快尋找替代方案。

讓工作更簡單　讓對方盡可能輕鬆地達到你的要求。這可能意味著增加結構、分解問題或設定里程碑。有時候，當專案很困難時，甚至考慮如何將其分解也變得困難。[3] 不要讓對方在文件中搜尋他們被分配到的任務，或者憑直覺猜測你要求他們做什麼。只需明確說出你需要什麼。不妨參考 Brian Fitzpatrick 和 Ben Collins-Sussman 向忙碌的高層主管提出要求的技巧：「三個要點和一個行動呼籲」，這同樣適用於這種情況！

3　如果你是一個拖延症患者，你可以考慮我在第 4 章中提到的行事曆技巧：將你需要完成的任務安排在行事曆上。如果連理解第一步都很困難，那麼你可以在行事曆上安排一個區塊，專門用來弄清楚工作的第一步是什麼，然後再安排一個單獨的區塊來完成這個步驟。給未來的自己分配一些極小的任務來完成。

你在要求些什麼？

我喜歡 Brian Fitzpa-trick 和 Ben Collins-Sussman 在著作《*Debugging Teams*》中提到的「三個要點和一個行動呼籲」方法。他們寫道：一份優秀的「三個要點和一個行動呼籲」郵件包含（最多）三個詳細說明當前問題的要點，以及一個（只有一個！）行動呼籲。僅此而已，別無其他 —— 你需要寫一封可以輕鬆轉寄的郵件。如果你喋喋不休或在郵件中寫上四件完全不同的事情，你可以肯定他們只會選擇一件事來回應，而且會是你最不關心的那件事情。更糟糕的是，這樣的郵件可能會在精神上耗費對方很多時間，最終被人完全忽略。

如果你的同事不知所措，這也許是一個提供指導的好機會。向他們保證，他們正在做的事情雖然很困難，卻是可以學會的。幫助他們，而不是替他們完成。[4] 提出問題，回答問題，並幫助他們找到自己的方向。

如果你的同事似乎願意做這項工作，但在開始時遇到困難，看看你是否可以與他們一起工作。這就是我前面提到的那位同事的解決辦法：在劇本上的配對使他度過了工作中令人畏懼的第一步，並能夠繼續自己的工作。結對的形式也可以是一起使用白板，或者一起坐下來同時編輯一份文件。當你在等待你的經理時，最後一種有時也是一種很好的方法：你可以見面進行一對一的會談，建議他們利用這段時間做你需要的事情，並和他們呆在一起，這樣你就可以回答他們在途中的任何問題。

獲得組織支持　儘管在解決問題之前應試圖採取其他方法，但最終若有人未能完成他們的工作，這是一個人員管理的問題。與他們的經理進行艱難的對話可能讓人感到不舒服，但如果對方是專案失敗的原因，忽視這個問題也意味著你未能完成自己的工作。就像我在其他情況下提到的

4　當你看著你關心的工作被做得很糟糕時，確實會感到非常難受，但請試著不要干預或替他人完成工作。如果問題的解決對當下至關重要，看看是否可以與對方合作，引導他們一步步前進，而不是代替他們完成。如果你一直掌控著局面，你的同事就無法學習和成長。

一樣，升級問題並不意味著抱怨，而是尋求幫助。例如，如果你的同事因為他們的經理認為有更重要的事情要做而受阻，與該經理談談可能是調整優先次序的唯一方式。

被未指派的工作堵住了

當工作沒有分配給任何人時，該怎麼辦？當一組團隊共同解決一個問題時，有時會有一項大家都認為需要進行的工作，但它並不在任何人的路線圖上。這對任何一個工程師來說都太龐大了，它需要很多專門的時間，或者它將涉及到建立一個新的組件，需要持續的所有權和支持：它需要一個團隊來負責。也許有幾個不同的團隊認為自己參與了這項工作，他們會參加相關會議，對任何 RFC 提出許多意見，但他們中沒有人打算自告奮勇。

發生了什麼？

這是一個涉及**板塊結構**問題的例子（見第 2 章）。每個團隊都有明確的範圍，知道自己負責的事項。明確的範圍劃分很有效 —— 它讓每個人集中心力，但現在有一些關鍵的基礎性工作沒有歸屬於任何人。我們在第 3 章的 SockMatcher 方案中就遇到了這種情況。許多工程師都關注這個架構的問題。潔妮娃組織了一個討論問題的工作組，吸引了許多參與者。然而，這些挑戰太大，沒有任何一個人可以將其視為業餘專案。除非有人專門投入時間心力，否則這項工作將無法進展。

如果沒有人被指派來執行這項工作，那麼對其進行分解、優化或制定計畫的價值就相對有限：在有人負責之前，你就會陷入困境。對於工程師來說，他們常常會透過在相鄰的技術工作上投入更多的精力來解決這樣的組織障礙。（請參考圖 6-4 的藏寶圖：無法跨越的山脊代表你的人力配置不足！）

圖 6-4 除非你能找到一種越過無法逾越的山脊的方法，否則你選擇的前三條路徑並不真的重要。但是團隊會花很多時間辯論應該選擇哪一條注定要失敗的道路。

但是，除非組織問題得到解決，否則再多的設計和聰明的解決方案也無濟於事。組織鴻溝是問題的關鍵所在。如果你不能解決這個問題，你就是在浪費時間。

應對未指派的工作

當你被堵在似乎不屬於任何人的工作上時，有幾件事你可以做：

理解與解釋 當工作沒有明確的負責人時，這種情況並不總是顯而易見，特別是當有多個團隊緊密合作時。你身為最希望任務圓滿成功的人，當其他人認為你就是這個未分派工作的負責人，也不要感到驚訝。進行大量的對話交談，追縱線索，搞清楚發生了什麼事。解讀訊息，得出明確的結論，並將它們記錄下來（參考下方 Rollup 分享）。保持簡潔，做出明確的陳述。正如我在第 5 章中提到的設計文件一樣，明確的錯誤總是勝過模糊不清，除非你能清除所有模糊性，否則很難發現任何誤解。

Rollup

GitHub 的經理 Denise Yu 在她的文章〈The art of the rollup（Rollup 的藝術）〉中描述了一種技巧將所有資訊總結到同一個地方，旨在創造清晰度並減少混亂（詳情請參閱 *https://oreil.ly/5U1wf*）。這種技巧尤其適用於有著大量背景脈絡和多個不同敘述線索的情況，身處其中的人們可能對正在發生的事情了解地不夠透徹。

將各種事實匯總到一個 Rollup 裡，是建立你的知識並確保你對正在發生的事情有所了解的好方法。然而，將所有資訊寫下來也可能意味著你整合了以前沒有人明確表達的新情報。例如，Alex 可能說：「新的函式庫將為我們這個終端提供認證。」而後來 Mina 又告訴你：「我們要到第三季度才能將函式庫升級到新版本。」你可以將這兩個事實都寫下來，同時也可以寫下一個解釋，例如：「我們至少要到第三季度才會有認證。」

在具備所有背景脈絡之下，這個結論可能看似顯而易見，但假使此前沒有人得出過這個結論，這麼做仍有其必要。將它明確表達出來，讓每個人都有機會對這則資訊做出反應並提出修正意見。

讓工作更簡單　如果你有時間可以指導、提供建議或參與團隊的工作，請在你的報告中提到這一點。管理層可能更傾向於圍繞已經願意參與的志願者建立團隊，而且對於職員工程師來說，有機會向其他被邀請參與的團隊成員學習也可能成為一種激勵因素。這樣的提議可以加強你的參與並促使其他人參與。

獲得組織支持　在這個專案中，你最有價值的工作將是爭取組織的支持並建立一個團隊。在尋找贊助者之前，確保你已經準備好了清晰簡潔的電梯推銷，並能夠解釋為什麼這個問題值得組織投入時間和資源來解決。你希望贊助者不僅對你的能力有信心，而且能夠在需要時向同事和領導層證明這項工作的合理性。

擬定替代計畫　如果已經有可信的人員配置承諾，請耐心等待並給予足夠時間讓它發生：專案的人員配置涉及到重新調整團隊，這是經理和主管希望謹慎處理的事情。但是，如果你無法得到任何人承諾負責該工作，或者總是被告知「下一季再議」而沒有具體的人員配置細節，這表明你的專案對組織來說並不是高度優先，應該被延後。

被一大群人堵住了

最後一種類型的障礙是當一個專案需要每個人的協助時，比如當系統必須被棄用或是遷移，所有使用某一服務或組件的團隊都需要改變他們的工作方式。這種情況下，也許不是所有人都願意配合。

我曾經參與過許多軟體系統遷移工作，我知道這件事有多麼令人灰心。你有充分的理由離開舊系統，你明確知道需要讓哪些事情發生，進行了大量的溝通，但其他團隊卻無視你的電子郵件。當你追問他們時，他們說他們很忙，但你也很忙！為什麼他們無法理解這一點？為什麼他們無法認清這項工作有多重要？

發生了什麼？

每個團隊和每個人都有自己的故事與立場。一些人可能對系統遷移表達支持，但就是沒有時間。另一群人可能反對這種變化：他們可能更喜歡舊系統，或者覺得新系統缺少他們關心的某些功能。第三類人可能沒有任何感覺，但他們只是厭倦了不斷的、令人沮喪的升級、替換和流程變化，而他們似乎並沒有從中得到任何好處。

*支持*遷移的人和*反對*遷移的人都很合理。但是，陷入半遷移的境地對任何人都沒有好處：團隊需要花時間來支持舊系統和新系統，而新用戶可能需要花時間來瞭解該使用哪個系統，特別是如果遷移進度停滯不前，似乎有被中途喊停的危險。

應對半完成的遷移工作

半遷移使每個必須參與其中的人都慢了下來。這是一個 Staff 工程師可以介入並發揮很大影響力的地方。這裡有一些方法，讓你幫助每個人都越過終點線。

理解與解釋　在描述遷移時，有時會出現誤解。有人可能會認為遷移只是基礎設施團隊玩弄新技術的方式，實際上基礎設施團隊也不喜歡無法滿足業務或合規需求的現有系統。同樣，有人可能會認為產品團隊不關心技術債，只想開發新功能，但事實上該團隊可能已經花了大量時間應對其他遷移工作，並渴望實現他們自己的目標。了解雙方，去幫助講述雙方的故事，分享彼此的立場。解釋為什麼這項工作很重要，也解釋為什麼它很困難。成為一座橋梁，促進雙方之間的理解。

讓工作更簡單　再一次重申，說服他人去做某件事的關鍵在於讓這件事變得更容易。通常情況下，更傾向於讓推動遷移的團隊承擔更多額外的工作，而不是依賴其他團隊做更多的工作。如果有任何步驟可以自動化，就應該將其自動化。如果你能夠更具體地說明每個團隊需要做什麼，例如哪些文件需要他們編輯，就要花更多的時間提供這些資訊。此外，儘管無須多言，但新的方法必須*確實有效*，而不是變相強迫團隊跨越障礙。

嘗試將新的方式設為預設選項。更新任何引導人們走向舊路徑的文件、程式碼或流程。找出可能鼓勵使用舊方法的人，並請求他們的幫助。如果你獲得組織的支持，可以考慮建立一個現有用戶的許可清單，或者設置一些障礙，使舊的方式變得更難採用。我曾見過的一種方法是，只要新用戶在他們的配置中加上 "i_know_this_is_unsupported" 或類似標示，就可以使舊的方式繼續運作。

展示工作的進展非常重要。我曾參與一個專案，需要讓數百個團隊更改配置，使用不同的端點。當我分享了一個圖表，顯示已完成的數量以及尚未完成的數量時，人們更積極地投入工作，努力將數字降至最低。我們大腦中某些部分確實喜歡看到圖表完成歸零的旅程！[5]

然而，有些團隊確實非常忙碌，無法進行遷移，或者有些使用案例並不完全被你的自動化工具所支援。同時，可能存在一些組件沒有負責人，因此沒有團隊來更新它們。你是否能夠與這些團隊合作，或者為他們提供支援和改變呢？

獲得組織支持 如果你能夠證明這項工作對於你的組織來說是一個優先事項，那麼遷移工作將會更容易進行。當然，這前提是這項工作確實具有重要性。如果團隊因為各種變化而感到壓力重重，你的組織應該優先處理最重要的變化，並在開始下一組變化之前確保第一組變化已經完成。如果你無法說服領導層將遷移工作納入組織的季度目標或重要專案清單中，這可能是一個跡象，表明現在不是你應該花時間的地方。

擬定替代計畫 在遷移結束時，你可能需要一些創造性解決方案。如果你獲得組織的指示，但團隊仍然遲遲不動作，你可以撤回對舊方式的支援，甚至在路徑上增加一些阻力，例如引入人為的遲滯或者定期關閉舊系統。請務必確保有強大的組織支持（如果這樣做會對客戶造成損害，則完全不要這樣做；請明智行事）。如果最後的團隊真的拒絕放棄舊系統，你可以讓他們成為其唯一的支援者和負責人，使其作為他們自己服務的一部分運行。朋友們，最後離開的人請關燈。

你迷路了

讓我們深入探討第二個可能阻礙進展的原因：你迷失了方向。這意味著你並非因為受到明顯的阻礙而無法前進，而是因為不知道該怎麼走。這可能是因為問題本身非常困難，你不知道從何著手，或者你對組織是否

5 這種方法只有在圖表清楚顯示進展時才有效：如果明顯沒有人在進行這些工作，這種方法可能會產生反效果。然而，社交影響力在激勵人們方面是一個非常強大的工具：「別人都在做，為什麼我們不做呢？」

支持你的行動感到不確定。在每一種情況下，你都可以運用不同的技巧來解決。

你不知道該去哪裡

讓我們想像一個情景：有 40 個團隊在同一個遺留架構上工作。這個架構包含了一個龐大的程式碼庫，存在著多年來的不幸決策，以及一個複雜混亂的資料環境，每個人都深陷其中。由於團隊害怕重構現有的程式碼，他們只願意在外部添加新功能。而你被指定為負責修復這個問題的領導者，並組建了一個專門的團隊來處理這項工作。組織的目標是「現代化架構」，你感覺這個任務非常明確！然而……涉及到太多的決策。有太多利益相關者，每個人都對文件有著不同的意見，每次會議都有太多的聲音。幾個月過去了，卻沒有實質的進展。

發生了什麼？

我們可以從第 3 章的 SockMatcher 方案中看到這一點：要解決一個公司內部眾多人關心的問題，這件事道阻且長！每個人都有自己的觀點和看法，每個人都堅信自己的方法是正確的。在這個例子中，可以肯定有一群人主張建立微服務架構，而另一群人可能更傾向於功能標記和快速回滾，以確保程式碼變更更加安全。還有一派人希望轉向事件驅動架構，而另一些人則更關注解決基礎資料完整性問題，不在乎使用何種方法。這些甚至只是眾多建議中的其中幾個。

一個龐大的團隊要處理這樣一個未定義且混亂的情況，很難免會陷入分析癱瘓。每個人都同意應該採取一些行動，但卻無法達成一致意見。在這種情況下，你無法有效地引導整個專案，因為它只是一堆想法的集合，缺乏一個明確的專案方向。

選擇目的地

直到你非常清楚目的地是什麼之前，你無從尋找通往目的地的道路。這裡有一些選擇的方法：

確立角色　在如此大的團隊中，領導者無法成為唯一的發聲者。從一開始就需要明確角色分工。明確表示你願意聽取每個人的意見，但你的目標並不是追求完全一致，而是在多次決策中選擇一道方向。如果你覺得自己沒有足夠的權力成為決策者，請向你的專案贊助者或組織領導者明確表示他們會支持你。如果你沒有這種組織支持，可能會難以成功。

選擇策略　除非你明確知道你要前往何方，否則你幾乎沒有機會達到目標。制定一條規則，在大家就你要解決的問題達成一致之前，不要允許任何人討論實施細節。[6] 如果可以，請選擇一個小組來研究問題並制定技術策略。請注意，任何策略必然會有所取捨，並且無法滿足所有人的需求。你將選擇解決其中一小部分挑戰，暫時不解決其他真正的問題。第 3 章中還有許多關於如何制定策略的內容，並強調這不是一個短期或無痛的旅程。

選擇問題　如果你被指派的工程師急於開始編寫程式碼以實現目標，而你卻認為在策略層面上需要花時間，這可能會令人沮喪（並且在政治上不受歡迎）。如果你確實沒有足夠的時間來評估所有可用的挑戰並按重要性對工作進行排序，那就從其中選擇一些重要的問題開始著手。設定期望，讓團隊知道你不會讓他們被其他（非常真實的）問題轉移注意力，但你打算在解決第一個問題後再回頭處理這些問題。再重申一次，錯誤的行動永遠勝過猶豫不決：任何經過深思熟慮所選定的方向都好過停滯不前。

選擇利益相關者　你可以選擇解決問題的方法之一是選擇一位利益相關者來滿足他們的需求。與其解決「資料儲存共享爛透了，我們需要重新思考整個架構！」，不如先解決「某個團隊希望將其資料移至其他地方」的問題。重新調整專案的方向，將重點放在將成果交付給特定的利益相關者。優先以「垂直切片」的解決方式：首先幫助一位利益相關者完成某項任務，然後再處理下一位。在某個方向上取得進展，有助於打

6　這不見得每次都能奏效，但你還是要繼續嘗試。當你越能讓人們遠離雜訊，你成功的機會就越大。

破僵局並明確下一步的行動。展示出一些成果之後，再考慮重新制定策略和確立大方向目標的想法。

你不知道如何抵達

萬一你確定自己該去的方向，並且在前進的道路上沒有阻礙，但仍然無法到達目的地，這可能會讓你感到困惑。你不知道如何解決即將面臨的下一個問題，或者專案如此龐大，以至於你不知道應該先解決哪個問題。在前一章中，我提到了「冒牌者症候群」如何自我實現：如果你覺得工作困難，這可能會形成一個惡性循環，進一步削弱你處理問題的能力。也許你一直避免思考這個問題，但隨著時間過去，忽視這個專案只會讓你感到更加糟糕。

發生了什麼？

這個專案確實很困難！可能有大量主題需要一一追蹤跟進，令你感到招架不住，特別是當某些事情出錯時。或是眼前冒出一個不可能的任務、一個技術上的挑戰或一個組織上的障礙，而你毫無頭緒，不知道從何解決。如果你以前沒有遇到過這種問題，可能需要一些時間來理解發生了什麼，並且需要更長的時間來找到解決方案。

尋找方向

前方的道路雖然未知，但絕非無從了解！以下一些技巧可以幫助你找到前進的方向：

清晰陳述問題　確保你能夠清晰地陳述問題，說明你的目標是什麼。如果你感到困難，可以嘗試寫下來或者大聲向自己解釋。請注意，在表達時要更加精確，確保清楚指出涉及的人、事或正在發生的情況和應該發生的情況之間的區別。透過與願意與你討論的人交流，進一步完善你對問題的理解。

重訪你的預設　你是否可能預設了某個特定解決方案，並僅在這個脈絡下努力解決問題？[7] 你是否在尋找一個能在各個方面都有改進的解決方案，然而退而求其次也是可以接受的？你是否因為某些解決方案看起來「太容易」而拒絕接受？試著大聲解釋你認為問題無法解決的原因，這可能會幫助你發現一些之前未意識到的可變限制。

給自己一點時間　你是否曾經因為某行程式碼或是配置問題卡住，一時找不到解決方法，但第二天早上你突然就能夠解決它了？睡眠真是神奇。放假也有類似的效果。我發現，當我花幾天和某個問題保持距離，當我回來時往往能夠帶來更好的思路，即使在假期時我並沒有特別思考它。

增加你的能力　嘗試在數個會議之間的短暫時間內解決問題，也許會限縮你的思考能力。幫自己專門安排一些時間，集中解決你腦中的問題：這可能需要幾個小時，才有辦法排除其他思緒的干擾。努力在讓自己的大腦保持在最佳狀態：對我來說，這意味著獲得充足睡眠、健康飲食、攝取足夠水份，並確保有良好的光線和空氣的環境。你是最了解自己大腦的人，儘管去做任何能讓你更聰明的事情吧。

尋找先例　你真的是第一個解決這樣問題的人嗎？尋找其他人曾經做過的嘗試，無論是公司內部和外部。別忘了你還可以從除了軟體之外的領域學習：航空、土木工程或醫學等行業中，對於科技從業者自認首次發現的問題，通常都已有成熟的解決方案！

向其他人學習　與專案贊助者或利益相關者討論問題，有時可以為你提供足夠的額外脈絡或想法，有助於找到下一步的行動方案。你也可以從公司以外的人那裡學習。大多數技術領域都有活躍的網路社群。尋找與這個主題相關的專家經常出沒的地方，花一點時間吸收他們的想法，以及他們口中你也許不知道的關鍵字和解決方案。

7　如同 Leslie Lamport（*https://oreil.ly/LO1jT*）提出的警告，你應該「將解決方案所使用的方法獨立開來，明確指定要解決的具體問題。」他寫道：「這可能是一個困難地令人驚訝且具有啓發性的任務。有好幾次，我發現一個『正確的』演算法實際上並未實現我想要的目標。」

嘗試不同角度　從另一個角度看問題，能夠激發富有創造力的解決方案。如果你要解決的是一個技術問題，那就考慮一下組織解決方案。如果它是一個組織問題，想像一下你會如何用程式碼來解決它。如果你必須外包這個問題，想像一下你會向誰支付費用來解決它，他們將採取哪些行動？這是否是一個可行選項？如果你沒空，這個工作將被分配給誰，他們將如何處理？思考這些問題可以幫助你獲得新的洞察和解決方案。

從小處開始　如果你被工作壓得喘不過氣，對於何處著手感到困惑，你可以嘗試解決一個小部分問題，看看是否能感受到進展，這樣其他的工作也會變得更容易實現。另一個角度是問問自己，你是否真的需要*完美*解決這個問題？一個較為笨拙的解決方案對目前來說是否足夠好？或者你可以從一個不太理想的解決方案開始，然後進行迭代，這樣你就不必從一張白紙開始。

尋求幫助　儘管你可能認為你的技能是成功和失敗之間唯一的障礙，但你並不孤單。向你的同事、導師或當地專家尋求幫助。即使你不習慣尋求幫助，也要記住，透過借鑒他人的經驗，你可以節省學習相同事物所需的時間。這樣，你和他人可以共同從已有的知識和經驗中找到解決方案，而不需要從頭開始重新學習。

你不知道所處何方

這是迷失的最後一種形式，就某方面來說，它是最可怕的：你不知道你的工作是否還有必要。你在最近的全體員工會議上聽到的一句話可能會讓你感到緊張，因為一個新的倡議可能會使你的工作失去方向。你可能注意到你的經理或專案贊助者減少了對你工作進展的關心頻率。或者，公司的公告中列出了所有重要的專案，但你的專案卻沒有被提及。這情況糟透了。與你一起工作的人似乎不太願意參與：關於你的專案，他們口中更多地說出「如果……」而不是「在何時……」，而且他們會優先考慮其他工作。他們是否聽到了一些你沒有聽到的消息？這個專案還算進行中嗎？沒有人向你提供任何訊息。你還負責這個專案嗎？

發生了什麼？

組織變化、領導層變化和公司優先事項的改變都可能影響對你的專案的關注度。如果有新的 VP 或總監上任，他們也許認為你正在解決的問題不重要，或者更糟糕的是，他們可能認為這個問題非常重要，超出了你的負責範圍，需要由其他領導層來解決。你的專案可能面臨被擱置或取消的風險，而沒有人告訴你。如果你的領導地位是一個非傳統的職位，例如你所在組織與負責主要工作的組織緊密相鄰，或者你底下的人比你更資深，這種溝通缺失尤其常見。當優先事項發生變化時，你很容易被遺忘或被排除在正在進行的決策會議之外。

但是，也有可能情況並非如此！你的專案可能進展順利，以至於領導層覺得不需要經常關注進度。當其他地方出現問題時，沒有人會檢查正在進行的專案。沉默可能意味著「繼續做好你正在做的事情」。

重新回到穩固基礎

在缺乏對自己處境的清晰了解時，持續沿著同樣的路前進只會增加壓力，同時可能浪費你的時間。以下是一些你可以採取的行動：

釐清組織支持　勇敢地接受可能不符合你期望的答案，並去瞭解發生了什麼。與你的經理或專案贊助者進行對話，解釋你所聽到的消息，並詢問你的專案是否打算繼續。

確立角色　如果你是領導者，但對於擔任該角色有所猶豫，或者你不確定自己被允許做什麼，那麼你需要正式確立角色。我在第 5 章中描述的 RACI 矩陣可能在這裡是一個有用的工具，同樣，第 1 章中的角色描述文件也可能有幫助。順帶一提，如果你試圖以「非正式領導」這樣的頭銜來經營一個專案，你其實是在邀請失敗光臨。如果你是領導者，卻沒有其他人知道，那麼你就不是真正的領導者。

爭取你需要的東西　如果你缺乏權威，缺乏官方認可，或者缺少開展工作的影響力，誰能幫你找到這些東西？你想獲得一些保證來證明你的專案仍然是重要的，這很正常。爭取在全體員工會議上提及該專案，或將其列入組織的目標，這都是可行的作法。你可能不會如願得到你想要的東西，但如果不爭取，你就永遠沒有機會。

重燃士氣　在別人似乎都不關心的事情上工作，難免讓人士氣低落。如果你和你的團隊感到能量不足，你可能需要慎重地重新注入活力。重燃士氣的方法包括設定新的最後期限，建立新的專案章程，或者召開新的啟動會議或場外會議：以「歡迎來到專案的第二階段」來重新設定，似乎比「讓我們繼續做我們一直在做的事情，但我保證這次會有所不同」更有激勵效果。如果你能招攬一兩位迫不急待展開行動的新成員，他們的熱情足以讓團隊再次行動。

你已經抵達……這是哪？

專案停止的第三個原因是：團隊認為專案已經到達了目的地，但問題卻沒有得到解決。

我曾經見過很多專案以圖 6-5 中描述的方式結束：距離目標只差一點點。所有專案計畫中的任務都已經完成，團隊成員已經獲得了他們應得的表揚，並且已經開始處理其他事情，但客戶仍然不滿意。

在這一節中，我們將探討三種可能讓你宣稱勝利，但實際上並未達到目標的方式：只完成了那些被明確定義的工作、創造未告知用戶的解決方案，以及快速而草率地交付產品。請當心這些最終狀態！

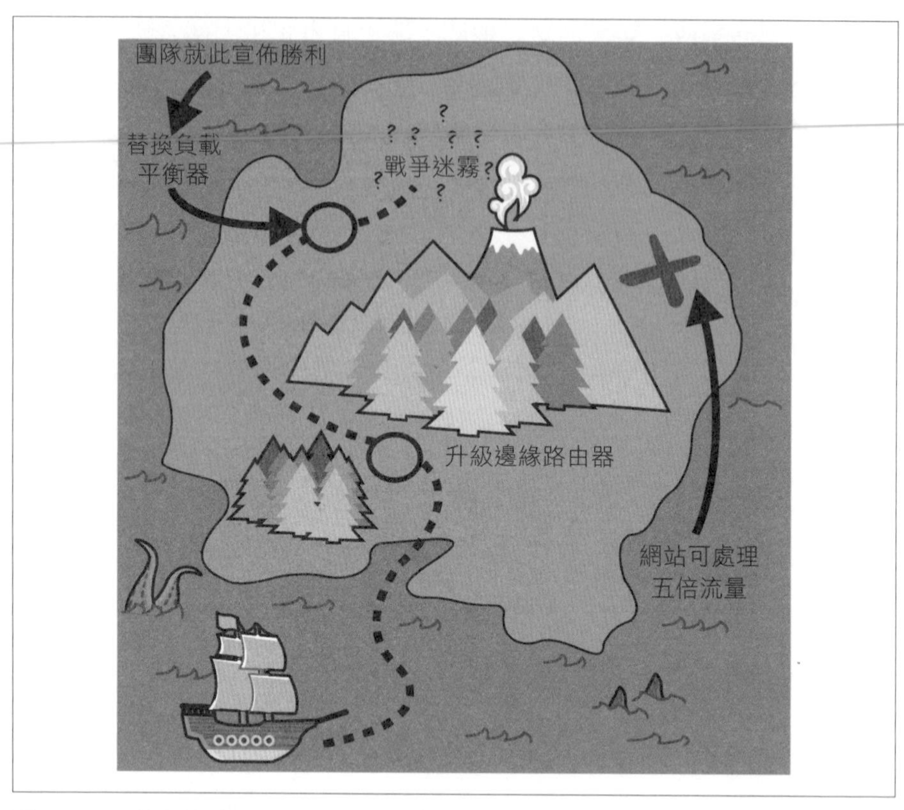

圖 6-5 團隊宣佈勝利凱旋 —— 但他們卻尚未發現另一個更好的寶藏

但程式碼已經寫完了呀！

我覺得在我的職業生涯中，這樣的對話已經發生過上百次了：

> 「我好期待新的 *foo* 功能，它什麼時候能用？」
>
> 「噢，它已經完成了！」
>
> 「太棒了！那我該怎麼使用它？」
>
> 「嗯……」

接在「嗯……」之後的內容，總是有一些我**今天**無法使用它的原因。Foo 仍然有寫死的認證、它只在 staging 中運行，而不是在生產環境、其中一個 PR 還在審核中，諸如此類。但它已經「完成」了，對方如此堅持。它只是*還不能使用*而已。

發生了什麼？

軟體工程師經常認為他們的工作就是寫軟體。當我們計畫專案時，我們往往只列出工作中有關編寫程式碼的部分。但是，為了讓用戶能夠接觸到程式碼，還有很多事情需要做：部署和監控它，獲得發布許可，更新說明文件，讓它真的開始運行。光是軟體準備好還不夠。

LaunchDarkly 的開發者倡導者 Heidi Waterhouse，曾經用「沒有人願意使用軟體，他們想抓寶可夢」這一觀點讓我大吃一驚。一位電玩遊戲玩家並會不關心程式碼是用什麼語言編寫的，或者你解決了哪些有趣的演算法挑戰。他們要麼能抓到寶可夢，要麼不能。如果他們抓不到，那這個軟體可能就不必存在了。

確保用戶能抓到寶可夢

身為專案負責人，你可以觀察專案的全貌，而不僅僅是查看哪些任務已經完成，來防止工作出現紕漏。以下是你可以使用的一些技巧：

定義「完成」　在開始工作之前，需要就最終狀態應該是什麼樣子達成共識。敏捷聯盟建議（*https://oreil.ly/3Mray*）清楚定義「完成」，也就是在宣布任何使用者故事或功能完成之前，工作必須達到的標準。[8] 這可能包括一個通用的檢查清單，適用於所有變更 —— 例如，PR 模板通常會包含一個解釋如何測試變化的部分，以及針對各個專案的具體標準。同樣，使用者接受度測試可以讓目標用戶試用新功能，並確認這些功能運作良好。即使是內部軟體也可以進行使用者接受度測試。在進行這些測試並且用戶宣布對結果滿意之前，沒有人可以聲稱專案已經完成。

8　他們還區分了「完成」和「完成—完成」，將這兩者的差異歸功於作家兼敏捷教練 Bill Wake 在 2002 年的一篇文章（*https://oreil.ly/2Tsnm*），他提出了一個神秘的問題：「所謂的『完成』是否意味著『完成』？」

自己成為用戶 你是否有機會經常使用你所建立的產品或服務呢？儘管這並非總是可能的，但如果有機會讓你與客戶有共同的體驗，那麼花點時間去實踐這一點是值得的。這被稱為「吃自己的狗糧（eating your own dog food）」或 dogfooding（*https://oreil.ly/qHyWM*）。

慶祝降落，而不是發布 你應該慶祝的是成功交付給用戶的成果，而不僅僅是內部團隊能看到的里程碑。在用戶能夠愉快地使用你的系統之前，你應該繼續埋頭努力。如果你正在進行遷移，那麼你應該慶祝舊系統被關閉，而不是只慶祝新系統的推出。

它完成了，但沒有人在用

你是否曾經見過一個平台或基礎設施團隊花費數個月，為一個共同的問題訂製了一個出色的解決方案，成功推出，並為此慶祝，但後來卻驚恐地發現似乎沒有人願意使用它？雖然團隊確信這個解決方案更好，因為它真正改善了人們的生活，但團隊仍舊先前的困難方式工作。

發生了什麼？

這個團隊的思考框架並沒有超越技術工作本身。很遺憾，這通常是內部解決方案的推銷方式：我們創造一些有用的東西。我們給它起一個可愛的名字。我們（也許）寫一份文件，解釋該如何使用。然後我們就停止了。我們創造的東西可能會受到潛在用戶喜歡，但他們沒有辦法知道它的存在；如果他們偶然發現了它，這個可愛的名字也無從說明它的作用。這個問題的常見搜尋字眼並不會將人們帶往這個解決方案。我把這些專案稱為「小心惡豹」專案，命名靈感出自道格拉斯・亞當斯的經典著作《銀河便車指南》中我最喜歡的段落之一。

「但是藍圖是公開展示的⋯⋯」

> 「公開展示？我得到地下室去才找得到。」
>
> 「展示室在哪裡。」

「還得用手電筒。」

「啊，好吧，燈八成壞了。」

「樓梯也是。」

「但是你還是找到通告了，不是嗎？」

「是，」亞瑟說：「我是找到了。通告展示在上鎖的檔案櫃底層，檔案櫃塞在廢棄的廁所裡，廁所門上還貼著『小心惡豹』的標誌。」

這就好比解決方案的創造者千方百計要隱藏它一樣！這些資訊是存在的 —— 有人成功將他們的文件里程碑標記為綠色 —— 但它永遠不會被不知道自己在找什麼的人發現。

推銷出去

Michael R. Bernstein 對於創造解決方案後卻不好好宣傳這類行為，提出了一個很貼切的比喻（*https://oreil.ly/u65tj*）。他將其比喻為農民辛勤種植作物、澆水除草，接著把作物留在田地中不收割。種植作物只是其中一個步驟，你需要收割你所種植的作物，將它帶到人們眼前，向他們展示為什麼他們需要它。如果用戶不知道它的存在，或者不相信它值得他們花時間使用，那麼即使是世界上最好的軟體也沒轍。因此，你需要做好行銷宣傳。

告訴別人　你不僅需要告訴人們解決方案的存在，而是要**持續不斷地**告訴他們。許多遷移工作停滯在半遷移階段，很多時候是因為工程師們認為用戶會自然而然地找到軟體。然而，你需要協助他們找到它。你可以透過傳送電子郵件、進行公開展示、爭取在工程部門的全體會議上演講等方式來實現。同時，也可以考慮為特定客戶提供白手套服務，讓這些客戶在事後為你做宣傳。如果你在共享辦公空間，不妨可以考慮張貼海報！另外，獲得推薦信也是一個有效的方法。

在進行宣傳時，要理解人們可能對什麼持有保留態度或缺乏熱情，並確保你的行銷策略反映出你已經考慮並解決了這些問題。投入持續的努力，不斷地提醒和引導人們，確保他們了解並使用你的解決方案。只有透過持續的溝通和宣傳，你才能建立使用者對解決方案的認知和信任，並促使他們開始互相推薦。

讓它容易被發現　無論你創造了什麼，都要確保它容易被找到。這意味著把連結放到目標用戶可能尋找的任何地方。如果你有多個文件平台，那麼要確保在每個平台上的搜尋結果都能準確顯示該內容。如果你的公司使用短網址服務，請為各種可能的名稱設置相應連結，包括容易出現的錯誤拼寫和連字符的情況，確保用戶能夠輕鬆地找到和查看你的內容。[9]

它建立在不穩定的基礎之上

我要說的最後一種「完成但未真正完成」的類型是可能引起很多衝突的一種。這是當一個原型或最小可行產品已經投入生產環境，用戶可以很好地使用它，但每個人都知道它被建立在不穩定的基礎之上。用戶可以抓到寶可夢，工作已經大功告成：產品經理說，是時候繼續做下一件事了！但工程師們知道，基礎設施無法擴展，介面無法重複使用，或者團隊正在將可怕的技術債推向未來。

發生了什麼？

可能存在很充分或合理的理由以最便宜和最快的方式交付產品或解決方案。當市場競爭激烈，或者面臨缺乏市場的風險時，**趕快推出**一項產品往往比重視產品本身的可靠性更加急迫重要。然而，當團隊進行遷移時，這些廉價的解決方案仍然存在。程式碼可能是未經測試或無法測試

9 Google 曾經有一個名叫薛西弗斯（Sisyphus）的專案，這個名字對一些人來說很好記，但對另一些人來說卻是一串不可能拼在一起的字母。我一直對設置了 go/sysiphus 和 go/sisiphus 這兩個短網址，並把它們重新定向到 go/sisyphus 的人感到敬佩。這也是一個很好的安全實踐；它可以防止有人在拼寫錯誤的地方建立一個假的服務。

的，該功能可能是一個架構上的抄捷徑作法，而其他人現在可能需要繞過它才能進行工作。

很久以前，我曾在一個資料中心工作，從中學到了一個重要的教訓：世上並不存在所謂的臨時解決方案。如果有人在機架之間隨意拉動電纜，而不整齊佈線和正確標識，那麼這種混亂就會一直存在，直到那些伺服器被退役。對於每一個臨時的短暫修補措施也是如此：如果你在專案結束時沒有妥善解決，那麼日後就得花費更大的心力來清理。

鞏固基礎

儘管在短期內交付低品質的軟體並不會造成無可挽回的後果，但這不是一個可持續的做法。你只是將軟體成本轉嫁給了未來的自己。身為一名 Staff 工程師，擁有比大多數人更多的影響力。以下是一些你可以倡導維持高標準的方法。

培養注重品質的文化　那些最資深工程師的行為，將會塑造一個組織的工程文化。如果你的組織缺乏一個強大的測試文化，那麼你可以朝著正確的方向努力，成為那個始終要求進行測試的人。或者成為那個持續問「我們要如何監控這個東西？」的人，或是那個總是指出說明文件需要與程式碼變更同步更新的人。你可以借助風格指南、範本或其他工具，強化專案中的這些提醒。在第 8 章中，我們將會探討如何設定標準以及促成文化變革。

將基礎工作化為使用者故事　理想情況下，組織應該同意交付解決方案不僅僅是為了實現功能，而是為了為未來做好準備。在功能開發和維護工作之間要保持良好的平衡，團隊應該將使軟體維持高品質的時間納入專案成本中。即使是那些為了獲得早期使用者回饋而建立輕量級第一版的團隊，或者為了更快地推向市場而承擔技術債的團隊，也應該重新審視並改善他們已經交付的產品。

很遺憾，鮮少有組織能夠按照理想方式運作。你可以選擇在專案的使用者故事中，納入需要進行清理工作的任何事項。你可以將其視為使用者體驗的一部分（沒有人會對一個不穩定或經常出現故障的產品感到開心），或者將這項任務視為為下一個功能打好基礎。如果用戶上傳了相關的錯誤報告，或者在故障發生後有行動計畫，有時你可以利用這些證據，證明清理工作的必要性。將對話重點放在滿足客戶需求上，表明這項工作將對他們產生真實影響。

爭取「工程導向」時間 如果你的公司沒有建立起持續進行清理工作的文化，也許你可以考慮舉辦定期的清理週來激勵團隊。我聽說過這些活動被稱為「修復週」或「技術債週」，同樣地，在工程探索時間（如「20% 時間」或「熱情專案週」）也有人用來處理相當多的清理工作。另一個選項是建立一個輪班制度，讓團隊中的一個人專注於解決問題，使事情變得更好。不需要拘泥於清理活動該如何命名，也不必爭論某項工作是否真的被歸為技術債。重要的是，這是一段需要專門安排的時間，用來執行每個人都認為是必要的工作。

專案純粹在此停下了

在你克服障礙和應對困難的過程中，你將逐漸接近目標，或者可能發現這個目標根本無法實現。在本章結尾，讓我們來探討專案的四種結束方式：決定你已經完成了足夠的工作、提前終止專案、專案被取消（而這件事不在你掌控範圍內），以及宣布取得勝利。

這是停下的好地方

有時候，專案可能會達到了這種程度：進一步的投資並不划算，可以宣佈專案已經「做得足夠多了」。在第 2 章中，我提到了區域極大值的概念：一個團隊可能會花費大量時間在一些低優先級的工作上，因為這些工作在他們自己的領域中被視為最重要的問題，而隔壁的團隊卻有五個更重要的專案需要完成，卻忙到沒有時間去處理。你的團隊是否在不斷打磨和新增功能，而忽略了一些真正需要完成的事情？也許現在是時候宣佈成功，並開始接受新的挑戰了。在進行這一決定之前，請檢查上一節中提到的失敗模式，確認你沒有忽略不滿意的客戶，沒有在技術工作

「完成」後就草草收工，也沒有做到一半的遷移工作。如果一切順利，恭喜你抵達了新的目的地！

這不是正確的旅程

我曾見過的一個非常成功的慶祝例子，若是從某種程度來看也許會被視為失敗。一個由經驗豐富的資深專家組成的團隊花了幾個月的時間合力開發出一個新的資料儲存系統，其他團隊迫不及待地期待著它的完成。然而，在專案推進的過程中，該團隊發現 —— 新系統無法應對規模化擴展的需求。他們沒有對這一現實視而不見，也沒有為他們所創造的東西尋找不切實際的應用場景，而是決定終止這個專案，並撰寫了一份詳細的回顧報告。

這是否會被算作失敗呢？實際上並不是！儘管其他團隊對未能得到他們期望的系統感到失望。然而，對於儲存團隊來說，假如沒有進行探索，就無法發現這個解決方案無法發揮效用的這一事實。如果他們在意識到這項技術不適用於他們的情況下仍然堅持推進，那麼*這才是真正的失敗*。

你聽說過「*沉沒成本謬論*」嗎？這是關於人們如何看待他們已經投入的時間、金錢和精力的現象。當一個人在某件事情上已經投入了大量的時間和精力，他更有可能堅持下去，繼續推進，即便那是一個不明智的選項。打破這種思維框架著實不容易，但如果你對「某個專案是否仍是一個好主意」持續感到不太對勁，你可能會在錯誤的道路上久久停滯不前。

試著留意一下你是否陷入了一個不可能實現的狀態；如果是這樣，那麼及早放棄是為上策。持續推進一個注定要失敗的專案只是延後了不可避免的結果，同時也阻礙你去做更有價值的事情。良好的判斷力包括知道何時減損止血，停止前進。你可以考慮撰寫一份回顧報告，分享你所經歷的事情。很少有事情能像說「這不管用，但是沒關係。以下是我們從中學到的東西。」一樣對心理安全有幫助。

專案被取消了

公司對你們所做的事情的熱情可能會消退。也許這個專案已經拖延太久，或者比預期更具挑戰性，而且無法證明其成本效益。也有可能是因為新的主管持有不同的觀點、

市場條件發生變化，或組織本身擴張過度，需要採取削減措施。無論原因是什麼，這個專案擺明了不會再繼續下去。

你的管理鏈中的某人會約你單獨談談，向你傳達這個困難的消息。如果你夠幸運的話，你可能會在公司的其他部門之前得知這個消息。

讓我們先從情感層面說起，因為這是一個艱難的情況。這感覺很糟糕。即使你的團隊理解並接受了專案被取消的原因（甚至如果你們也都同意），突然喊停你們建立的計畫和里程碑，這依舊讓人很難受。你們可能會覺得自己所做的工作毫無意義。如果你不是做出取消決定的一份子，你還可能會感到自己很失敗。你可能會感到憤怒、失望、被欺騙，或者對一個對你影響如此之大的變化竟然發生在你沒參與的會議中感到憤恨不平。這種抱怨看起來合情合理：如果經理們做出重大的技術決策，卻沒有讓技術專業人員參與其中，那麼看來真的有必要好好進行對話。但大多數情況下，這些決策是由更高層的人做出的，他們看著更大的格局，設法優化其他目標，而這些目標與你的不同。

好好面對自己的情緒，承認它們。與你的經理或你的傾聽者討論這個情況。試著理解大局，盡可能獲得多方觀點。然後與你的團隊或副負責人交談。告訴他們發生了什麼事，先解釋專案取消的「原因」。給他們時間談一談他們對這個消息的反應。尊重他們可能對你作為壞消息的傳遞者或未能「拯救」專案的人感到憤怒。重要的是，他們應該直接從你或其他領導者那裡聽到這個消息：不要讓他們從流言蜚語、集體傳送的郵件或公司全體員工會議上得知。

給你自己和你的團隊一些時間，然後以盡可能妥善的方式將專案收尾。如果可以停止運行二進制文件，請關閉它們；如果可以刪除程式碼，

請刪除它們。如果你認為專案有很大機會在以後重新啟動，請盡量記錄下你能夠理解的內容，以便未來的工程師能夠了解你當初的目標。（不過，要實事求是地評估這個專案被重新啟動的機會有多大。）如果有需要學習的地方，考慮進行一次回顧。

儘管很不公平，一個被取消的專案可能會對升職產生負面影響或是打破連續優秀業績評等紀錄。盡你所能展示每個人的工作成果。如果你的團隊成員轉到其他專案，向他們的新經理分享他們做得好的事蹟，主動與他們聊一聊，或在績效評估中提供同儕評價。如果有人正好處於晉升的臨門一腳，請向他們的新主管強調這一點，這樣他們就不必重新建立紀錄。

慶祝團隊的工作成果，以及你們共患難的經歷。解散一個合作良好的團隊儘管令人難過，但你可以尋找再次與這些人合作的機會。

這裡就是目的地！

恭喜你！你已經完成了你要做的事情！

在你大肆慶祝之前，請仔細確認你是否確實達成目標。那些可衡量的目標是否顯示出你所期望的結果？用戶能抓到寶可夢了嗎？基礎設施是否穩固完善？如果你確定已經到達終點，那麼現在就是宣佈勝利的時候了。花一點時間來紀念這一刻，充實你的成就感。對於某些團隊來說，慶祝可能意味著舉辦聚會、贈送禮物或享受休假。可能還有電子郵件通告或在全體員工會議上表揚。你可以尋找機會，透過公司內外部的演講或在公司部落格上發表文章，讓團隊成員（包括你自己！）獲得一些知名度。與此同時，你可以考慮進行回顧：回顧不僅僅是為了檢視錯誤之處，你也可以從成功的方面中學到同樣多的經驗。

如果你想強化工程文化中某個特色，例如人們互相幫助或是良好溝通，那麼請著重強調這些在專案中如何被體現。表揚那些展現出超越自我的行為或表現出你期許的行為的人。一個成功的專案是慶祝你所欣賞的文化的絕佳機會，這同時向其他人展示了偉大工程的模範。

延續這個向組織展示如何創造卓越工程的精神，我們繼續展開本書的第三部：提升標準。

本章回顧

- 身為專案負責人，你有責任瞭解你的專案為什麼停止，並讓它重燃動力。
- 身為組織中的領導者，你也可以幫助重新啟動其他人的專案。
- 透過解釋哪些事情需要發生、減少其他人需要做的事情、釐清組織支持、升級問題，或制定替代計畫等作法，來疏通專案所遇到的阻礙。
- 透過定義目的地、確立角色，在需要時尋求幫助，為停滯的專案帶來清晰的思路。
- 除非專案真正完成了，否則不要輕易宣佈勝利。程式碼完整性只是一個里程碑。
- 無論你是否準備好，有時候專案就是該結束了。慶祝、回顧、清理。

PART | III

提高標準

7

現在你是個榜樣了（抱歉啦）

「別隨意將想法宣之於口，」當我成為一位 Staff 工程師的時候，我的朋友 Carla Geisser 警告我：「你會發現一個月後，人們正在討論你那半成品的想法，就好像它已經是一個蓄勢待發的專案。」我的同事 Ross Donaldson 對他自己的角色描述得更為鮮明：「成為 Staff 並不能讓你免於錯誤，但這確實意味著你需要在開口說話時多加謹慎。」

這就是擁有 Staff 工程師頭銜的祝福與詛咒：人們會假定你知道你在談論什麼 —— 所以你最好確實知道你在談論什麼！你的工作會少被檢查，你的想法將被視為更有信譽。人們不再引導你，而是將會尋求你的引導。

「做得好」是什麼意思？

更重要的是，你將成為一個榜樣。你的行為將塑造他人的行為。你將成為理智的聲音，成為「會議室裡的成熟大人」。有時候，你可能會覺得「這是個問題，應該有人站出來說點什麼」……接著你會沉痛地認識到，這個人就是你自己。當你展示出正確的行為，你其實在向你的年輕同事展示如何成為一個出色的工程師。在稍後的第 8 章中，我們將探討如何**積極地**、有意識地影響你的組織和同事，使他們變得更好。但這一章節是關於**被動**的影響，關於你身為一名工程師和個人，你的行為方式所產生的影響。

價值在於你的實際行為

你的公司可能有一份書面的規範，明確定義了優秀工程師的意義，或許這涵蓋了書面的價值觀或工程原則。然而，公司價值觀最明顯的指標是什麼能使人們得以升職。如果你的公司聲稱鼓勵合作和團隊精神，但工程師卻透過「英雄式」的個人努力，單打獨鬥獲得升職，那麼這種價值觀就會受到破壞。如果你的工程原則強調徹底的程式碼審查，但資深工程師對 PR 未審查就直接批准，其他人也將模仿這種不實事求是的程式碼審查態度。你的工作方式會暗示著其他人對於什麼是正確的工作類型和標準，並且被加以效仿。

工程並不只是你與電腦系統交流的方式，它也涵蓋了你如何與人交流。因此，成為一個優秀的工程師，這件事有時可以總結為「成為一個好同事」。如果你的行為成熟、有建設性並具有責任感，你就在向新進員工展示這就是一位資深工程師的做事方式。如果你對他人居高臨下，難以取悅，或者總是忙碌，讓人吃閉門羹，這也將成為他們眼中的資深工程師形象。每天，你都在透過你的行為，塑造公司的文化。

但是我不想當榜樣！

成為一個榜樣並不總是讓人感到自在。但隨著你的資歷越來越深，這將是你對組織產生最大影響的方式之一。無論你是否喜歡，你正在塑造你的工程文化。請認真看待這種力量。成為榜樣並不意味著你必須成為一個公眾人物，讓自己的聲音超出你的舒適範圍，或是四處施展你的影響力。許多最優秀的領導者沉默寡言、深思熟慮，他們透過做出良好決策和有效協作來產生影響（並向其他安靜的人展示他們也有擔任領導者的空間）。

如果成為領導者的想法讓你感到畏懼，你可能需要逐步培養這個角色。從小事做起。也許你可以在公開的溝通頻道上表揚他人的成就，或者主動提出幫助新進員工。將領導力視為一種需要培養的技能，就像你學習新語言或新技術一樣。當練習的次數越多，你就會越得心應手。

努力成為最好的工程師和最好的同事，這是你可以做到的。做好自己的工作，並讓其他人看到你的努力。（並幫助他人也做到這一點！我們將在第 8 章中進一步討論。）這就是成為榜樣的真諦。

身為資深工程師，「把工作做好」意味著什麼？

在這一章中，我將詳述在我的觀念中，你應該努力塑造的四大特質。讓我們開誠佈公一些：這些特質都是具有挑戰性的，是你需要發奮學習和持續精進的技能。我的意思**並不是**直到你在這些特質中每一項都達到 100 分，才能稱為「真正的工程師」，或是才能通過某種考驗，這些都只是理想的狀態。這就是你應該努力成為的模樣，我們都在不斷努力的路上。

此外需要注意的是，科技領域充斥著各種建議，大部分都帶有主觀性。這份清單也不例外！最佳的做法總是視情況而定，必然會有一些邊緣案例和特殊情況；如果我的建議與你的判斷存在衝突，請相信你自己的直覺。一位 Staff 工程師應具備足夠的敏感度，知道何時傳統的智慧不再適用。

在本章剩下的內容中，我們將探討的四個特質分別是：能力、成熟負責的態度、專注目標以及具備前瞻視野。

首先，我們來談談「能力」。

能力

身為一名 Staff 工程師或任何資深角色，你的職責很大一部分就是負責必要的工作並可靠地完成它們。這種能力包含了建立並維持知識技能、自我覺察，以及保持高標準。

了解事情

無論你的領導能力有多強，如果缺少「技術」這一部分，你就不可能成為一位技術領袖。你的大局觀、專案執行、可信度和影響力都必須由知識和經驗支撐。你的知識就是你被聘用的一大理由：你見過世面，擁有知識與經驗。

累積經驗

Google 的 Staff 工程師 Stephanie Van Dyk 將她工作中所需的基本技能，與長久的編織興趣所需的技能作了比較。「技術能力來自學習和實踐」，她解釋：「這些並不是與生俱來的能力。沒有人天生就會編織，同樣，也沒有人天生就能成為經驗老到的電腦工程師。」

經驗源於時間、接觸和學習，而非與生俱來的天份。技術能力的發展需要付出時間和努力。你可以從書本上吸取很多知識，但是無人能替代你親自解決問題，學習應用你自身的技能來解決這些問題，並親身體驗哪些方法有效，哪些不奏效。資深軟體工程師兼小提琴手 Paula Muldoon 以一種非常令我感同身受的方式描述了在交響樂團演奏的情景：「你希望你的技藝足夠優秀，以至於你幾乎可以將全部的注意力放在他人的表現上，而無須擔心你自己的表演。」投資時間（大量的時間）來鍛鍊你的技術能力，讓它們成為你的第二本能。

究竟這需要多少時間呢？美國土木工程師協會在其工程等級公告（*https://www.asce.org/engineergrades*）中提出了其對經驗年資的要求：

- 第五級（常見頭銜：senior engineer、program manager）：8 年以上
- 第六級（常見頭銜：principal engineer、district engineer, engineering manager）：10 年以上
- 第七級（常見頭銜：Director、city engineer、division engineer）：15 年以上
- 第八級（常見頭銜：Bureau engineer、director of public works）：20 年以上

在軟體工程方面，我們沒有那麼嚴格的年資頭銜規範。各個公司的職稱頭銜差別很大。大多數地方在分配職級或頭銜時不考慮工作年限，但 Staff 工程師通常至少有 10 年工作經驗，Principal 工程師至少有 15 年。

別著急渡過你的學習黃金期。一些機構對相對位於職涯早期的優秀員工提供資深職位，比如管理職位或 Staff 工程師職位。這種升職機會對你或許是一大吸引力，然而，就如 Charity Majors 所提醒的（*https://oreil.ly/vmIuH*）：

> 除非你已經是一位完全成熟、足夠資深的工程師，否則絕不要接受管理職位。對我來說，這表示至少要有七年以上的寫程式和完成專案的經驗，絕對不能少於五年。當有人向你提供管理職位時，你可能會覺得這是一種讚美 —— 當然，你可以大方接受這份讚美 —— 但對於你的職業生涯或能力來說，這並無任何實質的好處。

這同樣適用於更資深的角色，比如 Staff 工程師以上的職位。在接受一個可能讓你遠離技術的角色之前，一定要充分反思、三思而後行。別讓自我欺騙犧牲掉能讓你沉浸於技術實踐和累積經驗的寶貴時光。

你「夠懂技術」嗎？

當我聽到工程師形容他人「不夠懂技術」時，我常常會反駁這樣的說法。這種描述除了帶有一種輕視的態度之外，也更像是在評價一個人的身分，而不是他們的技能。[1] 如果你傾向於用這樣的方式來描述人，或許可以考慮更具體和準確地表達。你是否在指：

---

1 這裡有時也帶有一種「看起來不夠書呆子」或「看起來不像是工程師」的暗示；我們都應該意識到我們的隱性偏見（*https://oreil.ly/jRVit*）。但我在這裡說的是那些真正想幫助自己或同事培養技能的人。

- 他們還沒有在技術領域工作足夠長的時間？
- 他們對你的專業領域理解不夠深入？
- 他們缺少某些特定的技能？具體來說是哪些技能？

擁有能力和知識並不意味著你必須對每一個主題都有最深入的理解。有時候，當你步入新的領域，你可能是對這個主題懂得最淺的人，但這並不是什麼壞事！

建立領域知識

軟體涵蓋的技術範疇極廣，每一個範疇都有其特定的專業知識和術語。熟悉行動開發、電腦科學的演算法或網路並不代表你能游刃有餘地接手前端使用者體驗的專案。在金融科技領域累積的多年經驗也未必能讓你為加入醫療保健新創公司做好萬無一失的準備。但假如你對新的技術範疇或領域感興趣，你仍然可以去挑戰。即使是經驗豐富的工程師有時也會發現自己回到新手的位置。

當你走進一個新的角色，不可避免地會遇到一些你尚未掌握的技能，或是需要探索的新領域知識。你可能會發現自己正在向初級工程師學習（這是一種美好的狀態！）。在此情況下，原先的技術知識為你提供了一個基石。雖然你可能對這個新領域的具體問題尚未完全理解，但你的綜合經驗應能協助你**判斷問題的概貌**。你應能與過去所遇見的問題對照並辨識模式，如此一來就不會完全無所適從。[2] 你的經驗範疇越廣泛，對新知識的吸收力就越強，能更迅速地學習新事物。

當你進入一個全新的技術或商業領域時，你需要迅速學習並掌握新知。以你自己覺得最有效的方式來學習這些新技術，理解它們的權衡、限

---

2 當我在 Google 工作了 12 年後開始了一份新工作，Google 這家公司以使用自己的內部技術堆疊來做所有事情而聞名，我就依賴這種模式辨識來加速適應。我在白板上畫了很多系統，並問「有沒有一種東西看起來像這樣，並且你會在這種情況下使用它？哦，這就是 Envoy 的功能！好的，我懂了！」

制、常見的爭議、偏見，甚至相關的行業內部笑話。了解市場上可用的技術，以及它們可能的使用情境。閱讀該領域的核心文獻，瞭解該領域的重要人物以及他們的觀點（在這點上，Twitter 可以是一個非常有用的工具）。最後，投身於一些實際的專案中，這樣你就能夠在新的領域中建立起你的直覺和經驗，從而能夠像在你之前的領域一樣展現出你的能力。

保持更新

身為一位資深工程師，你需要擁有不斷成長和改進的心態。如果一位技術領導者仍堅持使用已經被淘汰十年的「最佳實踐」或已被大眾遺棄的技術，這對所有人來說都很尷尬。保持與你所在的行業的連結，即使你已經不再深入寫程式碼，你的直覺應該對「程式碼的異常」或潛在的問題保持敏銳。即便你不知道最新的、最熱門的工具或流行趨勢，也要知道如何去尋找並了解它們。

請留意你的角色是否阻礙了你的持續學習。特別是要注意你自己是否已經遠離**技術**，以至於目前的你只是在學習**公司的營運方式**。當然，你需要學習足夠的業務知識以做出良好選擇，但仍應保持自己與科技的緊密連結。我將在第 9 章中更深入地探討學習的議題。

展示你也在學習

初級工程師需要明白，持續學習是成為資深工程師的必要特質，且學習的道路永無止境。他們也必須認識到，你的技能和知識並非天賜，而是透過學習獲得的。請對你正在學習的事物保持開放態度，並向他人展示你是如何學習的。當你提出的見解包含深奧的知識或邏輯跳躍時，幫助你周遭的人填補知識缺口：向他們解釋你如何得出這樣的結論，你使用了哪些資訊，以及你如何獲取這些資訊。明確表現出你正在學習，這樣他們也會覺得能夠安全地學習。

自我覺察

能力是建立在知識和經驗之上的，但你也需要能力來實際運用它們。首先，這需要自我意識，了解你能做什麼，需要多久時間，以及你不知道什麼。這意味著能夠說「我有這個能力」，並知道你確實具備這種能力。能力還代表著擁有足夠的自信，相信你可以解決問題。你不需要傲慢，不需要使用難以理解的專業術語，也不需要炫耀。真正的自信來自於你已經花費了足夠的時間去實踐，因此你學會了信任自己。

坦承你所知

有些人被教導要吹噓自己的成就，而有些人則被教導要對自己的成就輕描淡寫。無論你天生屬於哪種，都應該努力達到一個程度，自信且誠實地看待你所知道的，以及你並不知道的。一定會有一些領域你懂的非常透徹，擁有非常出色的技術能力。請對於運用這些技能去解決需要它們的問題保持信心。

擁有能力並不代表你*就得是最好的*。我有時候會看到一些科技人才對於宣稱自己是專家而感到羞澀，因為他們總是能想到業界有比他們更出色的人。不要把你的標準設定為「業界最佳」。如果你因為過份謙虛而退縮，這對任何人都沒有幫助。當你的某項技能被需要時，不要默默等待別人說：「嘿，你不是擅長正則表達式嗎？」(*https://xkcd.com/208*)。主動表示你確實很擅長，這不是自誇，你只是在陳述事實。

如果你知道自己帶來了哪些技能，那麼你就會知道在哪裡你能夠挺身而出並提供幫助，你會成為一個好的導師，以及你還需要學習什麼。

坦承你所不知

你並非全知全能，更重要的是，不要假裝自己知道一切。如果你裝得什麼都懂，不僅會失去學習的機會，甚至可能會做出錯誤的判斷。你同時也將浪費樹立學習典範的機會。當你坦然承認自己並不全知，並向人展示你的學習過程，你就向初級工程師傳達了一個訊息：終身學習是理所當然的事。

身為技術領導者、資深工程師、導師、經理或其他可能影響團隊文化的角色，公開坦言自己的無知是我們能做的最重要的事之一。我喜歡提出一種「ELI5」請求，這是一個源自 Reddit 的詞語，意思是「如同向一個五歲小孩解釋那樣向我解釋（explain it like I'm five years old.）」。這個說法是一種很有用的表達方式：「你無須猜測我已經知道多少，直接把所有細節說出來吧。如果你告訴我一些我已經知道的事，我保證不會感到冒犯」（這裡的隱含條件是如果對方從最基本的事情開始說起，你不會感到被冒犯）。

我們花了大部分的工作時間在溝通，努力把對世界的共同認知注入我們的思考，以便我們能夠協調工作或做出決策。當人們在對話中裝作全知，或因不願被認為一無所知而扭捏不清，溝通效率反而會降低。然而，如果那些在職位較高的人能夠公開承認自己並非什麼都知道，其他人也會願意效仿。

了解你自己的脈絡

對自我意識的重要體悟包括認識到你擁有獨特的觀點：你的背景脈絡並不適用所有人，你的見解和知識都是由於專屬於你自己的獨特經歷而來。當你需要與來自不同領域的團隊進行交流，或向非技術人士解釋技術主題時，必須跳脫出自己的同溫層。你需要認識到，你掌握的某些資訊可能是他們所缺乏的，而你需要主動彌補這個差距。（你可以在第 2 章中找到更多關於如何建立這種觀點的討論。）

想要簡單解釋一件事情，這需要更深入的主題理解和對自我脈絡的自我覺察，這遠比想像中要困難。然而，這也是專業能力的真正指標。如果你能以淺顯易懂的語言解釋一個主題，讓非專業的人也能將其與他們已經理解的概念聯繫起來，那麼可以肯定，你真正理解了這個主題。

保持高標準

身為專業工程師，你所設定的標準將成為其他人工作的典範。了解什麼樣的工作可以算作高品質，並在你每次的付出中，不論是你最熱衷的工作還是其他任何事情，都秉持這樣的標準。撰寫最為清晰、易於理解的文件。當你的軟體遇到問題時，你應該是第一個察覺的人。無可避免地，總是會出現需要權衡取捨的情況：有時候，快速用膠帶將解決方案拼湊起來也是正確的做法。然而，這種抉擇應該基於你需要解決的問題，而不是基於你對該項工作的喜好程度。

聆聽建設性批評

保持高標準意味著你需要讓自己的工作達到最佳狀態。你需要尋找機會，放下自我，讓他人協助你提升工作表現。積極尋求程式碼審查、設計審查以及同儕評審。當你有一個自己熱衷的點子時，請邀請同事來提供批評和建議。當你主動「請求評論」時，應當抱著開放的心態；每一次評論都是一個讓你的解決方案變得更完善的機會，所以要尊重和重視這些評論，即使你最後可能並未全部採納它們。要明白，你的解決方案並不代表你，它們不能定義你這個人。對你工作的批評並非對你個人的攻擊。（當然，你也需要提供有建設性的批評。我們將在第 8 章詳細討論這一議題。）

為自己的錯誤負責

在某些情況下，你無可避免地會犯錯，可能還是一個嚴重的錯誤。也許你在審查程式碼時，忽略了一個致使公司損失重大的錯誤。或許這段有問題的程式碼就是你寫的！或者你在會議上說了一些話，後來發現這些話傷害了某人的感情（甚至導致他們辭職）。

犯錯是人之常情。[3] 我們都不是完美的，而錯誤常常是我們學習的途徑。關鍵在於你如何回應自己的錯誤。很容易陷入一種防衛心態，試圖轉嫁責任，或者完全崩潰（讓他人來打擊救援）。但為了成為一個勝任的專業人士，你需要承擔起自己的錯誤。不要過於自責，但也不應該否認你的錯誤所帶來的影響，或堅持認為這個錯誤其實並非你的責任。接受事實，然後著手修正。迅速且清晰地進行溝通，確保每個人都獲得他們需要的資訊。如果有任何風險，他人可能會被指責，請確保他們明白他們並無過失。如果你傷害了他人的感情，應承認這種傷害並真心道歉（即使你在相同的情況下可能不會覺得受傷，他們的感受依然是真實的）。

如果你造成了故障，或者引導團隊走上了一條代價高昂的錯誤道路，請考慮在事後進行一次回顧，討論事情的經過、你如何回應，以及你從中學到了什麼。對於你在事件中的角色，應該坦誠面對，實事求是。如果大家都能坦誠面對自己的錯誤，就能更容易地理解事情的發生經過。

犯錯僅僅是一種刺痛感。解決你所引發的問題可能是那一刻你最不想做的事。但這實際上是保持團隊善意和社會資本的最佳方法。如果你能正面應對並修正你所造成的問題，你甚至可能最終獲得同事們更多的尊重。而一位公開承認自己犯錯的領導者會使其他人更容易做到同樣的事：這對提升團隊的心理安全感有著很大的推動作用。

變得可靠

我對能力的最後一個主張是：成為一個可靠的人。我所給予的最大讚揚之一就是：「Alex 將會參加那場會議，所以我不需要去。」當我說出這句話時，這不僅表明我所掌握的所有情報都將在會議中得到表達。我也同時暗示，我相信正確的事情將會發生。情況將會得到妥善控制，而我不需要在場。這句話的背後意思其實正是，我覺得 Alex 值得信賴。

---

3 如果你在想：「我才不會犯錯，因為我很能幹又小心」，那麼當你真的犯錯時，那種痛徹心扉的感覺就會非常、非常糟糕。

在我們在第 4 章談到的信譽和社會資本一樣，可靠性的聲譽是隨著人們看到你完成工作並取得控制的過程中逐步積累起來的。請成為那種被信任能夠妥善完成工作的人。

可靠性一部分意味著「好好完成那些由你開始的工作」。使用第 6 章的技巧，確保你不會受到阻礙或過早停止。即使在工作變得無聊或困難的時候，也要堅持下去。如果你認為這個專案不是資源的正確利用而需要叫停，那就需要擁有這項錯誤並傳達這個決定。你接受下了這項工作，請負起應有的責任，所以要把它完成。

這使我們認識到資深工程師應該致力磨練的第二個特質：成為房間裡負責任的人。

負起責任

無論你喜歡與否，資深或主管級的職稱將你變成了一個權威人物，正如哲學家班叔叔曾經對蜘蛛人說的「能力越大，責任越大」。你的職位越高，就越需要內化這樣的事實：沒有其他人會來成為「房間裡的大人」。在「應該有人做些什麼」的時候，你就是那個人。

在這一部分，我們將探討責任的三個方面：承擔所有權，掌控局面，以及創造平靜。

承擔所有權

資深人員擁有整個問題的所有權，而不僅僅是按計畫進行的部分。你並不是在為他人運行專案：這是你的專案，你不能袖手旁觀，任其成敗。當出現問題時，你不會只是聳肩說出這項工作無法完成。你要解決問題，並對結果負責。（第 6 章提供了解決阻礙的技巧！）

避免 John Allspaw 所說的（*https://oreil.ly/lfRcs*）「保護自己的屁股工程法（CYAE）」：

> 成熟的工程師會站出來接受他們被指派的責任。如果他們發現自己沒有對工作負責的足夠權力，他們會尋找方法改正這種情況。*CYAE* 的一個例子是：「這不是我的錯。是他們搞壞它，是他們用錯了。我按照規格建造的，我不能為他們的錯誤或不當規定負責。」

所有權同時也蘊含著運用自身的良好判斷力：你無須不斷地尋求許可，或不斷檢查自己是否在做正確的事情。然而，這並不代表你可以背地行事。雖然傳統上我們建議「寧可被原諒也不尋求許可」，但是產品和交付顧問 Elizabeth Ayer 提供了一種更開放、更可預見的方法，稱為「散發意圖」（*https://oreil.ly/fXxG4*）。也就是在你行動之前，先傳達你計畫要做什麼。你向他人提供你行動的背景資訊，如果你計畫做某些具有風險的事情，這會為他人創造出介入的機會。

Ayer 還指出了「散發意圖」的另一個主要優點：「如果情況變壞，『散發者』仍然要承擔責任。這並不像求許可那樣可以轉嫁責任。」這也是所有權的一個重要關鍵。

做出決定

在某些專業領域，專業工程師有責任在文件上加上他們的簽章：比如，工程師可能擔保建築結構的完整性。透過這種方式，他們擔保了結構是安全的，並願意對可能犯下的任何錯誤承擔法律責任。他們對這種決定承擔個人責任。

雖然軟體工程師目前沒有這種程度的專業責任，但作為技術領導者，我們必須準備好做出最終的決定，並為結果負責。特別是在需要決策的時候，我們應避免猶豫不決：衡量各種選項，果斷地做出選擇，並解釋你的選擇理由。在考慮這些選擇時，你需要對自己誠實 —— 當你認為某個選擇是最佳選擇時，即使這不符合你的個人偏好，你也應該支持這個選擇。

擁有決策權同時也意味著你要承認你可能會犯錯。你應該儘可能地降低錯誤決策的成本，並在證明你的決策是錯誤的時候，能夠有勇氣認錯。

問「明顯的」問題

身為資深人員最好的一點是，你可以問一些顯而易見的問題，這些問題也許是其他人不願提出的。以下是一些例子：

- 聽起來你們計畫在只有兩位工程師的團隊中運行一個關鍵的微服務。你們打算如何安排待命制度？
- 我假設你已經評估過離開這個舊系統需要付出的代價，而不是如此賣命地繼續維護系統吧？
- 如果用戶開始依賴你告訴他們忽略的 API 中的遞增欄位，會發生什麼情況？
- 你已經把這個聽起來有點奇怪的提議告訴了安全部門，對吧？
- 我們需要付出什麼代價才能支持這個一直要求人們不要在我們的平台上執行的使用案例？

作為一個領導者，你有責任將隱而不顯的東西明確化。這並不公平，但如果一個初級人員問這些問題，團隊可能會嘆息說：「是的，我們顯然已經考慮過這些問題了。」如果是由專家來問，就會讓團隊成員學到，他們應該在設計文件中加入這些問題的明確答案。（或者讓他們第一次真正地考慮這個問題！）

不要用「忽視」來委派工作

幾年前，我撰寫了一個會議演講，這個演講稍微引起了一些網路熱潮。好吧，我們並非在談論像是手牽手的水獺那種程度的熱潮，但它在 Twitter 的科技圈子引起了廣泛討論，也登上了 Hacker News 的首頁，大概是這種熱度。這個演講是關於領導和行政任務，這些任務並不在任何人的職涯階梯上，但卻是促成團隊成功的必要任務：所有的解除障礙、新人熟悉流程、提醒、指導，以及排程。我將這種工作稱為「膠合工作」（glue work）（*https://noidea.dog/glue*）。

這次演講為何引發如此大的共鳴？因為儘管這類工作對於專案的成功至關重要，但往往被忽視，而且被不平等地分配。這種工作通常由那些不會避開問題、有著強烈負責任感的團隊成員承擔，他們往往是對所有權有強烈認識的初級員工。

然而問題來了，當這些初級員工過度投入於行政或領導工作，卻沒有足夠的時間投入於技術性工作，他們的學習黃金期可能就會在不足以提升他們技術能力的工作中度過。長期下來，這可能妨礙他們的職涯發展。然而，領導者往往未能進行干預：專案的成功需要「膠合工作」，他們對這樣的工作能被完成而感到滿意。

因此，如果你的組織或你的專案需要「膠合工作」，那麼就應該承認並認識到是誰在承擔這些工作。當一名資深工程師執行這項工作時，管理者、升職委員會，甚至是未來的雇主可能會視這項工作為一種**領導力的體現**，但當初級工程師執行此工作時，他們往往會貶低其價值。因此，我們需要主動去做那些被忽視，但對我們的目標有所助益的工作，並引導初級同事去執行那些能助他們事業發展的任務。

掌控局面

接下來我將提及的一個例子是如何以和緩的方式引導你的同事進行更具價值的工作，這就是掌控局面的藝術。需要注意的是，「掌控局面」不必然需要事先被賦予權力。這意味著當你發現了一個空白，你決定站出來填補這個空白。

在危急中挺身而出

掌控混亂狀態是技術領導能力的核心要素之一。當面臨例如安全漏洞、資料庫丟失，或者一個服務區域如 US-East-1 被流星擊中等緊急情況，可能會有許多人湧入現場應對。然而，如果他們各自行動，可能產生的混亂反而會使問題加劇。有人來統籌協調，事情就可能順利許多。

然而，只有當所有人都明確知道你在協調時，協調才能達成其效果。如果你未能明確地承擔起這一角色，你將只會成為混亂中的另一個噪聲源。理想情況是，你預想過災難有可能發生，並且準備了一個應急計畫，其中明確指示誰將擔當協調者的角色，一種常見的選擇就是使用經典的事件指揮系統。[4] 同時，你需要確保你的協調工作確實帶來價值。一些實現這個目標的方法包括：寫下清晰的筆記、確保每個參與應對緊急情況的人都了解情況，以及要求每個人在開始行動之前公開表明他們將要做的事情以及時間點。

在所有人都困惑時，問出更多資訊

在本章前段，我們討論過，勇於承認自己的無知和提出顯而易見的問題是很重要的。而在應對緊急狀況時，這兩者往往需要同時進行。當團隊在解決問題的過程中分享情報，他們常常不會提供充分的脈絡解釋。比如，「FooService 服務出現 1% 的 401 錯誤」，這樣的陳述對於那些對該服務的典型運作狀況不了解的人來說，並沒有太多的幫助。這個情況嚴重嗎？有什麼理論能夠解釋這個現象嗎？在這次故障中，FooService 扮演了什麼角色？

有時候，需要有人大膽地表示：「我不太確定你剛才說的情報應該怎麼使用！」這是一種負責任的表現，這也是個問問題的好時機。在技術領域中，由於充滿了自我保護與不安全感，初階人員往往會覺得承認自己不知道這件事很可怕（同時也充滿風險的！）由資深人員來進行提問則相對安全。

---

4 事件指揮系統（*https://oreil.ly/DUxaG*）源自 1960 年代的消防部門，現在已被美國大部分的應急機構採用於協調和應對各種災難。其中定義的一個重要角色是「事件指揮官」，其主要職責並非親身參與救援行動，而是進行整體協調和指揮。對於那些混亂、涉及多個團隊的軟體問題，這一系統特別具有效用。

故作驚訝

「故作驚訝」曾經是系統管理員和軟體工程師對話中的一種普遍現象。「你真的從來沒有使用過 Linux ？」這話出自於「地獄來的混蛋作業員」（*https://en.wikipedia.org/wiki/Bastard_Opera tor_From_Hell*），目的是削弱那些還在學習階段的人（新手和常規用戶），並讓更有經驗的技術人員感到自己的優越。

在這樣的氛圍下，你要如何提問呢？大部分情況下，你選擇沉默。你保持冷靜，努力跟上對話，並希望話題會轉向你熟悉的範疇。當你無法避開一個問題的時候，你可能會選擇私下找人尋求幫助。這種學習方式往往會花費更多的時間。

然而，後來 Recurse Center（原名 Hacker School）在其社會規則中明確指出了這種現象（*https://oreil.ly/WLk0r*）。明確指出這種行為讓人們感到有權利可以明確反對，並要求他人停止。Recurse Center 也建立了一種低風險的方式來確保這些規則的執行。他們表示：「社會規則並不繁重。你不應該對違反社會規則感到恐慌。犯錯是人之常情，偶爾違反規則並不代表你是壞人。如果有人提醒你：『嘿，你剛剛故作驚訝了』，不要害怕。只需要道歉，反省一下，然後繼續前進就好。」

除了不要假裝驚訝，我們還可以走得更遠。每次有人因為問了一個基本問題而道歉，而其他人又堅持認為這實際上是一個好問題，就是在塑造一種鼓勵學習的文化。這是一個鼓勵學習的環境。

引導會議

會議是另一個常見的場所，需要有人勇敢地承擔領導責任。若是與會者對會議冷淡、分心或傾向於將專業會議當作社交聊天的場所，任何一個參與者都可以（理論上）挺身而出，說：「好的，我們開始今天的議程吧。」然而，多數人在這個角色上感到猶豫不定。當需要的時候，不妨勇敢地挺身而出。確保會議有一個明確的議程：在會議開始時蒐集要討論的項目，或者提前發送議程，建立良好的榜樣。明確你對會議的期望，並且當討論偏離主題時，能引導回正軌。

詢問自己，如果一場會議沒有筆記，那麼它真的值得舉行嗎？會議紀錄是黏合工作的一個絕佳範例。如果一個較不熟練的成員負責做筆記，他們就無法完全投入討論，且這種工作通常被視為低階的行政工作。然而，如果一個經驗豐富的成員負責做筆記，他們就能確保會議的有效進行，且會讓所有人留下深刻的印象。

會議紀錄可以是推進你的專案的強力工具，因此，當有機會自願擔任記錄工作時，不要猶豫。你可以記錄你認為最重要的事實，記錄所有做出的決定，並成為第一個公布決定的人。然後，你可以邀請所有人確認你所記錄的內容。作為主持人，如果你需要給大家一點時間思考和反思，你也可以說：「等一下，我需要花點時間記錄一下。」這樣的筆記可以成為會議流程的有效控制工具。

需要發聲時要勇於開口

還有一種常見的情況是，當公共場合有人發表了不尊重或冒犯他人的言論，這時需要你挺身站出來擔任領導者的角色。在這種情況下，其他在場的人可能想說出自己的看法，但他們可能因為缺乏自信或社會資本而猶豫不決。在此時，憑藉你的領導地位，積極挺身而出，發聲為是。

許多工程師，包括我自己，都會覺得這種情況讓人感到不安。所以我尋求了 Daily 公司的工程副總裁 Sarah Milstein 的建議。她在面對這些稱為「進階人性問題」的場合時總是顯得很鎮定，我以為作為經理的她會覺得在這種情況下說出自己的想法特別容易。但令我失望的是，她告訴我，即使是經理，也不能神奇地躲過這種壓力。她說，我們要接受這種不安的感覺，知道這樣做會讓人感到尷尬，但還是要勇敢地說出來，因為說出來總比保持沉默要好。你不必說出完美的話，因為往往沒有絕對完美的回應，但你確實需要挺身而出。

儘管通常我們建議在公眾場合給予讚揚，在私下提供批評，但在這種情況下，公開說出你的想法尤為重要。如果看似不恰當的言論沒有得到正視，會讓大家誤以為這種言論是可以被接受的。如果有人在群體中被攻擊，你需要在同一個群體中為他們護航。如果沒有人處理這個問題，你的群體環境將變得怪異和緊張。

最好的情況是你能夠立即處理這種情況，但稍後再處理也不算晚。你可以說：「我注意到，這個問題我們還沒有解決，我希望我當時能更好地處理它，但我現在希望回到這個問題。」Milstein 說，處理這種情況可以幫情緒找到出口。她還補充說：「往往有人會在事後感謝我在困難的情況下挺身而出。」

以下是由 Milstein 提供的一些寶貴建議：

- 明確表達你希望建立的文化並用此作為溝通的基礎。例如，你可以說：「我們都知道，相互尊重是我們這裡重要的價值觀，是我們完成事情的核心部分。這樣的言論明顯違反了我們的行為準則。」
- 提供一種方式讓對方能夠與你站在同一陣線。例如，如果他們對一個充滿爭議的新聞故事開了一個冒犯他人的玩笑，你可以表明你理解為何在那種情況下會以幽默來緩和緊張。你可以說：「我理解在困難的時刻，人們可能會選擇用幽默來緩解壓力。然而，我們需要意識到，會議中可能有人正在受到這件事的影響。」
- 如果是在私下談話，你可以透過喚起對方的價值觀來引導他們。比如，你可以這樣說：「我知道你非常看重公平，所以我想指出，你可能沒有察覺到你的言論對他人的不利影響。」

最後，這並非一個只需要你個人解決的問題。雖然你有權力和責任去正視和解決文化問題，但這也牽涉到具體的行為問題。你可以將情況告知相關的主管，如果這種情況形成一個模式，他們可以進一步協助處理。這是他們的職責，而不僅僅是你的負擔。

創造平靜

最後一個關於成為負責任的「成年人」的要素是：保持冷靜。在疲勞過度和壓力巨大的情況下，人們往往會對如何正確行事產生意見分歧。如果你能維持冷靜且建設性的態度，避免過度指責，你的冷靜將會影響並導引其他人同樣保持冷靜。

試著緩和，而不是放大問題

若你面臨的是一個大問題，試著縮小其規模。若你正處理一個小問題，儘可能繼續縮小。當有人向你提出棘手的問題時，保持冷靜。用提問的方式去理解他們為何會有此疑問。他們是否只是需要一個傾訴的對象？或者他們希望你能採取一些行動？保持對各種情況的好奇心，即使是你認為已經了解的主題。若出現問題，誠實面對。有時候，只要讓人知道你已經掌握相關訊息並未對此感到驚慌，就足以緩解同事的焦慮。

即使你看似能立即採取行動，也要避免倉促反應。高層人士的過度反應可能會讓小問題變得嚴重，所以請確保你掌握了所有事實，且你的介入對情況有實質性的幫助。如果你的參與只會放大問題，而不是平息問題，那麼最好不要插手。另外，記住我們在第 6 章開始時的建議：請確保這次的插手是對你的時間有效運用。

最後，對於你選擇分享你的焦慮或挫折的地方，要謹慎選擇。你可以承認存在問題，但別讓你的憂慮延伸到基層人員，將你的壓力轉嫁給他們是不公平的，且這將只會擴大問題。這不是說你必須獨自承受你的壓力：你可以向你的經理、親近的同事或在第 5 章提到的專案傾聽者進行傾訴。但要清楚你是在抒發情緒，還是期望他們能做出行動。特別是在與其他領導者進行一對一的交談時，要明確指出你是希望他們採取行動，還是你只是在試圖解釋一些事情或分享背景資訊。因為他們可能會本能地採取行動，將你純粹想分享的事情無意識地放大。

避免責難

我至今仍清楚記得我在生產環境中犯下的第一個錯誤。那次我在更新一個客戶紀錄的過程中，不小心刪除了他們的整個帳戶。當時我 22 歲，剛剛加入團隊（也是我第一次進入此行業），對於可能要承擔的後果我感到非常恐慌，甚至擔心這可能意味著我短暫的職業生涯就此結束。幸運的是，我的同事 Tim 幫我解決了這場危機，我永遠不會忘記他當時的回應，他說：「看見新人如何應對他們的第一次搞砸總是很有趣。我們每個人都曾有過這樣的經歷。」這讓我如釋重負！當然，我還是感到遺憾，但那種噁心的感覺已經消退了。我意識到，如果我的每個同事都能從他們的第一次錯誤中走出來，那我也一定可以。在解決這次煩人的客戶資料救援任務中，Tim 仍然會找時間幫我的忙。

一次大的失誤就如同一堂昂貴的訓練課程，如果你必須付出這樣的代價，那麼最好從中學到一些東西！當有人犯錯，或者發現一個可能引起問題的邊緣案例時，建立一個安全的環境讓每個人可以坦誠討論這個問題。如果你能以好奇心去面對，並避免指責，你會發現提出以下這樣的問題變得更為容易：

- 究竟發生了什麼？
- 是什麼因素導致他們選擇這條路？
- 是否存在某些他們沒有但理論上應該得知的資訊？
- 他們的認知模型在哪裡與現實發生了分歧？

保持一致

你是否曾經遇到過一位完全不按牌理出牌的領導者？你經常對如何準備與他們的會議感到困惑。某一天，他們似乎只關心的是專案大略的交付期限；而到了第二天，他們又突然要求你就細節的技術決策進行詳細解釋。他們會向你強調某個目標是極其重要的業務需求，然後，就在你調整完專案計畫之後，他們又將優先順序轉移到了其他事情上。這種情況令人困惑且焦慮，讓你對自己的立場感到非常混淆。

切記，不要變成那樣的領導者。相反的，透過保持一致和可以被預測，來營造安全與平靜的環境。你的同事應該清楚地知道，當他們尋求你的協助時，可以期待怎樣的反應。當事情發生變化或出現困難時，你如何表現自己、如何進行工作，這都能給同事帶來信心，讓他們知道，儘管變化可能會帶來恐慌，但他們可以依賴你的穩定和你們共同的努力去克服它。

然而，當你身處高壓或超負荷的工作狀況下，要保持一致就變得更為困難，因此，維持一致也意味著要好好照顧自己。記住我們在第 4 章圖 4-3 中提到的，要在生活中騰出一些空間來應對超乎預期的事件。以一種你可以持續進行的方式來工作，這意味著要抽出時間休息，並且在工作之餘做些讓你快樂的事情。切記，你還在為你的同事展現可持續工作的榜樣。

不忘目標

接下來，我們將探討成為模範資深工程師的第三項特質：記住你們身在這裡的目的。這並非只關乎科技或技術！還有一個更加深層的脈絡：一個努力實現目標的企業，一個你們共同參與的使命。在本節中，我們將聚焦於如何將商業視角（和預算考量）納入你的決策過程中，並著手解決使用者所深切關心的大問題，而非僅限於你的團隊任務範圍。同時，我們將探討如何作為一支團隊，共同實現目標，而非作為孤立的個體。

記住這是一場事業

作為一名資深工程師，你的職責不僅僅是對現在負責，更是要對未來有所規劃。你的工作將永遠是打造能在壓力下穩定運行的軟體。然而，你所在的工作場所可能是一個有著明確目標的商業公司、非營利組織、政府機構，或者其他類型的組織。在這些情況下，軟體只是達成這些目標的工具，而非終極目標本身。

適應情境

我曾參與過一個黑客松活動，我鮮明記得當時分組的小組長在審視我寫的程式碼時說：「噢，有測試？嗯，好的。」雖然他的語氣不失禮貌，但我可以看出，進行測試在那裡並不是常態 —— 也不太受歡迎。在那種環境中，快速完成任務往往被視為比精確性更重要，尤其是當那些編碼結果很快就會被棄用的時候。在他的眼中，我可能已經在無謂的事情上浪費了時間。

在某些情況下，快速解決問題可能是更好的選擇；而在其他情況下，穩定的解決方案可能更恰當。例如，如果上市時間對企業的生存關鍵，那麼將一個粗糙的初始版本快速推出市場可能比擁有漂亮的程式和良好架構更重要。[5] 同樣，如果你的軟體發布與特定節日促銷或大型運動賽事相關，一個不完美的解決方案可能遠比一個遲來的解決方案更受歡迎。

在緊急停機期間，優先順序可能會產生變化。你可能有一個慣例，那就是總是對服務進行緩慢而穩定的滾動重啟，這樣在任何時候只有少部分實例會離線。然而，當所有事物都出現問題時，你平時的原則可能就被拋諸腦後。在這種情況下，最快的方法可能就是直接關閉所有系統，然後再全部重啟。中級工程師可能會堅持追求某種柏拉圖式的理想 —— 一種乾淨且技術上來說更為精緻的修復方法，但他們的資深導師會告訴他們，首要的任務是先恢復系統的運作，然後再進行後續的修整與清理工作。

隨著業務需求的演變，你的工作重點也將相應地變動，這是必然的現象。成長、併購、新市場進入或運氣的變換，都可能導致原先的目標被丟棄，因為企業正在追求全新的路線，甚至可能是一種新的企業文化。如果你對此感到不適，或者這種變化與你的價值觀背道而馳，那麼這個環境可能已經不再適合你。但如果你只是對變化抱有抵觸感，那你可能

5 然而，切記不要為了協助企業維持生計而發行可能對他人產生危害、剝削或傷害的軟體。企業僱用你，購買的是你的時間和專業能力，而非你的道德指南針。我們將在第 9 章更深入地探討這個價值觀議題。

會把時間浪費在感到不快樂上。預期到變化的來臨，並將之視為一個全新的挑戰去接受，是一種更理想的態度。

記住有預算限制

你對高品質工程的堅持將總是與公司願意投資於優秀工程的金額形成一種矛盾。這種拉扯並不意味著你應該放棄你的原則，或開始主張製作次等軟體，而是你需要將預算考量放在心中。請記住，公司對於員工數量、供應商工具等的投資都是有限的。

不要過度關注預算問題：你可能會陷入無法決定某個項目是否值得投資的困境中。然而，你應該對哪些開支、節省或新的收入會被視為重要有所了解。瞭解你的公司的盈利模式，並知道你們現在是在經濟繁榮還是困頓之時。當你考慮建議你的組織投資時間在某件事情上時，要把這些因素牢記心中。

謹慎使用資源

當我在 Google「成長茁壯」的階段，我花了十年以上的時間才明白，人力資源是有限的，為專案配置人員會有相應的機會成本。你的技術判斷力的一部分，就是要明智地投入有限的人力。

你可能有很多創新的想法，有關如何創造新事物或改進你的系統。但是要確保你所選擇的工作是公司真正需要的。你的團隊只有有限的時間和精力，問問自己，這是否是合理的投資方式？也要參考 Dan McKinley 的建議（*http://boringtechnology.club*），對你的「創新幣」的投入要有判斷力：也就是說，你的公司在進行有創意、奇特或困難的事情時，其能力是有限的。如果你只能在少數幾個地方投入，這是否是最適合的選擇？

優先建立最有價值的東西，而非最有趣的東西。而當一件事情已經足夠好，不再需要進一步打磨的時候，請放手，不要再追求完美。

記住你有用戶

我還記得有一次，我和一位供應商在一個擠滿數百名同事的大型員工餐廳裡。我和我的同事 Mitch 聆聽著供應商解釋說他已經為我們準備好了一個我們一直要求的功能。然而，我已經試過該功能，它並不適用。我們爭論來去，直到我展示我的筆記本電腦給他看。

「哦，我現在明白了，」供應商說：「你使用的是 Chrome 瀏覽器。這個功能在 Firefox 和 Internet Explorer 上可以正常運行。」（對，那是好一陣子前的事情了。）「但不用擔心，使用 Chrome 的人並不多。」

「看看你周圍，」Mitch 回答，示意餐廳周圍的人們：「你看到這裡所有的人了嗎？每個人都在使用 Chrome。」

我看過太多團隊為一個不存在的、理想化的用戶建造功能。[6] 所以，你要清楚是誰在使用你的軟體，以及他們如何使用它。確保他們能夠且**願意使用**你為他們而打造的功能。

一個幫助理解這點的經典方法是：寫下來！將你的具體需求寫下來。寫下你建立功能的具體要求，並廣泛分享這些要求。在你開始編寫程式碼之前，讓你的 API 受到審查。在你開始建立功能之前，先做一個試水溫的使用者介面 mockup。定期檢查並更新。再說一次，請極力避免 CYAE：即便你按照規格建造了功能，如果最終沒有讓用戶滿意，那麼你就是建造了錯誤的東西。

記住你有團隊

對於專注於任務的最終考量是：請記住，你並非獨自一人在進行工作。儘管你可能是團隊中最熟練的程式碼好手、經驗最豐富的工程師，或最迅速的問題解決者，但這並不意味著你需要獨自承擔所有的問題。你是

6 「完美地像是不應該出現在這世界上的用戶」，有些朋友如是說。

團隊的一部分，而不是一群彼此競爭的個體。避免成為一個唯一的故障點，這樣在你不在場時，團隊就無法完成任何工作。這種情況無法長期持續，且可能會掩蓋存在的問題。

正如我之前建議你需要自我覺察一樣，你也應該對你的團隊的能力有所認識。如果你可以透過賦權他人來達到你的目標，這等同於你自己解決問題，兩者都是成功的表現。你的影響力不僅僅是你個人做了哪些貢獻，而是要試想如果今天少了你，哪些事情將不會發生。

超越眼前

如你所見，有時候，你的首要任務可能是將某項產品或服務快速推向市場。然而，在大多數情況下，你需要為更長的時間範疇制定計畫。你所寫的程式碼和你所構建的架構，可能在 5 年或 10 年後仍在運行。生產環境中互相連動的軟體系統的壽命可能更長，每個組件都會對後續的組件產生影響。[7] 正如 Titus Winters 著作《*Google 的軟體工程之道*》中寫到：「軟體工程就是隨著時間推進的程式設計。」因此，你應預期你的軟體會持續發揮影響。

你所在的組織、程式庫和生產環境，可能在你加入之前就已存在，並且在你離開後，它們可能依然會存在。切記不要為了優化當前的需求，而犧牲未來的效率或工程能力。花心思栽下一些可能無法親眼見證成果的種子是值得的。

以下一些方法能幫助你在思考問題時放眼未來，超越眼前。

7　可以想像成一條「忒修斯之船」（*https://oreil.ly/nBaaK*）：隨著時間推移，每個單獨的組件可能都會被更換，但基本的系統將繼續存在。這是形而上的架構。

預期你希望你以前能完成哪些事

請回想我們在第 3 章中提到的問題：「未來的你希望今天的你做些什麼？」在制定計畫或進行工作時，要將未來的你和你的團隊視為重要的參與者：畢竟，他們將要面對和處理你今天所做出的任何決定。

預示未來目標

即使細節還未成形，也應該清楚你的長期目標是什麼。例如，有時團隊會因為未完全準備好全面轉換為新的系統而選擇不公布舊系統的停用日期。然而，你可以宣告你的廢除計畫。一旦所有人都明白將在未來一兩年內開始轉換，新的專案就會避免在舊系統上投入。一些團隊甚至可能在空閒時間主動遷移到新系統，不需要你主動出擊。藉由現在進行少量工作以設定未來的期待，可以為所有人節省時間並使你未來的停用計畫更為順利。

整理乾淨

你是否曾經經歷過在一個工具混亂的工棚中工作，而前任使用者並未做好清理？這是一種極其困擾的狀況。你拿起電鑽，但電池卻沒電了。安全護目鏡沒有出現在應該在的箱子裡；你花費許多時間在各個箱子間搜尋，最後才在一台砂輪機旁找到它們。地板上滿布各種碎片。在這樣的環境中，沒有任何工作能流暢進行。每個任務都可能需要花費三倍的時間。

想像一下，如果你所需的每一項工具都觸手可及，那該有多好。你的工作流程也應該如此。因此，花點時間將你的生產環境、程式庫或說明文件整理得有條不紊，為下一位使用者做好準備。撰寫測試以在重構程式碼時避免損壞任何東西。遵循你的風格指南，這樣，任何試圖模仿你作品的人也會遵循同一風格指南。避免留下可能的陷阱，好比人們得記住不要運行某個危險腳本，或在本地進行更改但未在版本控制系統中更新的配置。你的目標是讓整個環境都可以流暢、安全地運作。

磨練你的工具

不要僅僅滿足於將環境整理得井井有條：請持續努力使你的工作環境變得更加高效。當你可以快速且安全地進行工作時，你在重複性任務上花費的時間就會減少，進而使你有更多的時間去完成更多的事情。提高效率不僅可以增加你的工作速度，同時也能提高你的可靠性：你在檢測問題或部署修復的時間每縮短一分鐘，每次出現問題解決的時間也就能縮短一分鐘。

尋找能夠提高你的建構、部署和發佈速度的優化方式：採用更小型的建構、使用更直觀的工具、修正或移除不穩定的測試、制定可重複的流程，並在各個地方實施自動化。你需要審慎評估投資的地方：打造工具、平台或流程都需要時間，因此你需要選擇能夠帶來實質效益的優化措施。

累積機構記憶

每當有人離開你的公司時，你便會失去某部分的機構記憶。如果你有幸，可能會有一些資深員工能從他們的記憶中找出過去的歷史。然而，即使是在這樣的情況下，你也不可能完全避免人員流動帶來的記憶遺失。[8] 當一個舊的系統出現問題時，可能再也沒有人能說：「噢，是的，我記得我們以前曾經碰到過這樣的問題，這是我們上次解決的方法。」

我的前同事 John Reese，曾是 Google 的首席工程師，他常常扮演著公司的歷史學家角色。他詳細記錄了網站可靠性組織的演變過程，以及多年來在生產環境中運行軟體的變遷。為了建立公司的集體記憶，他撰寫了對他最熟悉的系統各部分的深度文章，並訪談其他人以追溯過去，記錄那些演化出來的系統與實踐方式。即使他現在已經離開 Google，這段歷史仍在一群新的策展者手中得以延續。

8 又一艘忒修斯之船！人都變了，但還是同一個組織。

儘管大多數組織可能沒有人特意去撰寫他們的歷史（或許我們都應該這麼做！），你仍然可以透過筆記將資訊傳遞到未來。這可能包括記錄你的思緒和決策過程，繪製出表現「每個人都懂」的明確概念的系統圖，並在程式碼註解中提供當前發生事件的背景信息。無論你如何記錄歷史，都應該包含可搜尋的關鍵字，這樣未來的讀者才能理解你當時的行為和決策背後的原因。試著站在未來的角度來思考，那時你已經知道的，他們可能還不知道。[9]

預期失敗

我尤其欣賞的一次事件回顧是 Fran Garcia 撰寫的一篇文章（*https://oreil.ly/zsPgE*），提到了他當時受僱的公司 Hosted Graphite 如何受到 AWS 中斷的影響。令我特別喜歡這個故事的原因是，Hosted Graphite 並未使用 AWS，因此，當 AWS 遭遇中斷時，該團隊對於受到波及感到極度驚訝。[10] 他們沒有料到這種情況會發生。

在你的系統中，究竟有多少這樣無法預測的潛在故障？不妨假設**超級多**。網路難免會出現問題（*https://oreil.ly/OuP1u*），硬體會故障，人們可能會遇到糟糕的一天。總有些問題會不斷浮現。系統各部分之間可能出現你從未想到過的奇怪相互作用，進而導致問題。

儘管無法預知所有可能出錯的情況，但你可以對「事情可能出錯」這件事有所準備。提前規劃出萬一問題出現時的應對策略。在你的產品設計中內建對失敗的預期：對於錯誤路徑的測試應如同對於成功路徑的測試一樣完整，當產品未獲得其預期的響應時，應有相應的、使用者友善的

---

9 受到桑迪亞國家實驗室報告的啓發（*https://oreil.ly/PWTxV*），該報告研究如何利用圖像資訊來阻止未來的人類在 1 萬年後干擾核廢料儲存庫，而到了彼時，此時現存的語言將早已消失。你不需要考慮那麼遠的未來，但試想如果你正在使用的系統在 10 年後仍然存在：人們需要知道什麼？他們在什麼情況下可能無意間傷害到自己？

10 如果你有興趣的話：這次的服務中斷導致許多 Hosted Graphite 的使用者同時變慢，他們通常短暫的連線也變得持續不斷，連線數量持續增加，直到達到負載平衡器的限制，阻止任何其他人進行連線。這篇回顧報告相當有趣。

應對行為。確保你能在你的系統出現異常時及時察覺，並為你的應對策略做好準備。

提前為重大事件做好規劃，透過增加有關如何在緊急情況下協作的規則，例如引入我先前提及的事件指揮系統，並在真正需要之前實施應對演練。你的災難回應計畫難免會有疏漏，因此應該運用混沌工程（*https://oreil.ly/NWys8*）工具或預定時間來模擬災難情況。透過實際演練、模擬遊戲或桌面演習，你可以發現你的應對策略中哪些部分需要調整。當然，如果你沒有實際測試過恢復備份的流程，那就把它當作你沒有備份吧。

為維護而優化，不要為建造而建造

軟體只需要被建造一次，但維護則是長期且持續的工作。即使你的一個二進位檔案在生產環境中運行，你仍需要進行監控、紀錄日誌、確保業務連續性，並且可能需要進行擴展等等。即便你打算不再觸碰這些程式碼，技術或監管環境的變化也可能迫使你去進行修改：想想所有因為 Y2K、IPv6、HTTPS 的支援，或是 SOX、GDPR 或 HIPAA 等法規所需的更新。這些變化只是眾多預期內的顛覆性變化。[11]

軟體被維護的時間比建造它的時間要長得多，因此必須避免建立難以維護的程式碼。以下是一些能夠幫助你自己以及你的團隊在未來更有效維護的方法。

容易理解

當你建立新的程式碼或設計一個新的系統時，你對它的理解程度是最深的。也許你的團隊成員也對其運作方式有很清晰的認識。但這些知識將會隨著時間推移將逐漸消退。這個系統再也不會像建造之初那樣被完全

11 2038 年已經不遠了（*https://oreil.ly/SOdWl*）！

理解。如果它在被建造之時就難以理解，那麼在兩年後，當需要糾正錯誤並將其運作模式再次完全融入你的思維時，你將面臨極大的挑戰。

你有兩種方式來幫助未來的使用者理解你的系統：

首先，你可以專注於教育和實踐經驗。透過持續提供該系統的教育課程，確保可能會接觸並操作該系統的所有人都接受足夠訓練，並具有充分的時間去處理可能會遇到的各種問題。

其次，你可以讓該系統在未來被需要時，變得更易於理解。這意味著在撰寫說明文件時，要將未來的使用者視為主要讀者：提供清晰、簡潔的簡介，至少應該有一個大而簡單的圖表（使用箭頭符號來顯示資料的移動方向），並且提供他們可能想要進一步了解的所有資訊的連結網址。然後，應該以清晰易懂的方式展示系統的內部運作情況。透過工具、追蹤，或提供有用的狀態資訊，讓使用者能看見該系統正在做什麼。讓你的系統具有可觀察性：使其易於檢查、分析和偵錯。並且要保持簡單，我接下來會進一步說明這一點。

保持簡單

我非常欣賞 Martin Fowler 的一句話：「傻瓜都能寫出電腦能理解的程式。優秀的工程師寫出的是人類能讀懂的程式。」[12] 有時，資深工程師會用最炫目、最複雜的解決方案來證明他們的能力。然而，讓事情變得複雜相對容易，而使其簡化則遠比這更為困難。

那麼，如何簡化事情呢？答案是花更多的時間。當你找到解決一個問題的方法時，請假定它只是「初步方案」。至少要花費與之相同的時間來找出另一種解決方案。有了對問題更深入的理解之後，看看是否可以進一步簡化它：縮短程式碼行數、減少分支、減少團隊成員、降低維護時

12 出自《重構：改善既有程式的設計》。

間、減少執行的二進制檔案、減少受影響的文件。[13] 對於預計長期使用的系統，應投入更多時間來簡化它，讓人們更容易建立對系統或程式碼的認知模型。

我們需要警惕那些似乎獎勵複雜性的組織。資深的資料科學家 Ryan Harter 曾寫道他看到人們創造複雜的解決方案只為了證明他們在做有挑戰性的工作。「我見過人們將機器學習硬塞到並不需要它的地方，只是為了讓解決方案看起來更炫目。」他警告：「實際上，我們需要的是為複雜問題找到簡單的解決方案。工作的複雜性應被視為需要最小化的成本，而不是需要追求最大化的東西！」

在面對本質上很複雜的問題時，你需要謹慎地決定將複雜性安置在系統的何處：也許是那個充滿了神秘商業邏輯或效能優化的模組。這樣做能使觀察整體系統的人能將該組件視為一個神奇的「黑盒子」，進而對系統的其他部分進行推理。如此一來，當需要深入理解和修改那些複雜部分時，我們就有一個專門的地方去進行。

為了停用而構建

你的系統有一天肯定會面臨終止運作的一刻。當那一天來臨時，對於負責此任務的人來說，這將是多麼困難的一個挑戰？他們是否需要深入其他系統的邏輯，解讀繁複的業務流程，並透過程式碼追蹤來了解他們正在操作的資料？或者，是否存在一個清晰的界面和一個簡單的開關可供操作？

你的架構會不斷演進，而組件會在其間穩定地運行。雖然直接在新的系統、函式庫或框架中建立連線可能對你現在來說更快，但你需要思考未來的可能性。未來是否可以在不破壞其他人在其上建立的東西的前提下，安全地替換它？

13 如果程式碼行數過少，以至於又變得模糊和複雜，那你就走得太遠了。我們的目標是可理解性，而不是花式程式設計。

不妨想像一下，你清楚知道**你自己**將在十年後需要停用這個組件。未來的你不會比現在的你還要輕鬆，那麼你可以做些什麼來幫助他們呢？你是否可能會增加一個清晰的界面，讓人們輕易看到哪些客戶仍在使用某一台伺服器，或者以一種方式設計，讓兩個正在被整合的系統之間保持一定的距離？如果你從一開始就設計一個容易停用的組建，你將會帶來一個好的副作用，那就是構建了一個模組化且易於維護的東西。

培養未來領袖

對於你的未來規劃，建立你的團隊是一個關鍵的環節。或許對你而言，解決問題或主導專案比讓其他人來做要更加迅速和有效，但這並不代表你應該插手去接管一切。你的初級工程師將會成長，成為未來的資深工程師。你需要給予他們學習的空間，提供他們實踐並解決更為困難問題的機會。第 8 章將會更深入地探討如何提升他們的技能。

此處我想引用 John Allspaw 在〈*On Being A Senior Engineer*（論做一位資深工程師）〉（*https://oreil.ly/aANg3*）中的一句話：

> 「你的成功程度將直接體現在其他人是否願意與你共事。努力成為每個人都願意合作的那種工程師。」

讀完這一整個章節，你唯一需要記住的一點就是：**你的成功與否，端看其他人是否願意與你合作**。如果他們不願意，那麼你應該重新評估你的做事方式。

本章回顧

- 如今你的一言一行具有更大的影響力，務必謹慎行事。
- 投資時間來培養你的知識和專門技能，能力源於經驗的持續累積。
- 對你所知和所不知的事情有自知之明。
- 力求保持一致、可靠和值得信賴。

- 在沒有人挺身而出的情況下，包括在危機或不明確的專案中，你應該主動掌控局面，擔起大責。
- 當需要發聲時，請勇於開口。
- 創造平靜氛圍，把問題縮小而非放大。
- 了解你的業務、預算、用戶需求以及你團隊的能力。
- 透過預先規劃和磨練你的工具，來幫助你未來的自己。
- 將事情寫下來，即便這些事情看似「顯而易見」。
- 預期失敗，並做好應對準備。
- 設計易於停用的軟體。
- 你的成功與否，取決於其他人是否願意和你一起合作。

8

規模化正向影響

如何提升身邊人的技能？身為 Staff 工程的你，職責的其中一部分就是讓你的同事提升效率，創造更佳的解決方案，並且成為更出色的工程師。在前一章，我們已經踏上這個旅程，從自己**成為一名榜樣**工程師開始：交付最好的工程工作，並讓別人看見。這正是我們說某人是「好的影響力」時所蘊含的意涵。他們的行為模式，是我們希望別人能夠效仿的。

現在我們要更深入一步，來探討你能以何種更積極的方式，運用你的正面影響力，提升他人的技能，並且進一步提升組織的工程文化。

好的影響力

當你與技術能力不足或標準低於你的人共事時，別感到沮喪，反倒可以投入時間協助他們提升技術層次。

為什麼協助其他工程師提升工作能力如此重要？首先，優秀的工程涵蓋範圍必然超出你個人所及的程度。若你的同事工作越出色，你的工作成效也會因此提升。儘管有些工程師擅於獨自處理問題，但即使是最強的專家，也會遇到一些無法獨力解決的大問題。如果你能協助你的同事成為更好的工程師，你將能和更有能力的人共事，意味著你的工作會更加順暢（且更有趣）。更棒的工程師意味著更好的軟體，也就意味著更佳的商業成果。

其次，這個行業正處於不斷變化之中。即使你的工程組織目前位處前沿，也難免會出現改變遊戲規則的新架構、工具或流程，你希望每個人都能採用。除非你懂得如何影響他人並傳授新的技能，否則讓團隊適應新工具將會是一個令人挫折的過程。

最後一個原因是，這就是正確的事情。作為一名資深人士，你對於你的組織如何製作軟體，甚至我們這個行業的表現和發展，都有著巨大的影響力。就像你對提升程式碼的品質、可靠度與可用性感到驕傲一樣，你也能因自己的高標準感到自豪。想像一下，如果你教導的工程師能在十年後教出同樣出色的工程師，那你就是在為未來投入了高標準的種子。

將好的影響力規模化

對大部分的我們來說，透過影響力來展現領導能力，往往源於個人關係的建立：進行某人的程式碼審查、引導一位實習生，或指導一名新進員工。你可能會開始領導小團隊，也許會與團隊中的每一個人進行一對一的交談。然而，隨著你的工作範疇的擴大，僅透過個人互動來達成足夠的影響力，會變得越來越困難，因為一天的時間有限。正如 VMware 的 Principal 工程師 Bryan Liles 所描述的（*https://oreil.ly/ScVHa*）：「我在 VMware 的角色是去影響 14000 名工程師……我苦思冥想：『我能做些什麼讓 14,000 名工程師變得更好？』」

依據你的資歷、影響範疇和願景，你的目標可能是去影響更少的人（或者更多！）。在本章中，我們將從微觀和宏觀的角度探討「好的影響力」：從提升你的同事、團隊或小組的技能，到改變整個組織乃至整個行業的發展軌跡。我將描繪出三個層次的影響力（請見圖 8-1）：

個人

　　你的工作方式可以增長另一個人的技能。

群體

　　一次性為多人帶來新的技能或方法的改變，藉此擴大你的影響力。

催化劑

　　你所做的改變超越了你的直接影響。你正在建立框架或社群結構，讓你的積極影響在你離開後延續。

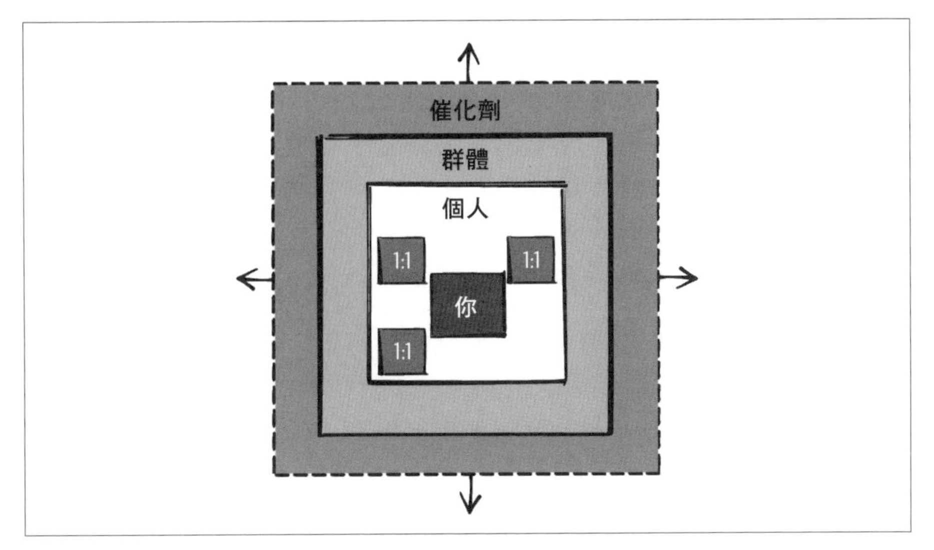

圖 8-1 影響力的層次：群體影響勝過個人影響，催化劑影響則更上一層樓

影響力可以採取哪些形式？我將描述四種為你的同事提升層次的機制，並在每個層次上舉例說明：

建議

我們將首先從提供建議著手，包括主動給予與被動應邀的建議。在個人層次上，這可能涵蓋指導、同儕回饋，或只是解答問題。你可以透過寫作和演講，將你的建議推廣到團體層次，並進一步透過促使同事能更輕易地互相提供建議，來實現催化作用的影響力層次。

教導

我們將探討透過教育、協同合作、觀摩學習或導師制度等方式，有意識地向個人傳授技能的可能性。接著，我們將利用在職訓練材料、程式碼實驗室、課程和研討會，將此範疇擴大到團體層次。至於催化層次，我們將學習如何教導他人成為教師，安排課程，並影響每個人所接觸到的學習主題。

護欄

我們將探討如何為他人提供護欄，讓他們能夠在安全的環境下進行工作。在個人層次，我會討論程式碼審查、設計審查，以及如何成為某人專案的護欄。對於團體層次，我們將探討那些能維持我們正常工作的流程、政策和自動化工具。最後，在催化層次，我們將探討最終的護欄：文化變革。

機會

最後，我們將探討如何透過將人們與能助長他們學習的機會相連結，來協助他們成長。對於個人層次，我將討論授權、贊助和對優秀工作的肯定。在團體層次，你能給予團隊的最大機會可能是退後一步，留出空間並分享成功的光彩。當你贊助的初階與中階人員成為精力充沛、技術嫻熟並具解決問題能力的高階人員，並接受挑戰，創造出你從未想過的新機會時，這就演變成催化作用。

表 8-1 顯示了這三個層次和四個機制，並提供一些例子。

表 8-1　將建議、教導、護欄與機會規模化拓展，在組織內外發揮影響力

	個人	群體	催化劑
建議	指導、分享知識、給予回饋	技術講座、撰寫說明文件、發表文章	導師制度、技術講座分享
教導	程式碼審查、設計審查、觀摩學習、導師制度	課程、程式碼實驗室	設計課程、教師訓練課程
護欄	程式碼審查、變更審查、設計審查	流程、linter、風格指南	框架、文化變革
機會	授權、贊助、表揚、持續支持	不居功、為團隊賦權	創造機會文化、驕傲地看著優秀新星同事改變世界

這些層級和方法應該被視為可供你選擇的選項清單，而不是一份你必須完成的檢查清單。發揮你的長處，做你喜歡的事情，做你覺得自己能夠勝任的事情，或者做你希望能夠更好的事情。儘管這些被組織成了一個層次，但這並不代表你應該忽視那些「較小」的事務。透過程式碼審查或贊助來提升你同事的技術與能力，能夠在整個公司內產生連鎖效應，即使是最備受推崇的技術專家也會輔導他們認為值得投資的人。

同樣地，也不要過分專注於表格 8-1 右欄中的催化類型的影響力。太多的計畫和架構可能會使你的組織壓力過大，你通常可以透過參與現有的倡議而產生更大的影響，而不是創造新的事物。例如，如果已經有一個入職培訓課程，那麼在那裡進行講課通常會比建立一個獨立的教育計畫更有價值。引導一個團隊完成一個困難的設計通常比修正 RFC 流程更重要。先從個人和小組層次的工作著手，然後在需求和價值非常明確的情況下，再擴大你的影響範圍。

在說了這麼多之後，就讓我們從提供建議開始。

建議

「免費的建議」這句話的含義是，其價值等同於你付出的價格。的確，建議可以很複雜：它可以包含好的和壞的訊息，且通常並不完全符合接受者的實際情況。然而，我們每個人都會有時候需要建議，且提供建議是你分享自己經驗的一種方式。如果你有成功的經驗，或者曾經犯過錯誤，那麼別人可以從你的經驗中學習。

誰在問你？

在你提供建議之前，確實需要先思考一下這個建議是否會被接受。主動提供的建議是有人請求你的觀點：他們可能會請求你提供一些建議、回饋他們的工作，或者幫助他們決定該做什麼。當你不請自來地提供建議時，那麼他們可能並不需要你的觀點。

在提供你的觀點之前，先考慮一下對方是否希望你提供建議。你也需要思考你是否擁有足夠的背景知識來提供既實用又切中要點的建議。如果你不確定你的建議是否會被接受，那麼你可以先詢問他們是否希望你提供建議。

有時候，不請自來的建議可能是有其價值。例如，如果你告訴某人：「你的演講內容很精彩，但是你在演講的時候一直看著自己的鞋子，所以很難理解你在說什麼。」，雖然這個建議可能有些直接，但是一個出於善意的建議[1]。然而，你需要考慮到你的角色和你與這個人的關係。有些建議應該由朋友提供，而不是由陌生人提供。同樣地，不要一開始就直接提供建議，你可以先問對方：「介意我提供一些建議嗎？」，在得到他們的同意之後再分享你的想法。

在以下情形中，也許不請自來的建議能派上用場：

- 當你認為對方處於一個他們可能無法看清或擺脫的困境時。例如，你可能會說：「嘿，我知道這不是你要問的問題，但根據你描述的工作狀況，似乎你的環境不夠理想。你值得受到更好的對待。」
- 當你掌握對方可能不知道的關鍵資訊時。例如，你可能會說：「我聽說你打算開始使用 Foo 平台；我只是想確保你知道該平台明年將不再提供支援。」

然而，如果你很想就某個沒有人向你詢問的話題提供建議，你可以選擇透過寫部落格文章或發推特的方式來分享你的觀點，而不是直接提供不請自來的建議。[2]

個人層次的建議

有幾種方法可以讓你就某人所處的情況提供個人建議。這包括成為他們的導師，回答他們的問題，評論他們所做的工作，或在績效審查時給予同行反饋。

指導

指導經常是工程師第一次接觸到的領導角色。在有正式的導師計畫的公司中，你可能會被分配去幫助新人適應新的工作環境。同時，導師關係

1 「小心，你後面有隻熊」也是一個不請自來的建議，充滿善意。

2 不過，可別指名道姓你認為需要接受建議的人。

也可能自然而然地發生：只要你坐在某人旁邊，並願意介紹自己，回答他們的問題，你就可能會成為他們的非正式導師。

透過分享你的經驗和學習，你可以加速他人的學習過程，幫助他們避免一些不必要的錯誤。你可以分享你在面對類似問題時的處理經驗，你的行動以及結果如何。資深工程主管 Neha Batra 將導師的角色定義為「分享你的經驗，使工程師能夠自我學習」。但要記住，指導的關鍵在於**分享你的經驗**。

需要注意的是，即使是你覺得有用的建議，也可能對其他人來說並不適用。作家兼管理教練 Lara Hogan（你將在本章中多次看到她的名字！）警告：「對某些人來說有效的建議（例如『在會議上踴躍發言！』或『老闆要求加薪！』）可能對其他人產生負面影響，因為在代表性不足的群體中，人們往往會受到不同的評價和待遇。」[3] 我曾經遇到過這樣的情況，某些人反駁我的建議，認為我的建議不實際。例如，「直接傳訊息給主管，讓他們邀請你參加會議」這樣的建議在主管是你的同級無傷大雅，但如果這位主管是你的老闆的老闆的老闆，那這樣的建議就顯得不切實際了。

在指導或被指導的對話中，要注意不要主動提供建議。例如，當有人開始描述一個困難的專案，你的直覺可能會讓你說出如果是你的話會如何處理。然而，一種更有同理心且可能更有挑戰性的做法是，試著理解他們實際上需要什麼。也許他們確實需要一些解決問題的建議，但他們也可能只是需要確認，需要知道其他人也認為這個問題或情況很困難。他們可能正在進行所謂的「小黃鴨除錯法」（*https://oreil.ly/vCJ0t*），也就是向你解釋問題，以便他們自己能夠找出解決方案。他們可能只是想分享自己的經驗，並期待你對他們所取得的成就表示同情和讚賞。在這些情況下，不邀而來的建議可能會讓人感到不舒服。你可以問：「你現在是需要釋放壓力，還是在尋找建議？」然後根據他們的需求提供安慰、認可或是解決方案，這種做法通常會更有幫助。

---

3 出處：《*Resilient Management*》（韌性管理）。

指導不僅僅是對新手進行。我曾經指導過有幾十年經驗的工程師，也曾經向我的導師尋求建議。指導也並不一定是單向的。你的被指導者可能會提供你一個全新的視角，或者教你一些他們更熟悉的話題。

如果你想建立一種指導關係，要做好成功的準備。設定期望，例如你們可以每週見一次面，持續六個星期。明確定好你們要實現的目標：被指導者是否希望更好地適應新公司，學習新的程式庫，或是尋求職涯建議以爭取新的角色？如果你們在一開始就清楚地討論這些問題，那麼你們就不太可能會坐在一個房間裡互相看著對方，不知道該談論什麼。

回答問題

如果你擁有大量的知識，但每個人都不敢向你提問，那麼你的知識就只能停留在你自己的腦袋中。所以你需要讓自己更容易被接近。根據你的工作風格，這可能意味著提供開放的辦公時間、保持歡迎直接傳訊息聯絡的友善態度，或者花一些時間在你的團隊工作區域周邊流連 —— 有沙發的工作區域這時就能派上用場。

同時，也要確保你的付出能得到相應的回報。有些工程師似乎珍視他們的知識，只會回答直接的問題，而不多做解釋。

> 「*/user* 端點會給我用戶的完整名稱嗎？」初級工程師問。
>
> 「不會，」資深工程師回答：「它只會給你用戶名稱。」
>
> 初級工程師用盡各種辦法試圖解決這個問題，已經花了整整一小時。最後，他焦慮地問：「有沒有另外一個端點能給我完整名稱？」
>
> 「有啊，」資深工程師回答：「改成 */fulluser*。」

這真是被無謂浪費的一小時！有經驗的人擁有寶貴的知識，但他們可能沒有意識到需要主動分享這些知識。這並不意味著你應該無節制地灌輸所有知識，或者在每次對話中都分享與主題相關的所有資訊。但是，你需要意識到，即使人們沒有直接詢問，他們可能仍然在尋找你的建議。如果你不確定，不妨詢問你的同事他們在尋找什麼，並問他們是否需要你的幫助。

程式碼和設計審查是回答隱含問題和提供建議的另一個好時機。如果你發現同事在處理問題的方式可以進一步改善，就告訴他們。但你需要明確自己是在分享有趣的情報，還是在要求他們改變做法：如果你提供了「這裡也可以使用 Foo 庫」的建議，但沒有明確表明這是否意味著你對目前的方法不滿，那可能會讓人感到困惑。

特定領域的知識不僅僅是技術知識。如果你已經學會了如何在你的組織中有效地完成工作，那麼這就是你可以傳授給學員和其他同事的寶貴知識。試著分享你在第 2 章中建立的地形圖吧！

回饋

在我目前的工作中，我自封為一個角色，那就是成為我同事們參加講座分享的試聽者。我喜歡聆聽技術講座，並投入大量時間學習如何有效地進行這些分享，進而讓我自己和演講者都受益。在聆聽講座的過程中，我會進行大量的筆記，突出我認為有趣、具有見解或具有教育價值的部分。我也會指出任何我認為不適合、不正確或開始讓我失去興趣的地方。無論好壞，我都會誠實地提出我的觀察。否則，那只是在浪費演講者的時間。

當有人請求你審查一份文件、程式碼變更或會議演講時，你應該指出你認為他們做得好的地方，但也要尊重他們，並對他們的工作持誠實的態度。給出建設性和批判性的意見並不容易。這需要付出努力，準確地找出哪裡出了問題，並找到合適的話語來解釋為什麼它沒有達到預期的效果。這可能是一個有挑戰性的對話。但是，如果你隱藏了真實的情況，你就無法真正幫助你的同事。

同儕評價

如果你的公司存在績效評估制度，你可能會被要求提供一種特殊的回饋：同儕評價。這些評價有兩個你需要牢記的受眾。

首先，評價的對象是向你請求意見回饋的人。你應該假設他們請求回饋的目的是為了真正了解他們如何提升自己。我見過有人在同儕評價中，對於「這個人還可以做得更好嗎？」問題上卡住，因為答案很容易被視為一種批評。但是，請從字面上理解這個問題：你的同儕**可以**在哪些地方做得更好？他們可以如何變得更出色？如果你找不出答案，你可以試著問自己：為什麼他們的職級不比其他人更高出一階（或者更高兩階！）？然後給出建議，指出他們應該專注在哪些方面，以達成這個目標。

同時，你也應該記住，這些回饋會被這個人的主管以及可能正在評估其績效或考慮其升職與否的其他人看到。向這些人提供他們需要的資訊以幫助你的同儕成長，並指出需要注意的地方。但是，你也要考慮你的話會如何被理解，以及假如不熟悉你描述的具體工作情況的人可能如何誤解你的話。如果你發現自己在描述一個需要成長的領域時有所猶豫，因為你不想無意間阻礙某人理應得到的升職，你可以考慮透過電子郵件或面對面的方式私下給予回饋。

如同指導一樣，在給予建議時，我們必須認識到對於不同的人，同一條建議可能有著極端不同的影響。這在談到溝通風格的建議時尤其重要。例如，「要更有侵略性」這樣的建議對一些人來說可能會讓他們看起來更像領導者，但對其他人來說卻可能會帶來麻煩。在科技界的女性圈子裡，人們常常開玩笑說，當你第一次從同事評價中看到「你太過強硬」這樣的評價時，那就意味著你已經達到了某種資深水準[4]（這也可能是你第一次在評價中看不到「你應該更有自信」這樣的建議。想要取得平衡確實不容易。因此，在給出回饋時，我們需要認識並防止隱性偏見（*https://oreil.ly/KYbCm*）。並且我們應該留意我們是如何在不同的

4 2014 年。真是個好年份。

人之間描繪同一種行為的。例如，我們稱這種行為是「建立共識」，還是「優柔寡斷」？他們是「讓人耳目一新的實事求是」，還是「不夠專業」？這常常取決於我們在談論誰。Project Include 的人們提供了更多關於如何給予回饋的建議（*https://oreil.ly/UMO42*）。

將你的建議推廣到群體

面對眾多需要建議的同事或整個組織需要的回饋，你可能會發現自己難以應對，你的季度計畫可能因此變得極為繁忙。然而，這並不代表你不能發揮影響力。例如，你可以透過主持技術講座或撰寫文章，分享你的專業見解和建議，這可能對某些人產生影響，這是一種很好的擴大你建議影響力的方法。

數年前，Google 的一組志工就充分利用這種策略，他們想要提升測試品質，所以找到了一個創新的方法：他們將建議整理成一頁簡單的文字，然後印出來貼在廁所隔間中。「廁所測試 Testing on the Toilet」（*https://oreil.ly/F2bnz*）這個策略雖然出人意料，但卻受到了大家的歡迎，以充滿趣味的方式讓人們願意去閱讀這些建議。

如果你有想要分享給更多人的資訊，將其書面化可能是一種理想的方式。製作文件不僅意味著你不需要一再地重複解釋相同的事情，而且可供大量的人閱讀並了解。這可以是一份常見問題解答（FAQ）、一種方法論，或者甚至是一個描述性的頻道主題。如果你的文章具有普遍性，超越了公司的範疇，那麼你可以考慮以部落格或文章的形式發布，讓更多的人獲益。

此外，當你有機會在全體員工會議、技術會議或分享講座中獲得發言機會時，一定要抓住它。有時候，你可以在這些場合中，在傳達被要求的資訊的同時，同時傳達你自己關注的議題。舉例來說，我曾經被邀請在一個大型團體裡介紹我所參與的一個活動。在那時，我正在致力推廣對依賴性管理的重視，以及我們需要多麼謹慎地考慮依賴的系統。因此，我在介紹的時候，著重討論了一次因為循環依賴導致系統無法恢復上線的故障。[5] 這次在大會上的發言機會讓我能將這個故障故事作為敘事框架，進而強調我想要分享的重點。這就是在對的時機，有對的聽眾和一隻麥克風的重要性。

成為催化劑

如果你想擔任催化劑的角色，就必須建立起一個不完全依賴你的建議流程，讓你的同事能夠互相支持和幫助。

如果你的團隊或組織過度依賴一對一的對話來了解事情的運作方式，那麼你可以做的最有力的改變之一就是鼓勵人們把事情寫下來。從一些小的步驟開始，例如，由口頭交流轉向書面文件可能不會立即贏得太多贊同，但尋找一個小而重要的變革是可行的。例如，你們是否缺乏一個易於使用的文件平台？團隊是否能建立一份針對他們最常被打斷工作的問題的 FAQ？你的主管是否支持每季度安排一天「說明文件日」？

你也可以透過設立每月的技術講座或午餐學習會議，擴大建議的範疇，讓更多的人可以接收資訊。這比安排一般的會議還需要更多投入：你需要徵集主題與講者、發送提醒，甚至可能要看過彩排。在進行之前，你需要明確你要做的事情，並在你的行程表上為它安排時間。最好在開始時就有至少三個人分擔這些工作。

同樣的，你可以建立一個導師計畫來進一步擴大輔導規模。但要注意，這項行政工作可能會比你預計的更耗時，且通常不被視為工程師的工作範疇。如果你能找到一位有相同志趣的經理，他們可能更有機會將這項工作列為工作職責的一部分。成功說服他人建立導師計畫也是作為催化劑的一部分！

5 如果沒有 Y，X 就無法啟動。如果沒有 X，Y 也無法啟動，因此 X 和 Y 都無從啟動。

教學

接下來是第二種好的影響力，它比建議更上一層樓：教導。告訴人們某一件事和教會他們某件事之間的區別在於？那就是理解。當你提供建議時，你是在分享你對某個主題的理解，接收者可以選擇接受或忽略你的建議。然而，當你教導時，你的目標是讓他們不僅接收訊息，更是要讓他們理解、內化這些訊息。

刻意的教導不僅適用於資深員工幫助新人：無論是對新入職的員工，或者你在某個領域比他人有更深厚的知識，教導都是很有幫助的行為。例如，我喜歡向同事詢問他們的系統概覽，幫助我填補我所不知道的空白，更加理解整體架構。經過一個小時的白板畫圖後，我對他們的系統如何與其他系統互動有了更清楚的認識，並且我還會製作自己的圖表，作為未來的參考或添加到他們的說明文件中。

個人層次的教學

只要你與你的同事之間存在知識差距，就存在教學的機會。這有時可能意味著正式的培訓或指導。但在日常的工作結構中，也有許多進行教學的機會：結對程式設計、觀摩學習和程式碼審查都是寶貴的教學時刻。

解鎖新主題

回顧一下你過去上過的最佳課程。它們成功的關鍵是什麼？我敢賭，你離開時感覺已經掌握了新的東西：一項新技能或一種理解，能讓你在此基礎上繼續探索和學習。優秀的課程能為你「解鎖」新的主題，激發好奇心和學習熱忱。

教師會設定明確的目標，通常在課程計畫中進行正式確定。同樣，如果你在進行教導，你也應該設定明確的目標。以下是一些例子：

- 你是否正在介紹一個系統？如果是，那麼在課程結束時，你的學生應該能夠在白板上繪製出該系統，並向其他人解釋其運作方式。

- 你是否正在導覽一個程式庫？你的目標應該是提供他們提交第一個 pull request 所需的所有知識。
- 你是否在展示如何使用一個工具或 API ？列出三到五個常見的用例，他們在課程結束時應該能夠自行使用。

成功的教學需要結合實踐和理論：學員應該在聆聽的同時，也有機會動手實踐。尋找讓他們主導的機會，無論是讓他們自己使用工具，輸入指令，或是在自己的筆記型電腦上打開分頁。如果他們最後可以有一個具體的「成品」，如圖表或程式碼片段可以回頭複習參考，那就更好了。

配對、觀摩和反向觀摩

這裡這裡有另一種方式來進行教學：直接與他人一起工作。協同工作的方式有許多種，如下圖 8-2 所示，從「觀摩學習」開始，也就是由你做所有的工作，而你的同事在旁邊觀察學習；到「配對工作」，即你們一起共同完成工作；再到「反向觀摩」，由他們做所有的工作，而你在旁邊觀察並提供回饋。

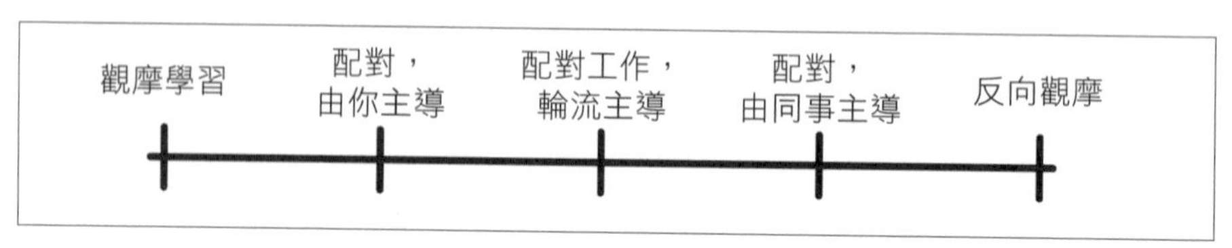

圖 8-2 協同工作的光譜。這條線上的不同點能在不同情境下獲得發揮

觀摩學習是一種透過示範來進行教導的方式：學習者像一道「影子」般觀看你如何實施某項技能，並將你的操作流程記錄下來。這是一個極好的機會，可以向你的同事展示如何達成優質的工作表現。

在配對工作的方式中，你們將會繼續共同工作，但此時「影子」已成為一名積極的參與者。配對可以涵蓋結對程式設計、共同撰寫文檔、透過白板繪製架構圖，或是一起解決某個問題。這同樣是一個展現榜樣示範的機會，也是一次教學的契機：肩並肩工作讓你有機會即時分享知識並檢視對方的理解程度。

最後，你可以進行「反向觀摩」的學習模式，也就是由學習者來實施任務，而有經驗的人則是進行觀察並做紀錄。不論學習者的專注程度如何，他們最能學到的部分仍然是透過實際應用知識並練習工作任務來得到。反向觀摩同樣可以作為一種保護機制，我將在本章後面進一步討論。

程式碼審查與設計審查

進行程式碼和設計審查可以是一種出色的教育手段。你可以提醒同事注意可能未曾察覺的風險，並提供更為安全的替代選項。此外，你也可以透過鼓勵他們實施你希望看到的行為來進行指導。

來自一位經驗豐富的人的評論能夠大幅提升他人的自信心。但請要注意，以錯誤方式進行評論，可能會破壞他們的信心。尤其是當評論是一連串居高臨下、看似武斷或難以理解的時候，很容易讓當事人感到挫敗與灰心。

身為教學者，你的職責是傳授知識並指出問題，但也必須維護學生的信心和保持成長的心態。在後面的「護欄」部分，我將再次談到程式碼審查，著重在防止對你的系統造成損害。但現在，讓我們先來看一些在進行審查教學時應該牢記的要點：

理解指派內容　瞭解背景脈絡非常重要。你的同事是否是第一次接觸這種語言或技術並希望學習，還是他們只是需要另一雙眼睛來確保安全無虞？[6] 你也需要了解工作的階段：如果你正在閱讀的是初步的高層次草稿，就從基本架構和方法著手，而不要鑽入細節。如果大家都已經同意，這是正式發佈前的最後一次審查，那麼現在並非討論大方向的時候：你應該深入細節，對可能出錯的地方保持警惕。

6　我有時會在變更描述中加註背景脈絡，幫助審查者更快進入狀況。比如：「我是這個語言的新手，所以如果有些東西看起來很奇怪，那可能不是刻意的選擇！我歡迎對於風格慣例的挑剔和建議。」

解釋原因與內容　諸如「不要使用 *shared_ptr*，應該使用 *unique_ptr*」這樣的審查評論僅僅告訴程式碼貢獻者現在該做些什麼。這種評論並未教會他們下一次的行事方式。教學是分享你對某事的理解，而不僅僅是告知事實。雖然程式碼的作者可以去查閱你所告訴他們的任何事情的說明文件，但他們可能不明白為什麼在這裡應該這麼做。請提供一個簡短的解釋，或者提供相關文章連結，或特定的 Stack Overflow 貼文（而不是通用手冊），將有助於他們的學習過程。

舉例說明怎麼做會更好　如果設計的某個部分令人困惑，不要僅僅說「更清楚說明這個部分」，這樣的指導並不具體，無法讓人明確知道該怎麼改正。反而，你可以提供一些建議，比如你認為作者可能想要表達的是什麼，這樣的具體建議會更有助於他們理解和改正。

明確掌握什麼是重要的　當你的經驗還不足夠時，可能很難確定你接收到的建議的重要程度。有些建議可能非常重要，必須優先處理；有些是可以考慮採納的好建議，還有些可能只是基於個人偏好的建議。為了讓接收建議的人更清楚地理解這些差異，你可以對自己的建議進行標記或分級。以下是一些例子：

- 「請在此處使用參數化查詢以防止 SQL 注入攻擊。若不改變，可能會讓一個惡意用戶有機會破壞我們的資料庫。」
- 「你的方法確實可以運行，但在我們的團隊中，我們傾向於避免使用單例模式。我在這裡提供一個連結，它詳細解釋了我們的風格指南中對此的看法。」
- 「在此處，我會建議使用一個較大的微服務，而不是兩個較小的。我認為這樣可能更易於維護，但這只是我的建議，最終決定權在你。」
- 「這可能只是我過於講究，但這份文件中的其他拼寫均為美式英語，因此我建議將這裡的 organisation 改為 organization。」[7]

7　歡迎來到我的日常。:-D

慎選你的戰鬥 John Turner，一位經驗豐富的軟體工程師，曾在 Squarespace 的工程部落格上發表過關於程式碼審查的文章。他建議以分段的方式來審查程式碼（參見 *https://oreil.ly/3VLqa*）：評論時先從高層次開始，再逐漸深入到細節。他強調：「如果程式碼未能達到其本應完成的任務，那麼它的縮排是否正確就變得無足輕重了」。這項建議也適用於評論請求（RFC）：如果你的首次評論指出作者正在解決錯誤的問題，那麼再給出一百條針對技術細節的建議就毫無意義了。

如果你的意思是「yes」，那麼就說「yes」 請清楚地表明你對評論中的意見是否有堅持的必要，以及你對變更的滿意程度。你應該保持坦誠態度，既表達你的肯定，也表達你的批評。在審查設計文件時，特別要明確指出「我認為這部分看起來很好」。程式碼審查通常會以點擊一個按鈕來表示你認為這個變更是安全的，並可進行合併。然而，當有多位審查者時，每個人都可能會等待其他人的意見，才決定是否批准。因此，如果你沒有反對意見，也請表明你的立場。

請記得，剛展開職業生涯的工程師可能會對你感到敬畏，或者不敢質疑你的意見，即使他們認為你是錯的。因此，不妨思考如何讓你的評論讀起來更友善、更親近人心，並且帶有人情味。如果一個 Pull Request 或 RFC 需要大量的修改，那麼用大量評論來淹沒你的同事可能不是最有效的方法。你可以考慮安排時間與他們進行面對面的交談或結對程式設計。

教練

我想討論的最後一種個人教學形式是教練。與分享個人經驗的導導相對應，教練更多的是引導他人去解決問題。這可能是一種較為緩慢的過程，但是，透過建立他們自己的理解，你的同事將會學到比你直接給他們答案更多的東西。

教練是一種特殊的技巧，儘管看似直接，但實際上需要時間和刻意的練習來掌握。你不應該期待自己能立即成為一位優秀的教練！以下是你需要的三個核心技巧：

提出「開放式問題」 開放性問題是那些不能僅僅用「是」或「否」來回答的問題：它們有助於引出更多資訊。請嘗試深入探索問題，而非直接找出某個答案。提出一些能協助你的學員辨識和解析他們可能尚未考慮到的問題各個面向的問題。

積極聆聽 為了確保你真正了解對方的想法，請試著將你所聽到的內容反映出來，並向對方表達你對他們的說話的理解。被理解的感覺相當強大，能幫助人們減少孤獨感。你的理解框架能為你的同事提供一種新的視角，來描述他們正在面臨的情況，進而協助他們提出新的解決策略。

留出空間 給予被輔導者足夠的空間和沉默的時間進行思考。如果你傾向於在沉默的時刻反射性地跳進來，試著在你的腦海中數到五之後再開始說話，這樣可以給予他們足夠的思考時間。

當你剛開始做教練的時候，你可能會覺得有點奇怪，畢竟，你有答案，為何不直接告訴對方呢？然而，正如管理顧問 Julia Milner 在她的 TEDx 演講中（*https://oreil.ly/ghwkC*）提到：你不可能知道所有的細節。當你提供一個解決方案時，被輔導者可能會反射性地回答「是的，但是……」，這實際上是在暗示你的建議並不適用於他們的情況。相反，她建議，優秀的教練會引導被輔導者激發自己的想法，提供他們反思的空間，並協助他們走出自己的道路，找到最適合自己的解決策略。

將你的教學拓展到群體

儘管一對一教學對學生極具價值，但這種方式傳播資訊的速度較慢。你可以透過製作課程材料並為一整個班級提供教學，提高你的教學效率。

不過，組織一個班級需要付出不小的努力。在首次授課時，你需要承擔較高的初期成本，但每一次授課都能分攤這些成本。如同一對一教學一樣，你的課程應該有明確的學習目標，讓學生在課程結束時明確知道他們學到了什麼，能夠做到什麼。包含一些實踐活動或者方法，讓學生在課堂上有機會運用他們新學的知識。

如果你想讓課程變成非同步形式，可以考慮製作一些學生可以按照自己的節奏來學習的材料。一個良好的異步教學例子是程式碼實驗室（codelab）：這種導師引導的教學方法能夠帶領學生一步步地建立某樣東西或解決實踐問題。[8]

在我過去的一個專案中，我們一直面臨資金不足的問題，專案的營運很大程度上依賴志工、實習生和短期約聘人員的努力。許多進來的人都是公司或行業的新手。如果我們直接把他們放進我們令人畏懼的程式庫，他們可能會被嚇得落荒而逃。因此，我們建立並記錄了一個學習路徑。

在新成員的第一天，我們讓他們提交兩個 Pull Request（PR）：一個是在我們的笑話庫中添加新的笑話，另一個是在團隊名單中添加他們自己的名字。我們會找一些理由進行來回的程式碼審查，讓他們習慣這個過程。第二天，我們讓他們建立並運行一個小型客戶端和伺服器，這是我們專門為教學而設計的。他們將觀察它在生產環境下的運行狀況，查看其使用者界面以及其輸出的日誌和指標。然後他們會對程式庫進行一些局部修改，比如添加新的日誌資訊，甚至是調整一些邏輯，然後進行部署。這樣，他們就能驗證程式碼仍然可以運行，並且可以在監控資料中看見自己做出的修改。這種方式效果很好。到了第二週，當他們進行真正的變更時，他們已經不再畏懼這些程式碼了，因為他們已經明白了，這只不過是程式碼罷了。

在大部分參與者只待三個月的環境中，我們需要他們能迅速地投入到工作中。我們對每一位新加入的參與者都運用了相同且經過驗證的學習路徑，並且這種投入並未耗費我們過多的時間，相反，它為我們帶來了豐厚的回報。

---

8 Kotlin Koans（*https://oreil.ly/XXtus*）是一個很好的例子，而且很有趣。Google 也有大量優秀的程式碼實驗室（*https://oreil.ly/OqlOA*）。

成為催化劑

你可以進一步擴大你的課程的影響力，方法是教導其他人如何教這個課程。首先你需要體認到，不同的教師會有不同的教學風格，這是完全正常的。你應該讓你的新教師開始適應並擁有自己的課程：他們應該有機會修改投影片和習作，或者建立他們自己的版本。觀察他們教課，並提供真誠的反饋，因為他們希望學習和進步。一旦他們開始教別人這門課程，那麼即使你不在，課程也能繼續進行。(通常到了這個階段，我會選擇退出教學輪班，給出更多教學的機會。)

如果你的課程對所有的工程師都有用，可以試著將它納入新員工的入職訓練或公司的內部學習與發展課程當中。這樣，所有新進員工都會學到你希望他們掌握的知識，而你不需要花費額外的時間和精力去聯繫他們。如果你的公司還沒有建立這種學習文化，你可以透過推動入職訓練流程、學習路徑，或建立一個易於打造程式碼實驗室的框架，來發揮巨大的影響力。

安全護欄

試想一下你在懸崖邊的步道上看到的護欄。護欄並*不是用來依靠的*，但是在危急時刻，它們就在那裡為你提供安全。一次小小的滑倒並不會讓你跌落懸崖：護欄提供保護作用，阻止你滑向邊緣。護欄就像一種保護機制 —— 它們鼓勵自主性、探索和創新。當我們覺得安全時，我們就更願意前進。在這一部分，我們將探討一些你可以用來為你的同事設置護欄的方法，先從個人做起，然後再擴大範圍。

個人護欄

你可以透過審查程式碼、設計和修改的實作方式，並為具有挑戰性的專案提供支援，來提供這種護欄。

程式碼、設計和變更審查

我已經討論了如何利用程式碼和設計審查作為有效的教學工具。還有第三種審查方法也同樣具有價值，那就是變更管理（*change management*）。這是一個流程，你需要在實施前清晰地描述你打算做什麼，並讓其他人確認你的計畫步驟是正確的。這與程式碼審查的概念相似，但重點在於以正確的順序點擊按鈕或操作指令。

你可以將程式碼、設計和變更審查作為強大的護欄來支持你的同事。當人們知道他們的工作會受到審核，他們會對自行獨立工作感到更有信心。他們會知道，有一道安全護閘能夠防止他們引發系統中斷，或花費數月建立一個不可行的架構。這些護欄幫助他們避免走向危險的錯誤。

如果你想做出一個好的護欄，永遠不要只是馬虎審核變更。你需要細心地閱讀：每一行程式碼、每一段設計、每一步建議變更。以下是一些你應該尋找的問題種類：

這個東西應該存在嗎？

　　你的同事打算解決的是什麼問題？他們是否試圖用技術手段解決一個本應透過人與人直接溝通來解決的問題？

這個東西真的能夠解決問題嗎？

　　該解決方案是否真的能夠運作？用戶能否順利地完成他們需要或期望做的事情？有沒有出現任何錯誤或錯字？是否存在任何 bug 或效能問題？設計中是否存在實際上無法運作的情況？

它如何應對失敗或故障？

　　該解決方案會如何處理奇特的邊緣案例、不正常的輸入、網路突然消失、高流量的尖峰時刻，或其他可能會出錯的情況？當事情出錯時，它是否能夠以一種整潔且有序的方式崩潰，或者會否毀壞數據或者無法為客戶提供他們已付費的服務？你要如何察覺到這些問題呢？

它容易被理解嗎？

新的程式碼或系統是否方便其他人進行維護和除錯？組件或變數的命名是否符合直覺？複雜性是否被適當地封裝在某個地方？

它符合大方向目標嗎？

這次變更是否建立了一個可能不希望他人模仿的先例或模式？這是否迫使其他團隊為未來的變更付出額外的努力？這個變更是否存在高度風險，尤其是它與某個重要發佈的時間重疊？

相關人員知道這個東西的存在嗎？

每個需要了解該變更的人都已經被通知了嗎？所有需要進行的動作上都已經明確指定好負責人或者團隊了嗎？或者聲明不夠明確，導致不清楚誰應該做什麼？所有相關人員是否清楚他們的期待和責任？

作為一個審核者，你需要以開放的心態接受你並非全知全能的事實。要多提出問題，也要保持建設性。一個好的護欄並不只是一個嚴苛的門衛：你應該和那些你試圖保護的人站在同一陣線，你希望他們能夠成功。

專案護欄

如果你曾經承接過一項困難的專案，你會知道這不僅是提升技能的絕佳方式，更是一個讓人頭痛的龐大挑戰！你面對的失敗風險更高，因為你正在進行一項對你來說很有難度的工作。因此，如果你有一位經驗豐富的同事曾經處理過這種規模或類型的專案，這是一件好事：他們可以幫助你避免出錯。這並不意味著他們會替你完成所有工作或是保護你避免犯下任何可能的錯誤，但如果你正走向一個你可能無法挽回的災難，他們會即時告訴你。這就是作為專案護欄的意義。

我記得我曾經負責過一項對我來說極具挑戰性的專案。這項專案的活動部分、利益相關者，以及涉及的政治因素都比我以前處理過的任何專案都要多。每週在我和我的 Team Lead 碰面時，他都會問一些專案相關的問題，例如「純粹好奇，你打算如何處理這兩個相互衝突的商業需求呢？」當然，我答不出來。我甚至還未察覺到這個問題正悄然醞釀。然而，這些問題即時提醒我，去重新調整專案的方向，使我能找出前進的路徑。雖然我當時並未意識到，但是我的 Team Lead 其實扮演了護欄的角色。他確保我意識到我正在接近懸崖的邊緣，並且如果我沒有合適的解決方案，他就準備好給予我指導。

擔任專案護欄的角色並不僅限於面對缺乏經驗的人：你可以為任何正在領導一個專案或面對困難任務的同事扮演這個角色。即使最經驗豐富的人也可能在使用新技術組合時需要支持與幫助。如果有人邀請你在一個專案中擔任導師或顧問，他們期待的是你能起到某種程度的護欄作用。

護欄既可以提供支持，也可以提供保護。Lara Hogan 建議，你的溝通應該清晰且具體（*https://oreil.ly/gAC0X*），明確說明你可以如何幫助該專案，例如承諾審查設計或向管理高層推銷想法，並明確告知你的同事可以在何時以及如何尋求你的幫助。她建議：「如果某 B 三天內沒有回覆你，請傳郵件告訴我，這時我幫得上忙。」

將你的護欄拓展到群體

無法親自審查每一項變更或支援每一個專案，這是無法避免的事實，若你嘗試這麼做，很可能只會拖慢整個團隊的速度。接下來，我們將探討你如何能在不阻礙團隊進度的前提下，為你的團隊或組織增加護欄。

流程

相較於單獨對你的同事進行教導，你可以撰寫一套標準步驟讓整個組織遵循。例如，你公司推出新功能的「正確方式」是什麼？你們在正式發布前的準備流程可能需要回答以下幾個問題：

- 我們是否需要獲得安全許可？
- 我們是否應給予行銷團隊或客服團隊足夠的預告？
- 我們是否應該將新功能隱藏於功能切換標誌之後再進行發布？
- 我們是否需要導入標準的監控機制、事件追蹤和文件說明？
- 我們是否需要告知其他團隊關於預期的額外工作負載？

更多的情況將隨著公司的成長和組織結構的複雜化而層出不窮。在這些情況下，一次產品的推出可能導致技術故障或公關危機，因而出現了各式標準流程。

人們對流程的感受各異。有些人對於有明確步驟和標準化帶來的保障感到欣慰。然而，也有人堅持認為，人們應該進行**主動思考**，而不是毫不思索地遵循既定的流程。他們認為，清單檢查和獲得許可只會成為他們的累贅。無論是哪種觀點，都無可非議，因為這都是權衡取捨後的結果。但隨著公司規模的擴大，你將越來越需要一種結構來引導人們做正確的事情，而不是每次都要問同樣的問題。

以下一些例子，表明增加一個流程或檢查表可能有所幫助：

- 面對重大的故障或安全問題
- 共享和確認 RFCs 或設計決策
- 引入新的技術或程式語言
- 做出並記錄涉及多個組織的決策

通常來說，你應該盡可能地簡化流程。如果你引入了一個包含許多模板、集中審核和長時間等待的複雜流程，它可能並不會成為一個有效的護欄：人們可能會選擇偷偷地繞過它。你應該讓正確的操作方式變得簡單易執行。

流程導言（Process Preamble）

這是我為工作中的某個流程所寫的常見問題的開頭部分。如果你覺得對你有所幫助，請隨意參考使用。

< 主題 > 的運作方式經常引起許多疑問。對於像這樣的流程，找到適當的平衡以指導其運作總是困難的。

- 如果你完全不做任何指導，多數人可能會覺得困擾，並抱怨不清楚該如何操作。
- 然而，如果你設立指導規範，人們可能會將它視為硬性法則，並開始挑剔其內容，認為它未能完整涵蓋各種邊緣案例。
- 如果你試圖寫下所有可能的邊緣案例，則最後可能會得到一份如同法律條文一般龐大且繁複的指南，然而即便如此，也很可能無法覆蓋到所有情況。而且，人們依舊會對此表示不滿！

這份文件試圖為一些常見問題提供基本且準確的答案。這些答案可能並不適用於每一種情況。在你決定拋棄這些答案之前，請再三思考，但是如果這些答案對你目前的情況不適用，那麼請選擇做符合情況的適當決定。任何指南有時候都可能出錯。（如果你發現這些指南經常出錯，請不吝提出修改建議）。

當你面臨疑問時，請時刻考慮到其他涉及你所做工作的人，並假設他們都是理性且盡己所能的人，同時你也應該心懷善念，盡力而為。[9]

書面決定

這裡有另一種讓人們更自然地做出正確決定的方法：做出決定並將其書面化。如此一來，人們就不必再重複相同的辯論。書面化的決定可以幫

9 這也是一則放諸四海皆準的人生建言。

助減輕人們的決策疲勞：「我們的規則是通常採取 X 行動，所以我們就按此行事吧！」

以下是四個例子：

風格指南　如同 Google 的風格指南網站所說明的（*https://oreil.ly/gkUmT*），專案的風格指南是「一組為該專案撰寫程式碼的規範和慣例（有時這些是任意的）」。當一個大型的程式庫裡的所有程式風格保持一致時，理解它們就變得相對輕鬆。這裡所說的「風格」涵蓋了各種範疇，從命名規則、錯誤處理到可使用的語言特性等。透過一次決定並將其書面化，你能讓你的團隊避免在每一個新的專案中都進行同樣的辯論，例如「我們的變數命名應該使用駝峰式大小寫還是以底線取代空格？」這種問題。最後，你將得到風格更加統一的程式碼。

鋪好的路　一些公司會記錄一套他們標準的、得到良好支援的技術，並建議（或規定）團隊在進行開發時，遵循這條「鋪好的路」。我特別欣賞 Thoughtworks Tech Radar（*https://oreil.ly/FUHQP*）推廣的方式，將技術標記為「採納」、「試用」、「評估」和「暫緩」。

政策規則　公司可以設定一些基本規範，例如「每個團隊在發生故障後都必須進行檢討回顧」。如果此類規範成為強制性政策，那麼不遵守它們可能會被視為工作表現不佳，對個人的績效評估產生影響。然而，必須謹慎地使用此類規範。要知道，考慮所有可能的邊緣情況是非常困難的 —— 因為邊緣情況總是會存在。另外，如果政策規範過多，人們可能無法記住所有他們應該遵守的事項。

技術願景和策略　技術願景或策略（見第 3 章）給出了一個明確的方向，在此範圍內，團隊可以選擇自己的路徑來解決問題。

機器人與提醒

軟體顧問 Glen Mailer 提到，他正在努力找尋讓人們盡可能輕易地做正確事情的方法。這意味著將正確的解決方案展示在他們面前 -- 有時候甚至是實實在在地呈現出來！他提到了一個實例：在某個工作環境中，每個人都需要用考勤表來記錄他們的專案工時。然而，人們經常忘記填寫，直到有人想出了一個創新的解決方案：他們在出口的門上掛上了一個填寫時間的表格和一支筆，放在與頭部相同的高度。這樣，每當有人推門離開時，考勤表就會直接出現在他們的視野中 —— 這使得忘記填寫變得更為困難。

如果你希望引入一種流程或書面規定，嘗試看看你是否可以將其（溫和地）呈現在人們面前。更好的方法是，讓自動化系統來做正確的事情，這樣人類就不需要親自去做了。以下是一些例子：

自動化提醒 比起一再提醒某人本週需要遵守發布流程，你可以設置自動化程式，將它排入他們的日曆，或者透過直接訊息提醒他們。這種提醒應該包含指向該流程的連結。

Linter 儘可能利用 lint 工具來進行程式碼檢查，落實風格指南，這樣審查者就不必自行進行這些工作。

搜尋 確保任何關於如何操作的搜尋都能找到正確的步驟，即便這需要去更新所有不正確的文件，好讓文件指出正確的做事方法。

範本 如果所有的 RFC（Request for Comments）都需要包含一個安全性的部分，那麼應確保有一個容易使用的 RFC 範本，並且這個範本需要包含安全性的章節。

配置檢查工具與預提交 你能否在程式碼提交之前加入自動執行單元測試或安全檢查的自動化流程？像 Google 的資料中心安全系統 SRSly 就是一個極好的例子，它設定了一些保護措施，如「一次重啟的伺服器數量不可超過 5%」和「若該系統的值班人員最近已被呼叫，則不應該停用該系統的伺服器」。[10]

成為催化劑

透過設定機器人、政策和流程，使訊息傳達發揮最佳效果，這比成為個別同事的護衛還要重要。然而，這些工具的效用必須依賴你的行動。如果你真心想讓一種理念持續發酵，你需要大家都相信並關心這個理念。你希望你的組織能達到一種狀態，即不遵循這個理念的行為被視為異常。而最有效的防護措施卻也是最難以實施的：文化變革。除非你能將防護措施納入你的文化之中，否則你將永遠在追求規範合規。

現今大多數科技公司都實行程式碼審查和撰寫測試，但並非從以前就始終如此。所有我們今日認為理所當然的保護措施，都是因為有些人關心我們的環境，他們認為這種改變值得花時間來推動。如果你想引入文化變革，請耐心等待。要讓每個人改變行為模式，需要大量的時間和專注的努力，但這也是你唯一能夠停止手動推進過程的方式。

以下是一些可以讓你的文化變革之旅變得輕鬆的方法：

解決真實問題

文化變革應與組織的需求緊密相連。你可以預期到任何提案都會面臨無數個「為什麼？」的提問。確保你將答案準備好，而不只是寄予希望；說真的，組織可以從這種改變中獲得什麼好處？

10 Christina Schulman 和 Etienne Perot 的精彩演講，詳述了 Google 資料中心安全系統 SRSly 的起源及其運作方式（網址：*https://oreil.ly/k8ohr*）。演講中揭示了 SRSly 的起源故事，故事講述了自動化過程不小心一次性清除了一整個資料中心的所有硬碟。如他們所言，如果你讓高效的自動化系統進行錯誤的指令，它將會以驚人的效率執行這個錯誤。

選擇你的戰鬥

你應該倡導的，不應僅僅是設計審查的流程，而是讓人們對設計審查這件事懷抱尊重，並相信團隊能夠選擇適合他們自身的方式。提供一些基本的預設選項，但不必過度糾結於是否每個人都按照相同的流程進行。

提供支援

你的流程和自動化策略應該為你所想要的變革提供支持：他們應該使得做出正確的行為變得簡單輕鬆。

尋找盟友

切勿試圖單槍匹馬去改變文化。理想的情況是，你的盟友將包括你試圖改變的組織中的高層贊助者和有影響力的成員。這時候你在第 2 章所繪製的影子組織架構圖就能在此派上用場。

機會

我們接下來要探討的一種有效影響方式是，協助他們獲得所需的成長體驗。在實踐中學習，往往能超越教學、指導或建議帶來的收穫。每一個專案或角色都能提供一個增進知名度、建立人脈及豐富履歷的機會，這些都能開啟更多的可能性。現在讓我們來看看，無論是對於個體還是整個團隊，你如何能將這些成長體驗分享給你的同事。

個人機會

作為一位資深成員，你將有許多機會協助他人尋找到成長的契機。你可以透過賦予權限，直接提供專案或學習經驗。此外，你也可以將特定的任務推薦給他們，協助他們在工作上獲得突破，或者與他們分享能夠帶來幫助的資訊。

授權

授權意味著將一部分工作交給其他人來完成。當你授權時，你通常不只是把專案扔給某人然後就撒手不管：你還會對結果進行後續追蹤。這可能會讓你想要從頭盯到尾，或者親自處理專案中的所有困難部分。但當你將工作交給他人時，你必須真正放手讓他們去做。正如 Lara Hogan 所說的（*https://oreil.ly/PJ06s*），如果你只在把工作做成一個「包裝精美、整潔漂亮的禮物」後才交給他們，那麼你的同事將無法學到太多。相反，如果你給出一個「混亂的、未定範疇的、有一定安全網的專案」，他們將有機會鍛煉問題解決能力，建立他們自己的支持系統，同時提升技能。一個混亂的專案是一個非常難得的學習機會。

當你委派任務時，你需要考慮到接手的人的能力 —— 不要將組織的混亂丟給一個剛畢業的新人！但是，你也不能僅僅考慮那些表現最出色的人。一個本來就能交出滿分答案的人，無法從專案中得到更多收穫。[11] 相反地，你應該尋找那些可能會覺得任務有些吃力，但在得到適當支持下就能應對的人。向他們承諾你會給予這種支持。你可能需要給他們一點鼓勵，幫助他們意識到這項工作是在他們能力範圍內的：他們可能還沒有意識到自己可以成為專案負責人、事件指揮官等，但你對他們有這樣的期望會極大地增強他們的自信心。描述你可以為他們提供的保護措施，並解釋你為什麼認為他們能夠應對這個專案。

請注意，當你委派工作給他人時，他們不會像你的複製人一樣執行。他們可能會採取不同的方法。在這種情況下，你可以扮演一個護欄的角色，給予他們指導和提問，但要抑制過度介入的衝動。只要他們能夠達到目標，就讓他們按照自己的方式去完成任務。我很喜歡 Quip 公司的首席營運長 Molly Graham 的說法，她將這種交接過程比喻為「把你的樂高積木送出去」（*https://oreil.ly/ltqKy*）：

---

11 在招募郵件中，這種模式很常見：「到另一家公司做你目前正在做的事情。」有時候，這種方法會奏效（我們將在第 9 章中探討換工作的動機），但據我所見，最成功的招募是為人們提供更高層次的角色，一些稍微有點挑戰性的事情。

> 在這個過程中，人們常常會感到焦慮和不安，擔心新人無法按照正確的方式建造你的樂高塔，或者他們會拿走所有有趣或重要的樂高積木，或者如果他們接管了你正在建造的樂高塔的一部分，你就沒有剩下的樂高積木了。但在一個規模龐大的公司中，放棄責任 —— 放棄你正在建造的那部分樂高塔 —— 是繼續建造更大、更好的東西的唯一方式。

需要注意的一個關鍵行為是將有關專案的問題轉交給相應的負責人，而不是你來代表他們回答。當有人向你提問關於專案的問題時，你可能會以為自己掌握了相關資訊和目前狀態。然而，回答這些問題可能會使你成為聯絡窗口，削弱你正在交接專案給同事的地位。此外，你的答案可能是錯誤的。相反，讓接手專案的人獲得能見度：指出他們是這份專案的專家和負責人，表明你對他們能夠做出決策的信任。你可以將專案負責人介紹給其他感興趣的人，並提供他們進一步合作的機會。當這些人有關於該專案的問題時，他們就知道應該直接聯繫專案負責人。這樣一來，專案也會從你的負擔中消失。

贊助

贊助是利用你的影響力來為他人爭取的行為。它比導師制度更積極，透過贊助，你有意識地為他人創造機會，而不僅僅是提供建議。同時，贊助也需要投注更多的努力：如果你想成為一個出色的贊助者，你需要了解你的同事會從什麼中受益，他們正在尋找什麼機會。你要投入時間和社會資本，為他們的成長做出努力。

卡內基美隆大學的組織行為和理論副教授 Rosalind Chow 提出了所謂的「贊助的 ABCD」（*https://oreil.ly/Ndm87*）：

放大（*Amplifying*）

: 宣揚你同事的出色工作，並確保他人瞭解他們的成就。

增強（*Boosting*）

: 向他們推薦機會，並肯定他們的技能。

連結（*Connecting*）

引介人脈，讓他們能夠接觸到在平時無法見到的人。

捍衛（*Defending*）

當他們受到不公平的批評時，要為他們站出來，並努力改變對他們的任何負面觀點。

贊助所帶來的機會可能在初看下顯得微小，但它們的影響力可能遠超過你的想像。例如，當你推薦某人擔任一個小型專案的領導，你實際上是在為他們鋪平道路，提供參與更大型專案的機會。每一次你對他們的工作給予讚賞、評價或是將其成果分享給他人，你都在向外界展現他們的卓越表現，並讓你的社交網絡中的人們認識並瞭解他們，於是在有機會出現時，他們會成為他人考慮的對象。如果你注意到其他團隊的成員表現優異，也要確保他們的主管知道。如果你的公司有同儕評價的制度，那就是一個確保他們出色工作獲得記錄的好方法。

選擇贊助的對象時，要尋找那些懷抱著積極的發展願景，且能夠有效完成工作的人。你的推薦相當於在消耗你的社會資本，所以不要浪費在那些並不真心渴望機會或是不願付出努力的人身上。對那些擁有未被挖掘潛力的同事伸出援手，他們是值得你投資的人選。然而，在這個過程中，必須謹防陷入內群偏好的陷阱，因為認知偏差可能會讓你更傾向於幫助那些與你相似的人。正如蓮花公司創辦人、Electronic Frontier Foundation 聯合創始人、卡波爾社會影響中心的聯合主席 Mitch Kapor 所說（參考連結：*https://oreil.ly/bbO1B*）：「我們稱之為矽谷的『唯才主義』，但實際上，它更像是一種『鏡像主義』，因為人們更傾向於聘請與自己相似的人，這種現象在矽谷比其他行業更為常見。」因此，當你在考慮推薦或協助誰時，確保你不會無意間只贊助那些與你相似的人。這可能是一個容易被忽視的細節，卻會對結果產生重大影響。

連結人們

即使你不需要委託或授權，也未被明確要求提供建議，只要你知道有機會存在，你依然可以提供幫助。身為一位資深工程師，你的知識背景可能比和你一同工作的其他工程師更為豐富。正如第 2 章所描述，你可能會花更多的時間去探索與學習新的知識。請保持對那些對你的同事有益的機會的關注。可能有學術會議正在徵稿，或者公司內部可能有一個團隊管理職位開放，或者一個新的內部培訓計畫剛好提供了某位同事想要學習的技能。透過將這些資訊分享給你的同事，你擴大了他們的選擇範疇，使他們有機會進一步的自我提升與發展。

將你的機會拓展到群體

前文描述的一些催化型影響給人們帶來了能見度、學習領導力和教學技能的機會。這裡還有一種你可以擴大機會的方式：分享舞台。

分享聚光燈

身為團隊或專案的領導者，你無疑擁有眾多出色的技能和專長。這可能讓你想要親自解決所有困難的問題，然而這樣做可能會剝奪團隊其他成員的機會，並阻礙他們的成長。

相反地，你應該把自己的能力地位當成一種工具，幫助團隊成員提升他們的工作表現。讓他們處理在他們能力範圍內的工作，即便他們的表現不如你，只要他們達到一個良好的程度就足夠了。這是他們學習和成長的機會。分享舞台不僅代表著賦予他人權力，同時也可能意味著給予他們空間：讓他們察覺到需要完成的任務，從而可以透過承擔責任或學習自我賦權來培養自己的領導技能。

以下是一些確保你分享聚光燈的方法：

- 如果在小組會議上有人提出問題，請給予你團隊中其他成員表達意見的機會，或明確地將發言權交給他們。

- 在你參加的會議中，特別邀請資歷較淺的同事分享他們的工作經驗和見解。
- 邀請資歷較淺的同事審查與他們的工作相關的設計或程式碼，並對他們的意見給予重視和肯定。讓他們知道他們的意見對團隊非常重要。

警告

在每個專案中充當領頭羊可能會限制你的團隊的創新與表現，但同時，走向完全的放任自流也並非明智之選。如果你偏好全權委託的管理方式，請確保你與公司的管理層有充分的對話與共識，對於工作的執行方式達成一致。大部分的經理都希望他們的資深工程師能夠獨立行動並達成具有顯著影響力的成果。避免讓自己陷入僅僅是支援角色的局面，因此使得你的具體貢獻變得難以識別。

成為催化劑

即使你不在場，你仍能夠積極推動機會與贊助。導師制度在多數工作場所都已深植人心，然而贊助的概念可能尚未被充分理解與實踐。為此，你可以探索一系列的策略，指導同事如何開創機會，並提出具有針對性的建議。其中的一些想法包括：推動更具包容性的面試流程（詳情請見：*https://oreil.ly/PdxHq*）、邀請專家就隱性偏見主題進行演講，或是在內部招募公告中大力推廣開放、富有包容性的團隊文化。

成為推動行業轉變的催化劑最好的方式，就是將權力賦予你的同事，讓他們能夠孕育出偉大的創意，並以優秀的工程師身分將之實踐。當你提供機會讓中級人員晉升至資深工程師，最終成為 Staff 工程師，你同時也在教導他們如何為追隨他們的人提供建議、教導、支援與機會。你培養的 Staff 工程師將繼續鼓勵他們的追隨者成長進步。如此一來，你的領導力將得以不斷傳承，不受空間與時間的限制。

警告

要讓某人晉升至與你相同的級別，他們並不需要在此時達到你現在的能力水準：他們所需達成的，是你首次晉升到這個等級時的程度。如果你發現有新的成員升到你的職級，但他們的表現並未達到你現在的水準，這並不表示升職標準下降了。你可以反過來思考這是否代表你已經有了顯著的成長和進步。專業成長是一種持續且逐步的過程，每個人都有其獨特的步調和路徑。

在本章的開始，我為提升同事技能列出了三個主要理由：達成更多的工作成果，維持技術知識的最新性，以及推動整個行業的進步。然而，這裡還有一個第四個理由：他人的成長即是你的成長。如果你能夠建立一個能力堅強的團隊，你就能將你的精力投注在更大、更具挑戰性的問題上，將部分工作交由你的團隊其他成員處理。你的同事能做的越多，你就能做得越多。正如 Bryan Liles 所說（*https://oreil.ly/ScVHa*）：「你之所以能夠提升自己，是因為你在自己身後培養了一整批人才。」

也許到了某個時刻，你會看著那些正在做你過去所做工作的人，意識到自己已經提升到了一個新的層級。在那一刻，你會如何行動呢？在第 9 章，我們將探索該如何邁向下一步。

本章回顧

- 你可以透過提供指導、教育、設定護欄或提供機會來助長你的同事的成長。諒解什麼類型的幫助在特定情境下最具成效。
- 思考你是希望以一對一的方式提供協助，還是優化整個團隊的效能，亦或是產生更深遠的影響。
- 分享你的經驗和見解，但確保你的建議是被接受且歡迎的。透過寫作和公開演說，你可以進一步擴散你的觀點。
- 透過配對工作、觀摩學習、給予評論以及提供輔導來進行教學。教授課程或程式碼實驗室可以讓你的教學影響力進一步擴大。

- 設定護欄可以讓你的同事有更大的自主性。你可以提供審查，或者成為你同事的專案護欄。運用流程、自動化及文化變革來設置護欄。
- 有時候，提供機會比提供建議更具價值。思考你該贊助誰，或是將任務委託給誰。與你的團隊中分享聚光燈。
- 妥善計畫，將你的工作讓出去。

9

下一步？

我們開始這本書時是從理解你的工作開始的旅程。從那時起，你已經明確了你的工作範疇和主要焦點，繪製了你的組織架構圖，制定了策略和願景，確定了工作的優先次序，帶領了專案，克服了障礙，建立了良好的工程實踐，並將你的同事提升到了新的層次。這真是一段漫長的旅程！現在我們來到了最後一個話題：我們回到你身邊。但這次，我們不是更深入地探討你現在正在做的事，而是想看看你接下來將走向何方。我們要探討的是如何提升自己的層次。

提升層次是什麼意思呢？這取決於你的環境，也取決於你自己。因此，我們將首先回到這本書的一個主題：什麼是重要的？我們將審視你的職業生涯的全貌，探討你想要達成的目標，以及你希望從接下來的步驟中得到什麼。然後，我們將審視你目前的角色，評估它是否是通往你理想中的目標的一個步驟。

由於 Staff 工程師的角色定義相當寬廣，因此，你前進的路徑也同樣寬廣，這並不讓人感到意外。我們將探討你的選擇，並分享其他一些已經從 Staff 工程師的角色進階的人的故事。這些故事只是你可能會做的事情的一個範例，但它們可以作為你自己旅程的靈感。

最後，我們將思考你在整個職業生涯中的影響力。作為一名有經驗的專業人士，你是我們這個行業的領導者之一。你對自己的選擇負有責任，你的選擇也將影響其他人。而且，你是唯一能夠推動自己的職業生涯前進的人。讓我們從這裡開始。

你的職涯

我有一位在大公司工作的朋友，他曾將他的職業生涯比作玩《暗黑破壞神》，這是一款經典的角色扮演電玩遊戲。他說：「我與所有的怪物戰鬥，清理地下城，」他說：「最終，我獲得了足夠的經驗值可以升級。但是……我又來到了新的地下城，這時怪物們也已經升級了！這有什麼意義呢？」

對你來說，**重要的是什麼**？你想前往哪裡？

在第 2 章中，我們畫了三張地圖來描述你的工作。現在，我們要畫第四張：路線圖。想像一下，你的職業生涯就像是一次翻山越嶺的旅程。在你的地圖上，有許多小路，有些路好走易行，有些路滿佈荊棘。有些路可見度有限，但在這一路上，你可以抬頭看見地標，保持方向感。有些路徑無比曲折，你可能需要走一段看起來離你的目的地很遠的路，但那可能是唯一能通向你想去的地方的路。

並不是所有的目的地都在地圖上，許多有趣的地方只能在離開小路時才能找到。如果你一直只根據被標記的路線來選擇你的下一個目的地（見圖 9-1），你可能只會跟隨別人的步伐走到下一個地下城，而錯過了你真正想去的地方。

但你想要去哪裡呢？可能你已經有一個明確的目標，並且在路上有一些里程碑。可能你不確定你要去哪裡，但你知道你想要前進的大致方向。又或者你可能並不打算去任何特別的地方：你只是在享受旅程。

在本章剩餘部分，我會假設你想要從這裡**前進到某個地方**。職業發展通常被視為是爬升職業階梯，增加你的資歷、責任、影響力和財富。但這只是可能的軌跡的一種。讓我們看看對你來說，什麼是重要的。

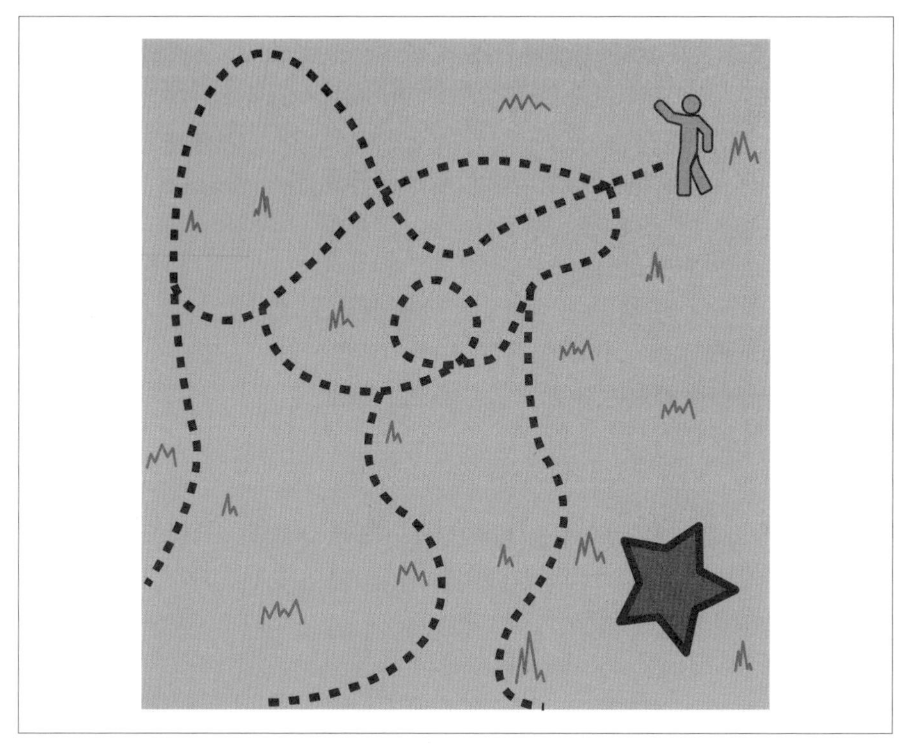

圖 9-1 追隨當地指引。沒有一個被標記的路能夠真正通往目的地，但只要你手握地圖，你會知道該在什麼時候離開既定路徑，去自行探索。

什麼是對你最重要的？

Staff 工程師 Cian Synnott 曾寫過一篇文章（*https://oreil.ly/4ShIX*），透過建立優先事項清單，作為保持方向的一種方式，確保他的工作能夠支持他在生活中所想要的東西。建立這類清單是反思對你來說什麼是重要的好方法。那麼，你的職業和生活優先事項是什麼呢？以下是一些常見的例子：

財務安全

對你來說，最重要的可能是還清債務，為子女存好大學學費，或者為你的退休生活做儲蓄。

照顧家庭

如果你有依賴你的家人，你可能會接受一份你不那麼喜歡的工作，只為了得到一份可以讓你照顧他們的薪水。你可能正在爭取一份有穩定薪資、良好福利且不用擔心被裁員的工作。

靈活時程

你可能需要一種靈活性，例如一種能兼顧照護兒童、老人、慢性疾病患者或殘疾人士的工作時間安排。或者，你只是想要一種能讓你有充足的自由時間去做你喜愛的事情的時間表。

持續學習

也許你希望在某一領域成為世界級的專家，或者成為那種能夠應對任何挑戰的通才 —— 也許你就是我們在第 3 章中提到的，那種能夠拯救「企業號」星艦的不二人選！

獲得知名度

對你來說，贏得同行的尊重和欽佩可能很重要，你想成為「行業名人」，或者讓自己能夠成為有聲望的代表性人物，讓其他人看到你的成功，這樣他們也能對自身有所期待。

做很酷的事

你可能想從事很酷、很刺激的專案，你覺得有活力和有趣的事情。

挑戰自己

回顧起來，你所面對的挑戰比你預想的還要巨大，這可能會讓你感到驚訝又振奮。

累積財富

我們能否花一點時間來感恩我們如此幸運地處於一個（至少目前）高薪酬的行業？你可能希望在你的職業生涯中儘可能多存錢。

為自己而工作

也許你不喜歡讓別人左右你的決定，或者你就是想嘗試當自己的老闆。如果你的終極目標是建立自己的公司或成為自由職業者，那麼你可能正在努力累積技能、經驗和人脈，以便有足夠的信心去實現這個目標。

改變世界

也許你的終身目標是讓世界變得更好，留下一個比你生命更長久的餽贈。這可能意味著進行教學，發明新事物，或者建立一個使科技界變得更為友好的社群。或者，它可能意味著將技術作為工具，來實現你真正希望看到的變化：打造可以改善人們生活的產品，或者支持那些需要你的事業。

發揮職業所長

你可能正在努力為你真正關心的事情提供支持：例如在音樂事業上取得成功，或者讓你的業餘農場變得知名。

還有許多其他事情你可以追求：結交朋友、周遊世界、照顧自己的健康等等。這個問題沒有正確答案，這只關乎你自己的想法，而且很可能會隨著你職業生涯的進展而變化。花點時間思考，在人生的這個階段，哪些是你的優先事項。

你要去哪裡？

你的優先事項清單可以幫助你保持方向感，但它並沒有告訴你應該具體前往何處。為了解決這個問題，你需要繪製一張路線圖，並在其中標出一些里程碑。你的路線圖的詳細程度和覆蓋的時間跨度將取決於你，但如果你有一個遠大的目標，那麼就應該規劃一些能夠讓你更接近目標的步驟。你對五年後的自己有什麼期待？反推回到現在，你需要做些什麼？

就像其他地圖一樣，如果你不是獨自繪製，這張路徑圖更能發揮效用。如果你只依賴自己的經驗，你可能無法找到那些不那麼明顯的路徑，而且你能看到的小路也將受限於你現在所站立的位置。你可以透過閱讀、參加會議，以及特別是詢問別人的旅程來拓寬你的視野。尋找那些已經走過你感興趣的路徑的人，與他們交談。

你的經理可能會在你的職業生涯中提供一些幫助，但這絕非保證，尤其在現今的情況下。到了 Staff 層級以上，你的經理可能甚至不知道如何幫助你：你很可能在走一條他們沒有走過的路。然而，成為 Staff 並不表示你知道所有的事情，你仍然需要幫助和指導。這意味著你需要尋找其他來源的建議、教導和支持，並尋找那些能夠幫助你成長的機會。

如果你真的找到了一條讓你充滿興奮感並充滿野心的路徑，那麼請認真地去考慮它。按照最明顯的指示選擇你的路線可能很誘人，但是要清楚你從這個位置能看到什麼。是的，有些路徑可能更困難，似乎風險更大，或者支援較少，但如果那是你想要的，那就不要限制自己。如果你想要的職位、影響力或生活方式在你所在的位置看起來似乎無法實現，你仍然可以朝著它邁出步伐，也許搬到一個更有利的地方，這將為你指明之後的方向。請記住，職業生涯是一個長期的過程。

你需要投入什麼？

想像一下，如果你自己已經成功地實現了目標，並獲得了對你來說非常重要的成就，那會是什麼光景？那個未來成功的自己具備了哪些你現在不具備的技能？他們的履歷上會出現哪些內容？他們如何分配他們的時間，他們認識了哪些人？在你決定要扮演什麼角色和把握什麼機會時，先問問自己這些問題。

培養能力

有時候我會聽到人們說他們真的*不擅長*某樣東西，比如說函式程式設計，或者是說故事的能力。我更喜歡用另一種框架來思考這個問題：那不是你已經熟練的技能（至少還不是）。請容忍我最後一次使用電玩遊戲來比喻，試著想像如《*最終幻想*》這類遊戲，每個任務都會給你技能點以提升你的技能。假設你今年獲得了新的技能點，而你目前在 Python 這項技能上得到了 14 分（如圖 9-2）。你可以投資一些點數來提升到 15 等，或者你可以忽略這個技能，將注意力集中在其他事物上，比如提升你的 JavaScript 技能。也可能你會在一些全新的東西上獲得你的第一分。

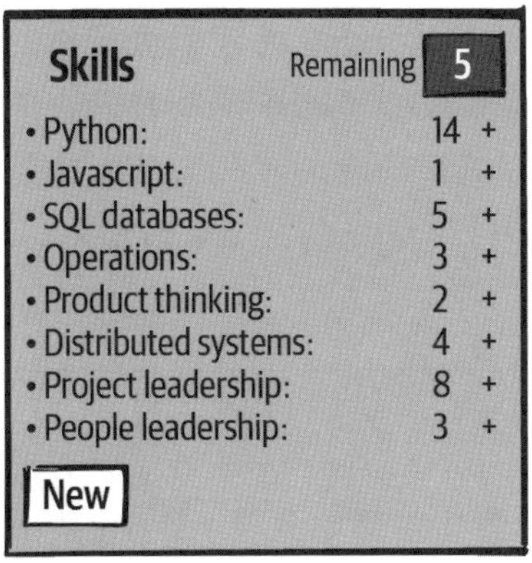

圖 9-2 選擇今年要發展哪些技能點

我常常聽到人們說，你應該專注於你所擅長的事情。我並不完全認同這個觀點：我認為你應該專注於你**想變得擅長**的事情，這樣你就可以培養這些技能。

在科技領域，任何東西都是可以學習的，如果你覺得值得花時間學習的話。也許並不是這個道理！多元豐富的技術領域和能力，遠遠多過我們可用於學習的寶貴時間，所以我們不能在所有領域都成為專家。但這並不構成問題：強大的團隊是由各自擁有一些必要技能的人組成的。然而，如果你需要一些技能來實現你的目標，或者你覺得你的技能存在某些差距，這讓你感到不安，請告訴你自己：這些技能只是你尚未了解，而不是無從掌握。你只是還沒有將技能點放到那裡而已。

因此，我們不該讓自己的旅程比實際的更困難。如果你所做的每一件事都讓你感到害怕，或者讓你筋疲力竭，而不是讓你感到興奮，那就找一條不同的道路去實現你的目標。[1] Honeycomb 的首席技術長 Charity Majors 指出（*https://oreil.ly/jumRI*），想跟上我們這個行業的快速節奏意味著要管理你的能量：「如果你想要在科技領域持續發展，你需要在你的一生中持續學習……確保：了解自己以及什麼使你快樂，並且，將大部分時間花在與這些事物相符的事情上。做那些讓你感到快樂的事情會為你提供能量。做那些消耗你精力的事情則與你的成功背道而馳。」

練習那些你覺得困難的技能可能會將它們變成你的優勢，並減少他們所消耗的精力，或者，這些技能可能永遠不會停止成為一種負擔。你需要評估這些技能對你的價值是什麼。我們每個人都有自己擅長和易於掌握的事物，你應該在哪裡投入技能點，完全取決於你自己。

冒牌者症候群

剛入行的畢業生可能會驚訝地發現，許多他們所尊敬的工程師也在經歷所謂的「冒牌者症候群」。不論你選擇的職業道路如何，你可能會對技術策略、影響他人或系統設計感到不安。有些系統工程師可能會因為沒有花更多的時間編寫程式碼而感到不安，而一些產品工程師可能會對自己「應該」對運營有更深入的了解而感到懷疑。

冒牌者症候群是一種令人不安、甚至可怕的感覺。它可能會導致你不敢承擔風險，並且對自己的工作過於保守，進而影響你的表現。然而，這種感覺在各個職業階層中都很常見，甚至在你目前所在的職級中。找到機會將你的「技能點」投入到讓你感到不安的地方，並且提醒自己，這只是一個你可以學習和理解的領域。但最重要的是，如果你感到自己是在「假冒」，那就給自己一些休息時間。

---

1 我喜歡 Dina Levitan 的故事（*https://oreil.ly/lt25t*），她意識到自己的斧頭投擲技術並不差，她只是使用了一種不適合她投擲風格的斧頭。正如她所說：「我們都可以學會擊中目標，重要的是選擇正確的斧頭。」

記住，沒有人知道所有的東西。我們都在學習，並且都有不完美的地方。讓自己放慢腳步，並接受這是一種正常的感覺，可以幫助我們更好地處理這種感受。

建立人脈

擁有技能是實現目標的重要因素，但同時也需要廣泛的人脈。據報導，大約 70% 到 85% 的工作並未被公開招募，而是透過人脈找到的。當一個內部專案需要領導者時，周圍的領導者會討論他們認為最適合的人選。當一個會議需要一個演講者或一個項目需要一個付費顧問時，會議參加者或專案團隊會向他們認識的人尋求幫助。被人認識是有好處的。同樣，瞭解其他人也有好處。

有來自不同領域的聯繫人可以讓你更好地理解他們的工作方式，他們對於「有能力」和「專業」的理解，以及他們的溝通方式。[2] 擁有強大的人脈網絡意味著你可以隨時向專家尋求建議並向他們學習。

首席技術長 Yvette Pasqua 分享了她的經驗，談到如何以可持續的方式建立人脈，而不用耗盡所有的內向能量（*https://oreil.ly/JHTrC*）。她說：「如果你不知道與誰交談或如何開始，告訴你一個小祕密：我們都不知道。」Pasqua 主動與她想要接觸的人建立聯繫，並且以一個她認為他們會感興趣的話題開始交談。她建議參加團體和社群 —— 選擇那些能為給你帶來能量的，並且嘗試在活動中與人建立一對一的聯繫。

對於內向或者不善社交的人來說，建立人脈可能是一項巨大的挑戰。然而，事實上，有許多可以學習的技巧和策略可以讓這個過程變得更為輕鬆。Vanessa Van Edwards 是一位作家和自稱「恢復中的尷尬者」，她的 Science of People 網站（*https://oreil.ly/fkXsx*）提供了許多有關「人類互動」的實用建議和教學，這些看似直覺，但對於一些人來說可能是需

---

2 這也是簡報表達如此重要的另一個原因。

要學習的技巧。例如〈How to Network（如何社交）〉（*https://oreil.ly/JXjuH*）一文提供了一些在社交活動中交談的技巧，比如應該在活動中站在哪個位置，如何記住別人的名字，以及應該談論哪些話題。這些都是可以學習和練習的技巧，可以幫助你更有效地在社交場合中建立人脈。[3]

拓展能見度

如果你具備一技之長，卻無人知曉，那麼這些技能就不會得到適當的利用。讓人們看見你解決問題的方式、提出深思熟慮的問題，或者在混沌不清的狀況下採取明確的策略，當機會來臨時，他們就更有可能會想到你。你也會遇到一些有趣的人，他們看見你在做與你們共同關心的事情，便更可能主動與你聯繫。

你可以選擇透過參與開源貢獻、參加行業工作小組、撰寫文章、開設播客、製作影片、或在會議中發表演講等方式，建立自己的外部聲譽。這些活動並非必須參與，但若你正在尋找新角色或關係，它們會給予你巨大的助益，同時也能在整個行業中形塑你的良好形象。有些雇主鼓勵員工進行外部貢獻，以便於招聘新人或引起人們對公司產品或服務的關注。如果你選擇走這條路，要預期你需要投入一些時間和精力來建立「公眾人物」的形象 —— 這將是你使用技能點的其中一個途徑。

獲得機會並不代表你一定要抓住它，但若你真的獲得了一個你嚮往的機會，就不要浪費它：要展現你的實力。例如，如果你應邀在一場會議上發表演講，不要在飛機上匆忙湊出一份演講稿。[4] 如果你加入了一個開源社群，不要一開始就鬧矛盾，而是讓人們看到你在工作中的風度和技術水準 —— 秀出你的真實力。

3 你在會議上與之交談的那些「自信」的人中，有一半其實都是使用「軟體運行模式」來與人互動，並希望他們表現出的社交行為是正確的。呃，我是這麼聽說的。

4 如果你是少數能隨手做幾張簡報，走上舞台，而不做任何準備就能發表一場獲得全場起立鼓掌的演講的人，那我所說的並不是針對你。請繼續揮灑你的神奇魔力，快告訴我你的祕密。

慎選角色與專案

將建立技能、知名度與人脈納入你職業生活一部分，是最有效益的方式。只要你投入時間，你的技能將會持續增進。事實上，你可能會意外地在某領域中累積專業，那就是你在工作中投入的部分：一項經驗將引領你到下一項經驗，然後你就自然而然地形塑了你的專業。例如，花了五年的時間專注於撰寫儲存系統，你就會專精於此：你擁有相關的技能，與其他儲存專家合作，你的履歷中充滿了儲存相關的工作經驗。當你的前同事在尋找儲存專家時，他們會聯想到你。同樣地，花五年時間專注於流行的行動應用程式，你會建立一套截然不同的能力。不過，這也很容易讓人將你限定於特定的類型中。

因此，選擇那些能讓你獲取你想要經驗的角色是重要的。有些技能你只能在大公司中學習，有些則只能在小公司中取得。有些知識在成為經理時較易學習，而有些則在你真正參與實作時更容易。如果你不確定自己需要什麼，可以尋找一個正在從事你所嚮往的角色，或者過著你想要的生活的人，詢問他們有什麼關鍵的經驗助他們達成今日的成就。（有時你可以在 LinkedIn 上查看他們的履歷，但實際的交談會提供你更多的訊息。）

你的專長將會隨著你投入的時間而提升，因此，要深思熟慮地選擇能讓你獲得想要技能的角色和專案。自 1995 年加入 Travelocity 以來，在超過 10 家新創公司擔任工程領導的 Mason Jones 也贊同這種觀點：「毫不妥協且有意識地選擇能夠擴充我的知識並擴大我的經驗的職位，是我在整個職涯中做的最有價值的事情。」

你的目前角色

每份工作都應該讓你接近你的長期目標，同時滿足你的即時需求。然而，不幸的是，人們往往最終選擇的工作，並不能達到這兩點。在本節中，我們首先會探討你的工作是否對你有所助益，然後評估它是否可能符合你的願望清單。

五項關注指標

你目前的角色是否讓你更接近你的目標？或者，可能反而是在做相反的事情嗎？經驗豐富的工程總監 Cate Huston 提供了五項指標（*https://oreil.ly/7JLMI*）來評估你的工作健康狀況：

- 你是否在學習？
- 你是在投資於可轉移的技能，還是在應對功能障礙？
- 你對招攬其他人加入你的團隊感到怎樣？
- 你對自己有多大的信心？
- 你感到的壓力有多大？

一個良好的工作環境能讓你朝著目標持續成長，你的自信心和能力也會保持在一個高水平。而一個糟糕的工作環境，如停滯不前、與爛咖共事、缺乏支援、不可能完成的期限或其他困境，可能會讓你慢慢地走下坡，甚至在你尚未察覺時，就已經錯過了離開的最佳時機。我見過一些朋友在不健康的工作環境中，堅信自己沒有技能，無法在其他地方找到工作，結果他們便滯留在無法進步的工作崗位上，這種缺乏技能的心態反而成為了自我實現的預言。如同 Huston 所說：「有時候，五年的經驗只是……重複五次同一年的經驗。」嗯，可不是嗎？

在另一篇文章中，Huston 解釋道（*https://oreil.ly/qw2J2*），雖然你的雇主買的是你的時間，但他們只是在租用你的「品牌」。確實，對許多工程師來說，擁有一個個人品牌的概念可能會讓人感到不自在，甚至有些做作。但是，除了那些擁有昂貴髮型和昂貴字體的炫酷形象的人之外，你的品牌其實就是其他人對你的觀感。如果你的工作導致你的就業能力下降，Huston 說：「我希望你的雇主支付大量的租金 —— 因為他們正在破壞你的市場價值。有時這可能是值得的，但往往不值得，而人們通常意識到這一點時已經太晚了。」

我們都曾經有過很好的一週和很壞的一週，所以我建議朋友們在幾個月的時間裡追蹤這些指標（見表 9-1），看看一段時間內的趨勢如何。

表 9-1 追蹤工作健康信號
出處：Cate Huston 的〈5 signs it's time to quit your job〉（*https://oreil.ly/7JLMI*）

信號	你在學習嗎？你在成長嗎？	你在學習可轉移的技能嗎？或者只是忙於應付組織的工作？	你會想招攬朋友進到你的公司嗎？	你的自信有多高？你覺得自己的能力如何？	工作對你的身體負擔如何？
評分	0：停滯 5：火箭式成長	0：學習在這個組織應付工作 5：學習可轉移的技能	0：感到道德衝突 5：非常榮幸	0：自信心遭受打擊 5：自信心在增強	0：壓力壓力壓力 5：感覺健康
< 日期 >					
< 日期 >					
…					

追蹤這些指標可以讓你避免新近效應，並且隨著時間推移，看見更大的格局。如果你能回顧過去，看到大部分的事情都是好的，那麼你就不太可能因為一個糟糕的月份而氣憤地放棄。然而，如果你注意到你經常有不好的月份，或者你的指標隨著時間的推移呈現出惡化的趨勢，那麼你應該警覺自己可能處於一個不利的狀況中。你可以考慮 Captain Awkward（*https://captainawkward.com*）的 Sheelzebub 原則，這是一個關於不良關係的問題，問問自己：「如果事情一直像現在這樣，你會願意留下來多久？一個月？六個月？一年？五年？」

你可以從你的角色中獲得想要的東西嗎？

你的工作是否讓你朝著你的長期目標前進？它是否提供了一個健康的環境？花點時間去看看你的優先事項清單，評估你的工作在多大程度上滿足了你的需求（見表 9-3）。要確保你欣賞你擁有的一切，同時也要認清你所缺失的。我們常常會把好事情視為理所當然。

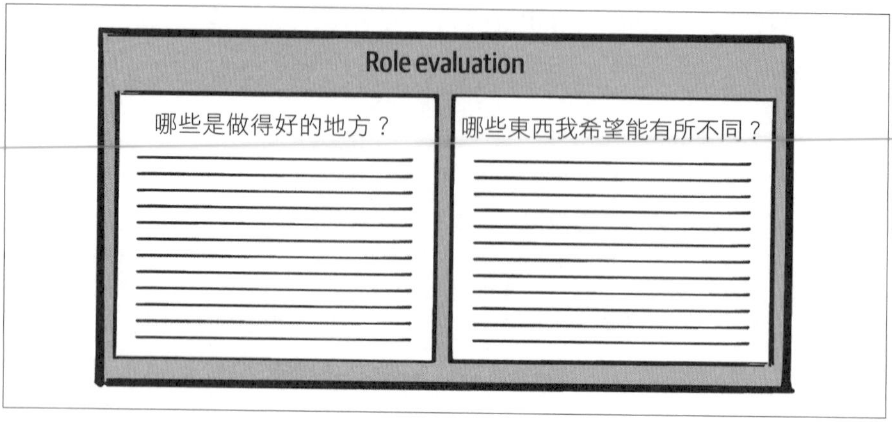

Role evaluation

哪些是做得好的地方？

哪些東西我希望能有所不同？

圖 9-3 檢視你的角色，了解哪些是奏效的、哪些你希望有所不同

無論你的工作有多好，你幾乎都無法得出它是完美的結論！你很少能找到一個在你*所有*的優先事項上都完全符合的角色。賺取最多的金錢往往與在全球範圍內做善事相矛盾。學習最多可能意味著你不能承擔最具知名度的角色。在職業生涯上取得巨大的成就可能意味著你沒有足夠的時間和精力投入到生活的其他部分。這就是為什麼沒有人可以替你做出職業選擇：我們都會有不同的取捨。但是，看看哪些地方不如意，想想這是否是你可以改變的，而不需要在其他方面作出太大的妥協。

你應該換工作嗎？

如果你想解決一些不奏效的問題，你有兩個選擇：修改你現有的工作或轉到一個新的工作。讓我們來看看各自的一些理由。

留在現有角色或公司的理由

如果你的目前職位可以滿足你的大部分需求，並且可以引領你到達你想要去的地方，那麼長期堅持下去是有意義的。作為一名 Staff 工程師，你將從在同一地點長期積累的經驗、領域知識和人脈中受益。以下是在同一個地方待上一段時間的其他一些好處：

回饋迴路

在同一個地方待的時間越長，你就越能夠看到自己行為的後果，這會形成一個反饋迴路。當工程師經常轉換職位時，每個人都會看到其他人過去的決定產生的結果，而不是自己的。當你留在同一個地方，你能看到你升職的同事變成資深工程師或 Staff 工程師，並且你也可以將他們當作榜樣。

深度

對於特定領域或特定技術堆疊的理解越多，你的認識就會越深入和細膩。要想憑直覺深入理解一些事物，到可以在該領域的知識基礎上創新，這需要時間。同時，對於你已經做過的事情，你能夠更快地完成；你將能夠更快地取得進展。

關係經營

你已經花了時間去了解整個組織的人事變動，並且和你所信賴且喜歡的人共事。這種基於相互之間善意的關係已經深入建立，即使在遇到最大的技術分歧時，仍能進行平等的討論，而非激烈的爭辯。這是一種需要花時間去重建的資源。

脈絡

在投入時間和努力去學習如何在你的組織中找到你的位置後，你所獲得的技能可能無法直接轉換應用到另一個組織。你已經理解了組織的 OKR 流程，知道了影子組織架構圖，並且熟知如何把事情做得恰到好處。

熟悉度

你對工作、時間表和人的安排已有深入認識。無論是遵守特定的宗教節日，每天下午去學校接孩子，還是你總是在星期四的午餐時間去打滾球，你已經把你的時間表安排得恰到好處，這種狀態正好適合你，並且你不願意改變任何事情。

離開的原因

但也有一些很好的理由，促使你希望每隔一段時間就移動一次：

職場競爭力

如果你在一個地方待了很長時間，你可能更專注於學習如何在該文化中工作，而非學習那些可以轉化應用的技能。隨著外面的世界持續變化，你可能會被拋在後頭。保持對多元技能和領域的新鮮感，可以為你打開更多的機會。

經驗

在任何一個地方的經驗與可學習的人都是有其限度的。當你吸收了所有可得的知識與經驗後，你可能已經準備好去接受新的挑戰。

成長

有時，換工作可以更輕鬆地實現職級或工作範疇的提升。也許在原公司升到下一個職級感覺遙不可及，或者似乎充滿你不感興趣的政治遊戲或工作內容。如果你正竭力爭取重要、具挑戰性或備受矚目的專案，想盡辦法把自己的名字加上去，那麼換一份新工作可能比獲得你所希望的升職更為容易。

錢

換工作可以是快速提高薪資的途徑。儘管一些公司對現有員工提供與市場相符的薪資水準，但新員工通常可以透過談判獲得更好的薪水、股票配額和簽約獎金。

不適合

並非所有公司都有所有的成長途徑。如果你希望成為一個行業專家，但你的組織並不真正需要一個專家；如果你感興趣的項目並非你的領導層想要投資的項目；或者如果有過多的資深人才而缺乏領導機會，那麼也許該是繼續前進的時候了。不是所有的地方都能提供所有的角色。

你的下一步會取決於你的需求。在下一節中，我們將探討一些可能的路徑，其中一些可能會選擇留在原地，而一些人則會選擇換工作或轉換角色。

從這裡開始

你要從這裡前往何處？我們來看一下你的選項：

繼續做你正在做的事

如果你的工作已經滿足了你的需求，其實沒必要去做出改變。我特別想強調這點，因為我們的行業經常強調頻繁更換工作，而身邊朋友定期的「新工作」公告可能會讓你感到應該跟上腳步。如果你在一個持續成長的利基產業工作，你可以在同一個團隊中待上數十年，並且仍有足夠的學習和成長的空間。或者，你可能並不尋求進一步的成長：你可能只想運用你現有的技能，繼續做相似的工作，直到退休。

如果你是這第二種人，請對行業變化使你的技能變得過時保持警覺。技術和業務模式會變，如果你不及時更新，甚至你的領導力也可能變得過時。社會規範、溝通方式、最佳實踐等都會改變。因此，停留在原地可能意味著需要持續移動和學習，保持與時俱進。

努力邁向升職

留在同一個崗位上通常也是通往下一個層次的道路。隨著你的影響力、知識和影響範圍的擴大，你和你的經理可能會開始認為是時候讓你晉升了。

升上更高的職級可能會帶來更高的薪資，並帶來更高級的工作頭銜所帶來的威望；如我在第 1 章中所說，這讓你無須花時間和精力證明你有資格參與某些對話。而且，坦白說，被提升或獲得更大的工作負責範圍，確實會讓人感到愉快。但是，請仔細思考這種感覺：是升職讓你感到興奮，還是你其實在追求更多的薪資、權力、有趣的挑戰、更大的影響範圍、尊重、參與更重要的會議、進步的感覺，或者其他完全不同的東西？這些都是可以追求的，但你需要確認下一個職級是否能提供你所期待的，否則你可能會對新的頭銜很快感到不滿。

瞭解升職在你的公司意味著什麼：由你的主管決定誰能夠晉升嗎？或是有一個升職委員會來審核你的工作表現？可能有一份書面的職業發展階梯表明下一級的期望，但這些期望往往不會詳細說明實際內容。對於可以升職的人數，或者一個特定職位可以容納的人數，也可能有限制：除非有一個足夠大的範圍或專案需要領導，否則你可能無法獲得晉升。

如果你想升職，請與你的經理討論並尋求他們的指導。聯繫處於你期望的下一個級別的人，了解他們是如何到達那裡的。如果他們已經在該職位上工作了一段時間，試圖模仿他們的步驟可能會讓你感到恐慌。記住，你要追求的是當初他們晉升時所具有的影響力，而不是他們現在的樣子。

減少工作

成功可能意味著在目前的崗位上減少工作的比重。我曾與一位名叫 Jens Rantil 的工程師進行過對話，他在一家規模較小的公司，以將工作時間縮短到 80%，並接受 20% 的薪資削減，換取一個 Staff 工程師職位。他用滿是熱情的語氣表示「每個星期四就像是星期五一樣！真是太神奇了！。」Rantil 注意到，將工作時間縮減至 80% 是許多人首次為自己的閒暇時間設定一個價格，並衡量更多的休閒時間對他們來說值多少。這種薪資的削減，可能不只影響現有的收入，同時也可能對你的退休儲蓄產生影響。儘管 80% 的工作時間是最常見的調整，我也遇見過有工程師調整至 60%，40%，甚至 20% 的工作時間。還有有些雇主希望你每週提供一天工時就好。

如果你打算縮短工作時間，那麼你需要認真思考這些時間該如何分配。最簡單的方式可能是縮短你的核心工作時間，僅參與必要的會議，但這可能不會使你感到快樂，而且也可能無法達到經理的期望。另外，你可能會發現自己最終在不計回報的情況下工作加班，只是為了完成工作中有趣的部分：如果你無法避免每週工作五天，那麼你需要清楚自己為什麼認為你能堅持只工作四天。

確保你的期望和經理及團隊的期望相符。如果你還在努力爭取升職，或期待能領導有趣的專案，請確保你的經理了解這一點。並就如何處理特定情況（如值班、國定假期或某天請病假）達成共識。請注意，許多團隊可能不會對你縮短工作時間感到興奮。從人力資源分配的角度來看，如果你的工作時間減少，他們可能無法找到其他人來填補這個空缺。然而，你可能能在更短的時間內取得驚人的成果。一位與我交談的人表示，自從他開始每天工作五小時後，他的工作量並未顯著減少 —— 反正他們在一天中只有四小時是真正的產出時間。

換團隊

如果你已經做好改變的準備，但對現有的雇主仍感到滿意，那麼內部調動可能是個很好的選擇。這樣你可以保留大量的背景知識、人際關係、信譽和社會資本，同時可以在新的領域中重新開始。Hilti 公司的軟體架構主管 Burin Asavesna 曾告訴我，他認為這種重新開始就像是讓經驗豐富的遊戲玩家重建一個新的低等角色：從技術上看，你是從零開始，但實際上你已經知道遊戲的運作方式，你的等級將迅速提升。

在不同的團隊或組織間轉換可以是建立橋樑的良好方式：你在原本的團隊中仍保留聯繫，你會將知識和文化帶入新的團隊。你還會帶來新的觀點：你已經對團隊有了一個外部的看法，並了解組織中其他成員如何看待他們。

培養新專業

科技世界的廣度意味著總有新事物可學。你可能會喜歡學習與你已知識相近的新東西，為你的知識庫增加新的面向，或者開始大量學習全新的東西。你甚至可能建立一個全新的專業領域。許多最有趣的創新來自於對多個領域非常熟悉的人：有趣的事情總是發生在交界處！這就是所謂的跨領域專業。

建立一個新的專業不只意味著加入一個新的團隊；它可能也意味著暫時或永久地轉移到一個不同的職業軌道。前首席工程師 Lou Bichard 曾寫過一篇文章（*https://oreil.ly/51xAs*），關於從一個「具有產品意識的工程師」轉變為一個正式的產品經理。正如他所言：「抽出一點時間來做一些不同的事情，可能會幫助你帶來工作中的全新視角。」

探索

如果你已準備好進行一些變動，但仍對現有的工作環境感到滿意，那麼一些公司會提供短期工作、參加一個新的團隊，或者是參與輪調計畫的機會。一位在大公司服務的 Staff 軟體工程師告訴我，她在同一個團隊工作了六年後，開始進行這樣的探索。她的公司提供許多機會，包括輪調計畫，因此她決定抽出一些時間去探索新的可能性。在兩年間，她嘗試了三個不同的團隊：一個大型的網站可靠性團隊，專注於成熟的基礎架構；一個小型研究團隊，專注於最近發布的產品；以及一個中型團隊，與一個非營利組織合作，開發一個全新的開源產品。經過這些迥異的體驗後，她清楚地了解到她對於小型研究團隊有較深的興趣，並且有許多成長的機會，因此她決定在那裡工作，已經有一年半的時間。

接下管理角色

你是否也有被吸引到管理層的感覺呢？有些工程師選擇完全投身於管理路線，並在那裡持續成長。也有些人選擇在回到 IC 角色之前，在管理層工作一段時間。

在一篇知名的文章中，Charity Majors 提出了「工程師與管理者的搖擺」（*https://oreil.ly/1eBJs*），這是一種每隔數年有意識地在工程師（個人貢獻者）和管理者的角色之間進行切換的概念。Majors 反對人們必須選擇一條路並持續走下去的常見觀念：

> 世界頂尖的一線工程經理是那些從未離開過實際工作 *2-3* 年以上，總是全職在戰壕裡工作的人。最好的個人貢獻者是那些曾在管理層工作過的人。而世界上最好的技術領導者往往是那些同時從事這兩種工作的人。來來回回。就像一個鐘擺。

Majors 強調，管理不應被視為一種升職 —— 它是一種職業路徑的轉換，需要人們學習不同的技能。當你從技術領導轉向人事領導，或反之亦然，你的地位不應發生變化：兩者都能建立一套獨立的技能，並能夠互相加強。但是，她並不建議同時嘗試這兩種角色：「在同一時間裡，你只能專注提升一件事，那要不就是工程，要不就是管理。」

在 Will Larson 看來（*https://oreil.ly/wnP3C*），如果你已具備堅實的團隊管理與技術貢獻經驗，扮演工程師與經理的混合角色並非總是壞事。然而，他同時認為，如果你在工作中嘗試學習這兩種角色所需的技能，將會經歷一段艱困的時期。他表示，當你已累積足夠的團隊管理和技術貢獻經驗，並認為這個混合角色適合你時，嘗試一下無妨。但他總是建議人們不要用這種混合角色作為他們管理生涯的起點。

此外，如果你想扮演這種混合角色，應該有一個計畫來確保其可持續發展。這可能包括建立一個由其他高階成員組成的後備隊伍，這樣在需要時，你可以委託或依賴他們來協助你。

第一次帶下屬

如果你以前從未嘗試過管理人員，或者從未有過直接下屬，那麼在你的職業生涯中首次承擔管理角色可能讓你感到恐慌。然而，這裡有三個原因說明你可能已經準備好接受你的第一個直接下屬：

- 如果你的未來目標需要具備管理經驗，那麼你最終將需要開始打造這種技能組合。
- 如果你所在的公司或團隊中，只有經理級別的人才能進行決策，那麼你可能會選擇擔任管理角色，這將給你更多的權力來推進專案。

- 或者，如果你已經站在職業階梯的頂端，對下一級的業務問題感到興趣（且無法說服組織增加一個職等），那麼管理一個團隊可能是你下一步的成長之道。

值得注意的是，一些公司允許 Staff 級別的工程師擁有直接下屬，而有些則不然。接受直接下屬的帶領可能意味著你需要改變你的職業軌道。

如果你習慣於以個人貢獻者的身分在資深經理、總監或副總裁的職級上工作，你可能會認為你應該在同樣的範疇內管理一個組織。然而，Google 的安全領域工程總監兼前任 Staff 工程師 Amanda Walker 建議不要這麼做。她認為，你應該在擔任更高級的組織角色之前，先擔任一段時間的部門經理。她的理由是：「就像我以前做過軟體工程師，使我更好地管理軟體工程師一樣，做過部門經理也能幫助我更好地管理其他經理。指導你已經精通的運動總是更加容易。」

如果你已經適應在整個組織中工作，那麼返回到專注於單個功能團隊的衝刺階段可能並不具吸引力。一種可能的折衷方法是，尋找機會在跨團隊的專案中擔任技術領導或團隊領導，並對該團隊中的少數人負責。

要注意的是，你作為經理的表現將對你的直接下屬的生活產生影響，因此如果你想成為一名經理，你必須在這方面投入時間和精力。Majors 認為，你應該至少準備投入兩年的時間（*https://oreil.ly/7xGlc*）：

> 如果你真的有意嘗試成為經理，並且現在有機會，那麼一定要嘗試！但這需要你準備投入至少兩年時間進行這種實驗。學習管理技能並使你的大腦接受它需要至少一年的時間。如果你對兩年的承諾感到猶豫，那麼可能現在還不是成為經理的好時機。頻繁換經理對團隊來說是一種破壞，讓他們向一個不願意全身心投入或不願意努力工作的人回報工作是不公平的。

承諾管理意味著要接受這需要時間。這也意味著你需要理解，在這段時間內，你可能不會像以前那樣大量進行編碼、設計架構或進行其他技術工作，甚至可能完全不會進行這些工作。Camille Fournier 在《經理人之道》中寫道：「對過去簡單的日子懷念是正常的，對要放棄的東西感到恐慌也無可厚非。你不能同時完成所有的事情。成為一名優秀經理意味著你需要專注於管理技能，同時需要你放棄某些技術專注。」

Majors 也同意這種看法（*https://oreil.ly/gs701*）：「如果你是一個經理，你的工作就是要在管理方面做得更好。不要嘗試緊抓你以前的榮耀不放。」

尋找或開發你的獨特利基

資深領袖職位往往有著特定需求。領導職位往往具有特定的需求。即使在同一家公司中，一個 Staff 工程師的職位可能需要一位具有強大架構技能的人；另一個可能需要一位熟練的、擅於跨部門工作的項目負責人；第三個可能需要一個具有額外領導能力的人。隨著你的級別提升，你更有可能找到一個適合你特定技能的角色，而不是嘗試將自己塑造成一個通用的角色。

Molly Graham（在上一章節「把你的樂高積木送出去」一文的作者）認為，職業生涯可以分為兩個階段（*https://oreil.ly/XhUGB*）：首先，你需要了解你的優勢在哪裡，然後尋找一個適合你形狀的「洞」。Graham 說：「幸福感來自於找到你喜歡且擅長的角色。」她還補充說：

> 要小心那些聽起來完全為你量身打造的角色，但是當你想像自己去做這個角色的時候，卻覺得很累。更需要注意的是，如果這份工作看起來很「閃亮」，你的朋友和家人都認為它很酷，那麼你可能會因為自尊心的問題而被誘惑去接受它，即使你的直覺告訴你，你會厭惡這份工作的大部分時間。這種文氏圖，也就是你擅長但卻不喜歡的事情，可能會導致你在職業選擇上犯錯。[5]

5 Graham 補充：「我發現，那些非常了解你的人總是能找到最符合你特質的『階段二』角色。而那些不了解你的人總是會提供你曾經做過的工作。」我的個人經驗也確實如此。

找到一個最適合你的角色的方法，是親自塑造它。假如你有這樣的機會，你可以填補你的組織當中的空白，並且創造一份你會喜歡的工作。Keavy McMinn 在她的公司準備進行變革時，她發現與她的主管公開討論她的職業目標是一種解放的過程。她問道：「這些是我擅長且真心想要做的事情，我該如何才能為你和公司創造最大的價值？」她與主管一起細心規劃出一個雙方都能受惠的新角色，讓她擔任 Stripe 的 CPO 的技術顧問。

McMinn 指出，她能創造自己的角色是因為她處在一個有利的位置，並且願意接受承擔提出不同要求的風險。不是所有人都能夠採取這樣的做法，然而，她說，這種情況出人意料的普遍：「知道*有人這樣做*，或許對你有所幫助！你應該允許自己與能夠支持你的人一起去探索設計一個新角色的可能性。沒有人會或者能夠替你推進這樣的對話。甚至可以將它視為一種實驗 —— 這樣可以減輕壓力！」

另一位領導力教練 Fabianna Tassini 給了我一個極佳的建議，那就是如果你有機會塑造你的角色，應該將大部分的時間投入在你喜歡的事情上。讓這些能給你帶來活力的工作佔據你的工作時間的 70%。剩下的 30% 應該是你想要去學習並精進的事情。（當然，公司必須真正需要你所創造的角色；你可能需要進行妥協，以找到既符合你也適合公司的角色。）

換新公司做同樣的事

開始在一個新的工作場所工作能提供你全新的視野，同時彌補你的經驗缺口。你可以根據自己想要的經驗，選擇不同規模的組織、技術堆疊、領域或文化。然而，請盡量避免「反彈」你的選擇。如 Molly Graham 所述：「有時候，當你在一份工作中感到不開心或壓力過大時，你可能傾向於選擇反彈式工作。就像反彈式關係一樣，一份反彈的工作只是幫助你擺脫目前的困境，但它往往並非最好或最健康的長期選擇。」Graham 補充：「選擇與現在讓你感到痛苦的事情完全相反的工作並不會帶給你幸福，它只是一種擺脫困境的方式。」

如果你眼前出現了這樣的選擇，請好好花時間選擇你的新角色，並瞭解你究竟在尋找什麼。不要直接買單第一封還算過得去的獵頭信件。你值得更好的。

由於「Staff+ 角色」在不同的地方有著截然不同的定義，所以你必須和未來的雇主進行明確的對話，瞭解這個角色對他們意味著什麼，以及你的工作會是什麼。正如 Staff 工程師 Amy Unger 寫下（*https://oreil.ly/02zWd*）：「每家公司，甚至每一位與你對話的經理，都預設了他們希望招募的技能組合，但是無法用言語清楚表達出來，這是非常有可能出現的情形。」你要主動問很多問題。

Staff+ 的面試內容絕非標準化流程：你可能會被問及程式碼難題、系統設計、以前的專案、你在各種領導力情境下會有什麼行為，或者諸如「告訴我你在什麼時候……」等問題。許多組織會提前分享面試中可能出現的問題或內容。如果沒有，你可以主動詢問你的招募人員，該團隊或組織對於這個角色有什麼期望，確保你將面試準備地妥善無虞。把你得到的問題作為新公司如何看待這個角色的提示，並記住，你也在面試你的面試官。

換新公司並升職

換公司的確可以作為重塑自我和找尋新角色的機會。有時，你可能在當前的公司中難以透過升職來證明自己的價值，而在其他地方面試更高一級的職位可能更為容易。如果你所在的公司發展較慢，不需要更多資深領袖，或在現有的領導者辭職前無法容納新的首席工程師或資深經理，那麼換工作可能會提供更多的機會。

如果你已經是一個新領域的專家，那麼換公司並提升職級通常會比較容易。然而，如果你希望跳到另一家公司邊做邊學，了解像是醫療保健或建築業這種全新的領域，那麼這樣的跳槽可能就會比較困難。

如果你正在尋找更高層次的角色，那麼你需要確定這個行業是否真的視這樣的升遷為一種成長。levels.fyi 這個網站可以幫助你調整不同公司中各種職稱的定義，以便你可以了解你可能會面對的挑戰和機會。

換新公司並降等

有時候，你的職涯發展可能會在某些方面表現出一種倒退的趨勢，比如工作範圍變小、收入減少、職稱降低，或者需要扮演一個新手的角色。如果你只從一切事物都應該改善或增長的角度來思考自己的職業發展，那麼你的選擇將會受到限制。特別是，轉到更大的公司常常伴隨著更高的期望和相應的職位降級。在不降低薪酬的前提下，級別的降低其實可以讓你鞏固你的技術基礎，或者做更多你喜歡的工作類型。Datadog 的 Senior 工程師 Josh Kaderlan 解釋了為什麼他放棄了在前一家公司的 Staff 工程師職位。他認為，如果你把職位頭銜作為新工作的主要考慮因素，那麼你會逐漸限制自己的機會。他在新環境中感到很有成就感，尤其是當他不再是每次對話中最有經驗的人，他有機會向那些有更多不同經驗的人學習。

另一位工程師 Stacey Gammon 告訴我，她的職涯發展就像一個鐘擺，在技術領袖和實際編碼的角色之間來回搖擺。在我和她對話的當時，她正在考慮離開她在一家上市公司的首席工程師職位，這個職位主要聚焦於領導力，並正在權衡其他公司提供的一些更「小」的職位，這些職位將讓她有更多的時間實際寫程式。

創立自己的公司

如果你真的想要變化，想要成為自己的老闆，那麼你可能會考慮接下創業的挑戰。James Kirk，Spotify 的前機器學習工程師，告訴我他為何選擇離開他的職位，以 CTO 的身分共同創辦一家新創公司。他說：「我一直對創業感到非常感興趣，因為它看起來非常具有挑戰性且有成就感，這種感覺會隨著時間推移變得越來越強烈，引誘著你真正做出行動。幾年前，我開始和當地的一些風險投資公司及其社群建立聯繫，並透過他們認識了現在的共同創辦人。我們開始一起討論各種想法，最終找到了一些我們都非常感興趣的事情。那時，我們有了一些風投資金，所以我們辭掉本來的工作，並全心投入創業之中。」

如果你準備創立自己的企業，這可能是在此之前為自己爭取高薪的一個好理由：你正在建立一個現金安全網，為自己接下來沒有穩定收入的一段時間做好準備。Kirk 補充：「實際上，如果我在離職之前沒有積攢下好幾年的儲蓄，我可能不會有勇氣去冒這個風險。」

獨立工作

另一種自主工作的形式是成為自由職業者，擔任顧問、約聘員工、獨立應用開發者、培訓或兼職工作等等。

軟體顧問和多本程式設計書籍的作者 Emily Bache 表示，自由職業者的真正優點在於自由。她說：「我可以非常自由地控制我的時間，我有很多時間來閱讀、學習和分享我的想法。我可以去有趣的地方，見到有趣的人，研究有趣的程式碼問題。」

Bache 強調，自由職業者需要有強大的人脈，這樣潛在的合作夥伴和客戶才能知道你的能力，並尋求與你合作。維護你的公眾形象也很有幫助。她說：「行銷自己是常態性工作，我的目標是每年在約 10 個會議和當地活動上演講，並發表文章。我也會投入時間經營社群媒體，比如在 Twitter 和 LinkedIn 上分享資訊，這樣人們就能找到我。」

然而，並非所有人都適合當顧問。技術顧問 Vlad Ionescu 警告：「即使是那些希望在職業生涯中期或晚期從事顧問工作的人，這也是一種重大轉變，需要不同的技能，比如尋找客戶等等。而且這個工作並不像許多人想像的那麼有吸引力，通常比在穩定的科技巨頭工作收入更少，壓力更大等等。有很多人喜歡這個職業，剛好也很適合當顧問，但也有很多滿懷希望的工程師受挫不已。」

所以，要清楚自己要走的路。確保你明白各項選擇的利弊，並接受它們。和創業一樣，在初期擁有一個經濟安全網可以降低你的風險。

最後，請記住，獨立工作意味著你將失去許多後援。Chris Vasselli 曾是 Box 的工程師，後來成為一名全職的獨立應用開發者，他建議：「當你在一家公司工作的時候，要盡可能多地從許多團隊和專家那裡學習。前端、後端、桌面、行動、設計、安全、QA、在地化、建構和發布，甚至（尤其是！）市場行銷、成長和商業開發。當你是一個獨立工作者時，你需要為這一切承擔責任。」你需要準備好扮演多種角色。

轉換職涯跑道

在在科技領域打滾多年後，有些人會萌生想要做些與眾不同的事情的念頭。他們將職涯轉向教育、學術、政策或研究領域，並將他們的技術經驗及背景運用在解決不同類型的問題上。

將職涯轉往新方向，我個人最喜歡的是 Peter Lyons 的例子。他從 Intuit 公司的 Staff 工程師職位辭職，並與他的合夥人、主廚 Christella Kay 一同在 Adirondack 山區為工程師創立了一處閉關中心（*https://oreil.ly/aJtsl*）。如今，他用煎餅取代了程式碼。他表示，COVID-19 的隔離期間讓他意識到了生活中的重要事物。他說：「這經歷促使我們做出重大的改變，改變我們的生活方式，讓我們能夠將時間花在我們真正關心的事物上。」

準備好重新設定自己

如果你確實轉換到另一份工作，請做好再度成為新手的準備。你在第 2 章所繪製的所有地圖現在都已過時！即使你在同一個組織內轉換新的角色，你也可能從完全不同的出發點和背景脈絡開始。你需要重新建立視野並繪製一張新的路線圖。你需要了解地形、文化和政治，並製作一張新的地理圖。你需要一張新的寶藏地圖來幫助你了解你將前往何處。

作家兼分散式系統工程師 Cindy Sridharan 警告（*https://oreil.ly/HfjSK*），不要試圖用舊的規則來應對新的工作。

> 並非所有新上任的高階領導人都能全力投入改變，致力他們能夠成為組織真正需要的領導者，而非照舊沿用他們過去多年來塑造出的領導力特質。許多領導者採取的策略是嘗試按照自己的形象，或是過去工作經驗的形象來塑造組織。尤其是那些被帶進困境中的組織，負責穩定混亂局面的工程領袖，通常會被強烈激勵去這麼做。根據我的經驗，這些嘗試強加自己風格的人往往比那些努力學習組織運作並調整他們領導風格以適應組織文化的人更易失敗。

因此，不要僅僅跳入你的新角色。花點時間與越多人對話越好。搞清楚如何建立連結，如何了解事情，以及如何進入重要的場合。了解影子組織架構圖。解決一些問題，同時保持謙遜，並假設以前的技術決定有其充分理由 —— 一切都是取捨後的結果。找出如何提升你周圍的工程師的技術水準。**理解什麼是重要的**。在你的行事曆被會議填得滿滿之前，享受一段相對安靜的時光。

你的選擇很重要

我們現在來到了本書結尾！關於選擇你的道路，我還有最後一件事要說。這並非全然關乎你的職涯，而是關於作為行業內的資深人士，你應該秉持的價值觀：

你需要認真對待軟體。

製作軟體的過程充滿了樂趣。這裡常常有創造力和奇思妙想的空間，而且我們多數人都不需要穿著正式的西裝上班。軟體對每個人的生活影響深遠。然而，當一款應用程式崩潰導致某人正在寫的論文丟失，或是因輸入驗證的瑕疵導致某人的健康保險索賠被拒絕時，我們其實正在浪費人們的時間，並使他們感到焦慮與壓力。人工智慧和演算法偏誤的風險真實存在。社群網路的濫用、個人資訊洩漏，以及故意使人成癮的應用程式，都有破壞人們生活的風險。我們的選擇可能導致人們真的受到傷害。

軟體被用於生命攸關的系統，而這一點將逐年變得更加普遍。你今天培養的工程師以後可能會負責飛機、醫療或核電站。我們需要向新的工程師傳授勤奮和謹慎的價值觀，這也是其他一些生命攸關的工程學科所強調的核心價值。加拿大工程師戴著「工程師之戒」（*https://oreil.ly/uEw7I*），旨在提醒他們的義務和職業道德。身為軟體產業的一份子，我們需要秉持同樣謹慎謙虛的心態。

在一個軟體工程師工作了四到五年後就被認為是 Senior 的時代，我們可能會忘記還有更多的東西需要學習。在一個許多工程師每兩到三年就跳槽的時代，驅動我們的可能是眼下的薪資漲幅和升職機會，而不是將目光放得更加長遠。今天的大學生和青少年要面對的問題已經夠多了：不要把低劣的系統和技術債也送給他們。

你可以認真對待這份工作，同時*真正享受*這份工作！這裡有著揮灑不盡的創意和樂趣。但是別忘了要保持良好判斷力，謹慎評估各種利害關係。瞭解你的軟體將被如何使用。對於哪些是可以協商的，哪些是不可以妥協的，要保持堅定的態度。你的影響力比你想像的要大，你做出的選擇非常重要。資深人士的行為舉止，將會塑造整個行業效而仿之的文化。

打造優秀的軟體。經營優質的軟體職涯。塑造優良的軟體行業。感謝你的閱讀。

本章回顧

- 在你的職業生涯和選擇中，你必須對自己負責。你可以追求的方向很多，因此需要明確知道對你來說哪些是重要的，並做出深思熟慮的選擇。

- 技能、知名度、人脈以及經驗都會提升你獲得機會的可能性。每一個事情都是可以學習的，只要它值得你投入時間去學習。
- 定期自我檢視，確認你現在的角色是否仍能滿足你的需求。看看哪些事情做得好，哪些事情需要改善。
- 在同一家公司待上很長時間有其充分的理由，同樣地，跳槽也有其正當的理由。不論你選擇哪種方式，都有多種選擇可以幫助你繼續向前發展。
- 軟體對全球絕大多數人的生活和生計都產生了深遠的影響。你需要認真地對待這份責任。

索引

※ 提醒您：由於翻譯書排版的關係，部分索引名詞的對應頁碼會和實際頁碼有一頁之差。

A

B

C

D

E

G

H

J

K

L

M

N

O

P

S

T

U

V

W

Y

Z

關於作者

譚雅・萊利（Tanya Reilly） 擁有超過 20 年的軟體工程經驗，目前擔任 Sqaurespace 的資深首席工程師，從事架構與技術策略工作。在此之前，她曾任職於 Google，負責地球上一些最大的分布式系統。譚雅在她的個人部落格 No Idea Blog（*https://noidea.dog*）撰寫關於技術領導力及軟體可靠性的文章。她是 LeadDev StaffPlus 的組織者與主持人，經常參與會議和主題演講活動。她來自愛爾蘭，現在和配偶、孩子以及義式濃縮咖啡機居住於美國布魯克林。

出版記事

本書封面由 Susan Thompson 設計。封面上的橡樹枝以褶皺紙製作並拍攝後製而成。

Staff 工程師之路｜獻給個人貢獻者成長與改變的導航指南

作　　者：Tanya Reilly
譯　　者：沈佩誼
企劃編輯：蔡彤孟
文字編輯：江雅鈴
設計裝幀：陶相騰
發 行 人：廖文良

發 行 所：碁峰資訊股份有限公司
地　　址：台北市南港區三重路 66 號 7 樓之 6
電　　話：(02)2788-2408
傳　　真：(02)8192-4433
網　　站：www.gotop.com.tw
書　　號：A740
版　　次：2024 年 01 月初版
建議售價：NT$580

國家圖書館出版品預行編目資料

Staff 工程師之路：獻給個人貢獻者成長與改變的導航指南 / Tanya Reilly 原著；沈佩誼譯. -- 初版. -- 臺北市：碁峰資訊, 2024.01
面；　公分
譯自：The Staff Engineer's Path
ISBN 978-626-324-696-6(平裝)
1.CST：職場成功法　2.CST：電腦工程　3.CST：工程師　4.CST：領導
494.35　　112020236